实用液压测试技术

张海平　姚　静　艾　超　编著

测试是液压的灵魂
准备是测试的关键
分析是准备的核心

机械工业出版社

液压测试技术是每个从事液压技术工作的人员都应该掌握的关键技术。本书由浅入深、系统地介绍了液压测试技术的重要性、基本概念、液压测试仪器的概况与选用，如何进行液压元件的稳态、动态特性及耐久性的测试，指出了个别液压国家标准、行业标准的一些欠缺之处，并提出了改进补充建议。对如何进行液压系统测试，提供了实例分析和技巧。本书可以帮助读者深入认识掌握液压测试技术，为技术创新打下基础。

本书的附赠资源包括液压估算表格软件、各章的插图及作者已发表的文章。

本书适合于机械类专业从业人员，特别是工程机械和农业机械的液压系统设计师、液压元件的制造、检验、维修人员，以及大学、高职液压专业教师等参考使用；也可以作为在校机械类本科生和研究生流体传动与控制的专业课程补充读物，以及在职液压技术人员的培训教材。

图书在版编目（CIP）数据

实用液压测试技术 / 张海平　等编著.
—北京：机械工业出版社，2015.8（2026.2 重印）
ISBN 978-7-111-51292-9

Ⅰ. ①实…　Ⅱ. ①张…　Ⅲ. ①液压传动—测试技术
Ⅳ. ①TH137

中国版本图书馆 CIP 数据核字（2015）第 195976 号

机械工业出版社（北京市百万庄大街 22 号　邮政编码　100037）
策划编辑：张秀恩　责任编辑：张秀恩
责任校对：舒　莹　封面设计：陈　沛
责任印制：郜　敏
保定市中画美凯印刷有限公司印刷
2026 年 2 月第 1 版第 7 次印刷
169mm×239mm · 15.5 印张 · 301 千字
标准书号：ISBN 978-7-111-51292-9
定价：89.00 元

凡购本书，如有缺页、倒页、脱页，由本社发行部调换
电话服务
服务咨询热线：010-88361066
读者购书热线：010-68326294
010-88379203
策 划 编 辑：010-88379770
网络服务
机工官网：www.cmpbook.com
机工官博：weibo.com/cmp1952
金书网：www.golden-book.com
教育服务网：www.cmpedu.com

前　言

在液压技术领域中，测试是评判液压元件和系统性能的最终依据。测试也是最重要的研发手段，是改进元件和系统性能的开始和终结。要创新，离不开测试。所以，说“测试是液压的灵魂”一点也不过分。

作者作为液压工程师，20 多年来，多少次了，通过测试理解了液压元件的特性，证实了系统存在的缺陷、找到了改进的措施，产生了创新的灵感，获得了发明的专利。然而，曾几何时，居然有人把工科学生读书，学习理论，积累知识，看作是大学教育的全部，许多学液压的大学生，直至毕业不知液压测试为何物。竟然有一些液压元件生产厂，把搞到别人的图样，原封不动的仿造，美其名曰“开发新产品，赶超世界先进水平”，不搞测试，不去改进，全无探索精神，令人扼腕叹息，因而撰写此书。

液压测试技术不仅对液压元件检验工程师、液压系统维护人员很重要，也是液压元件和系统设计及制造工程师必须掌握的基本技术。本书为这些朋友而写：

——他们已经在从事或准备从事液压技术工作，但还未意识到测试的重要性。

——他们想进行液压测试但还苦于入门无路。

——他们已做过液压测试但希望做得更好。

作者希望通过本书可以帮助他们做好液压测试工作。

液压测试中最关键的是测试前的准备工作。准备是测试成功的保证。准备决定了收获的大小。没有准备，就没有收获。准备得越充分，收获就越多。所以，准备测试的能力是衡量液压工程师水平的基本标尺之一。

液压元件的多样性导致了准备测试的复杂性。准备测试需要多方面综合性的知识和能力。测试的准备工作包含了分析归纳、规划测试方案、制订试验大纲和试验计划，其中最核心的是分析归纳。分析归纳被测件的结构和特性、相关的测试标准、可能得到的测试结果。通过分析归纳，把任务细化、具体化、有序化，针对性更强了，就容易找到完成任务的恰当途径。

因此，本书的重点之一就是如何准备测试。第 2 章是原则性的，第 4～8 章是示范性的，供读者参考，从而可以自己动手准备测试，搭建回路，练习测试。

本书花了不少篇幅介绍液压元件的耐久性试验，这是因为，目前大多数国产液压元件的可靠性偏低，已经影响到了我国国民经济的进一步发展。改变基础件发展的滞后状况现在已经提升到国家发展战略的高度，液压件是重中之重。可靠性取决于制造的一致性和设计的优良性。现在，国内很多液压元件是通过测绘仿造出来的，几何尺寸与先进产品相似，因此，流量-压差性能等一般稳态特性与先进水平差别还不大，差别大的就是耐久性。

本书关于液压元件的篇幅较多，而关于液压系统的篇幅相对少些，不是因为液压系统测试不重要，而是因为：

1）液压系统的测试项目与方法和相应的主机密切相关，作者无法给出既具普遍性又能用较短篇幅说清的例子。

2）如果掌握了液压元件的测试，则对系统进行测试也就不难了。

3）耐久性试验，如果对液压元件做好了，则在主机上就可以不做或少做，至少简单得多了。

不动手，提高不了动手能力。道理很简单，只要想一下：读一级厨师写的菜谱 100 遍，不下厨，能成为一级厨师吗？同样，不测试，也提高不了测试能力！为此，第 9 章“实验”再出了一些题目供选用。

本书从基础开始，逐章深入，各部分都以前面的介绍为基础，因此建议不要跳读。

作者希望通过本书为读者提供一些思考的途径和方法，而无意将本书写成实验指导书。因此，一些测试过程并不完整，冀望读者能通过自主思考，根据具体情况补充完善。

本书所提供的回路图是基本的、示范性的，介绍工作原理用的，实际使用时还应根据情况增添必要的安全措施。

液压元件、系统的液压特性的测试技术肯定与液压元件、系统自身的特性密切相关，但本书的重点是介绍测试技术，而非液压元件、系统，相信读者已有，或能够通过阅读相关文献获取这方面的知识。

本书专注于液压特性的测试，至于材料的理化特性、部件的几何特性、整机的工作特性等的测试，请查阅相关专著。

为了方便读者查找和延伸阅读，参考文献都放在各章末尾。全书中所有文献序号，均指该章末的延伸阅读文献序号。

测量，是“以确定量值为目的的一组操作”。“试验”一词具有多重含义。在一些液压行业标准中规定了对液压元件要进行型式试验与出厂试验，这里使用了试验一词的“考试、检验”之意。其实，这里的考试检验也离不开测量。测试，顾名思义，就是“测”+“试”，“测量”+“试验”。这里的“试验”，比较强调其尝试之意。尝试，意味着探索，进入未知领域，这是创新必不可少的环节。本书既谈测量，也谈按标准试验，还探讨超越标准规定的尝试，因此，本书较多使用“测试”一词，某些章节中尊重习惯和相应标准的提法，使用“试验”一词，请读者根据上下文理解。

本书分段较多，排版较松，就是希望层次清晰些，给读者在阅读时留出喘息、思索、批注的空间。通过批注，提出问题、疑惑，纠正错误，才能加深理解。

由于国内的液压技术术语大多是舶来货，多人各自翻译，很不统一，有些直译未反映本意，似是而非，容易引起误解。本书尽可能列举各种同义词，纠正一些名不符实的名称，以便利初学液压者。

关于压力单位问题。作者查阅了欧美所有世界知名的液压公司的产品样本，压力单位全都使用 bar，没有一家公司的产品样本中出现过 MPa 这个单位，在国际液压标准中也很少出现 MPa，甚至 GB/T 17491—2011（附录），GB/T 20421.3—2006（附录 B）都推荐使用 bar。但为了执行我国关于法定计量单位的规定，作者不得不花很多精力，把所引用的许多材料中的 bar 改为 MPa。希望读者还是能非常熟悉 bar：1bar=0.1MPa。这样，在阅读国外产品样本时才不会有困难。书中有些曲线是作者本人使用“液压万用表（见 3.15 节）”实测的，为了表示其真实性，保留了其原始显示格式，包括压力单位 bar，不再一一说明。

在液压技术中，常常使用“弹簧力与反向液压力有效作用面积的商”，为叙述简便起见，本书中将此简称为弹簧压力。将“弹簧预紧力与反向液压力有效作用面积的商”称为弹簧预紧压力（bias spring value）。

根据 GB 3102.3—1993《力学的量和单位》，质量流量的代号为 q_m，体积流量的代号为 q_V。鉴于在液压技术中，几乎只使用体积流量，行业内也普遍接受代号 q。所以，为了简洁起见，本书中用 q 表示体积流量。

目前，在液压系统中使用的压力（工作）介质，虽说主要还是矿物油（约占 85%～95%），然而，为了安全、环保等各种因素，也越来越多使用其他液体，如难燃液压油、油包水、水包油悬浮液、可生物快速降解的合成酯、植物油等。但为叙述简便起见，本书仍使用液压油或压力油代表所有压力介质。

全面地来说，输送液体的泵有两大类：容积式和动力式。因为液压技术中几乎不使用动力式泵，所以本书中略去“容积式”，简称其为液压泵或泵。

马达一词，有时也被用于称呼电动机和汽车发动机，但都属于不规范汉语，应该避免使用。按国家标准 GB/T 17446—2012《流体传动系统及元件　术语》，马达指“提供旋转运动的执行元件”，含液压马达和气动马达。因为本书不涉及气动，所以，书中的“马达”专指“液压马达”。

本书引用标准中的液压系统图，已修改为新标准 GB/T 786.1—2009 的图形符号，并对标准中的技术性错误进行说明，读者应注意。

为缩减篇幅，本书使用了下列简称。

IFAS——Institut für fluidtechnische Antriebe und Steuerungen，RWTH Aachen德国亚琛工业大学流体传动与控制技术研究所。

伊顿——美国 Eaton-Vickers 公司。

力士乐——德国 Bosch-Rexroth AG 公司。

派克——美国 Parker Hannifin 公司。

哈威——德国 HAWE Hydraulik SE 公司。

布赫——德国 Bucher Hydraulik 公司。

升旭——美国 Sun Hydraulics 公司。

和德尼科——德国 HYDROTECHNIK 公司。

雅阁辉托斯——德国 ARGO-HYTOS 公司。

艾通——德国 ETO GRUPPE Beteiligungen GmbH 公司。

上海诺玛——上海诺玛液压系统有限公司。

书中多数内容不是抄现成的，而是作者自己想出来，做出来，编出来，或吸收国外的先进知识，属于“无中生有”，第一次见诸文字。所以，尽管反复检查多次修改，但难免还有错误。作者衷心欢迎读者提出意见和建议。作者电子信箱：**hpzhang856@sina.cn**。读者还可通过作者的博客 **http://blog.sina.com.cn/lwczf**，反映意见，查阅不断更新的勘误表。

本书附赠的资源中有各章的插图，可以帮助读者阅读，也可供企业技术培训、大学教师教学选用；一些作者本人已公开发表的文章，以便读者查阅；还提供了液压估算表格软件。**此附赠资源放在百度网盘中。读者只要扫描本书末的二维码，即可从网上下载。**

燕山大学姚静博士和艾超博士参与了本书的编写，两位老师还细致地校阅了全书，本人谨在此衷心感谢。

感谢本书所引用的参考文献的所有作者。由于本书准备时间较长，有些引用文献可能遗漏标注，恳请有关作者谅解。

谨以此书献给含辛茹苦抚育我成长的父亲与母亲。

张海平

2015 年 4 月

目　录

第 1 章　测试是液压的灵魂

1.1　液压测试的作用

液压测试在液压技术中被广泛应用，起着极其重要的作用。

1．研发新产品离不开测试

液压元件设计师接到一项研制任务之后，在进行初步分析，必要的计算和方案构思的基础上，就要进行某些模型测试和单项测试，据此设计样品。在样品试制出来以后，再要进行样品性能的全面测试。在此基础上，再进行第二轮样品设计、试制和测试。设计-测试-改进，这样的过程往往要重复多次。在此过程中，测试都是不可缺少的重要环节。对此，德国工程师协会（VDI）有详细的指导[1]。

2．考核达标需要测试

中国的机械行业标准（JB）规定，对液压元件应进行型式试验与出厂试验，以考核被试件在标准规定的工况下，性能是否达到了标准推荐的指标（详见 2.5 节）。一些生产厂也会组织测试，确认自己的产品达到了标准。

3．履行交货合同需要测试

通过性能测试才能真正确认供给用户的产品是否符合供需双方合同中对产品液压性能的要求。

生产厂在设计制造尚无针对性客户、针对性应用的通用件时，可遵循的只有标准。但应该认识到，标准对液压元件性能的要求是通用性的，而实际上，不同应用场合对液压元件性能的要求差别很大。例如，溢流阀，用作常开的恒压阀和偶尔开一次的安全阀时，对调压稳定性、噪声的要求就很不同。再如，液压泵用于冲击较小的场合，例如起重机，和用于冲击很大的场合，例如挖掘机，对耐冲击的要求相差也很大。最极端的例子，液压件用于导弹上和用于工程机械上，对耐久性的要求更是天壤之别。所以，根据顾客需要的应用工况，进行测试，是更科学合理的。合同重于达标！

4．找出产品存在的问题需要测试

很多场合下，测试不是为了证明产品的优良，而是为了找出缺陷。业内行家说：不怕有问题，只怕不知道问题在哪里。测试可以帮助找出问题。只有找到问题，才可能进一步提高产品质量。

5．比较产品之间的差距需要测试

要知道自己生产的产品与先进水平的差距，也需要通过测试。为此，把一台先进水平的和一台自己的产品放在相同环境下，采用相同测试回路，以相同的条件工况，进行测试，寻找差距。

这种测试对测试条件的要求可以不遵循标准，只要能够得出有说服力的结论就可以了。

6. 液压系统调试需要测试

液压元件组装到主机上之后，要检验在各种实际应用工况中的表现是否符合设计时的预想，要进行测试。

7. 排除故障需要测试

主机在运行中，出现缺陷或故障，要寻找缺陷、故障的原因，确定相应的改进措施，测试也是不可缺少的。

如能在主机调试正常后，进行详细的测试记录，在遇到缺陷故障后再进行测试，与原先的记录做比较，也是极有益于寻找故障部位的。

8. 液压系统状况实时监测需要测试

重大设备在运行时，都需要持续的实时监测，包括液压参数。例如，远洋舰船舵机液压系统的压力都是长期持续监测记录的，即使没有突发性故障，在返回母港后，也会读取分析。如果设备处于不便接近的位置，例如风力发电机，则利用无线通信网络和因特网远程传输数据，以便及时了解系统状况，在发生严重事故前，尽早发现问题，预防故障。

现在正在研究，利用自学习和模式识别技术，对大量的测试数据进行分析，归纳成健康指数，在此基础上，可以更早地预测故障，制订预防性检修维护计划。

9. 实时控制需要测试

在液压伺服系统中，也要对被控参数进行实时测量，并将测量结果反馈到输入端的误差检测器上，与设定值或输入值进行比较，根据比较结果进行调节。一个伺服系统的控制精度，在很大程度上取决于测量的准确度与及时性。所以，被控物理量的测量装置也是液压伺服系统的重要组成部分。这种测量对实时性有很高的要求，难点在控制算法。

本书不对实时监测与实时控制展开介绍，感兴趣者请查找相应文献。

1.2 测绘仿造应该继以测试改进

测绘仿造，又被称为逆向工程，是国内很多液压元件制造厂目前正在做的。

现代液压技术经过半个多世纪的发展，已经相当成熟，高端产品中高科技含量很高。而目前中国很多液压产品离世界先进水平还有相当的差距。要迅速赶上世界先进水平，开发新产品，在相应产品或技术没有专利保护的情况下，从测绘仿造开始，不失为一个有利的起点。德国人有时也搞测绘仿造，日本人更是如此。然而必须看到以下几点。

（1）测绘仿造不能保证液压性能一模一样

1）仅仅测绘液压元件的几何尺寸不可能完全掌握样品的特性，还需要了解各部件的材料组成成分、金相组织状况等。因为这些因素对液压元件的性能，特别是工作耐久性，有着十分重要的作用。而这些因素又与加工工艺有密切关系，很难完全测出来。

2）现代液压元件为了满足在高压高速下工作的需要，有一些很细微的尺寸和形状与位置变动，不知道作用原理的话，根本就不会去测。

3）几何尺寸的测量一般都是在室温常压下进行的，测不到在高温高压下发生的变形。

4）测绘只能测有限的几个样品的尺寸，测不出允许的加工偏差。

5）机械加工，也不可能做到一模一样。

（2）仿造也不需要与样品一模一样

1）由于自己的材料、加工制造能力的限制，必须做一些改动。

2）开发液压元件，需要的是其液压性能，只要液压性能达到或超过样品就可以了，不需要几何尺寸一模一样。

3）外形一模一样，反有仿冒之嫌。

（3）通过液压测试做到液压功能接近

通过液压测试可以深入认识元件的工作原理，比较仿制品与原件的液压功能差别。测绘仿造，顶多只能做到形似。而不测试，就如同没有灵魂，形似神不似。

（4）测绘仿造之后应该继以改进创新

1）仅测绘仿造，就只能永远跟在别人后面走。不改进创新，永远不会有自主知识产权。

2）专利所限制的也只是一模一样的照搬。如果能在它的基础上有所改进，那就不但不受它限制，反过来还可以再申请专利保护。

3）世界先进水平的产品也是处在不断改进中的。凭什么说，拿来作为仿造对象的那个样品已经是完美无缺的，必须依样画葫芦，不能再改进逾越呢？！

4）而要改进，也需要测试比较，确定目前达到的水平、存在的问题，从而确定改进创新的方向。改动带来的变化也需要通过测试来确定。

所以，测绘仿造仅仅只能是开发的起点而已，绝不应该是开发的终点。

1.3　仿真应该以测试为基础

液压传动与控制技术发展至今，理论上做了很多研究，发现了很多规律，这是毋庸置疑的。现代液压集液压技术、微电子技术、传感检测技术、计算机控制技术及现代控制理论等众多学科于一体，成为一门高交叉性、高综合性的技术学科。尤其是在与计算机技术相结合后，在系统设计、控制、故障诊断、模拟现实等方面有了长足的进步，出现了一些通用的和液压专用的数字仿真软件，使得建模与求解都很方便。

这里说的仿真是广义的，除了稳态、动态特性仿真外，也包含了对液压元件作强度有限元分析，或作元件内部的流场计算（CFD），以及研究多个部件相互作用的多体仿真。

对于动特性分析，过去用于高性能伺服阀、系统时卓有成效的线性（频响）理论，在用于常规液压元件、系统时，因为元件特性存在着很多非线性，显得非常局限牵强。而使用数字技术可以较好地描述这些非线性特性，为深入研究提供了一个有力的工具，开启了一片新天地。由于计算结果可以比较接近真实情况，就有可能进一步预测液压元件与系统的性能。

但是必须认识到，所谓仿真，说到底，不过是利用数字计算机完成复杂的运算而已，计算结果完全取决于人们建立的模型及输入的参数。如果模型或参数不正确，仿真就不可能“真”。为了更深入地说明这一点，以下回溯一下作为仿真基础的一些理论和常用参数。

1. 基础理论

液压技术的理论基础都是只适用于理想化的状态，是规律性的，作为分析是很有用的，但用于计算，则计算结果可能会由于忽略了很多因素而不准确。以下是一些例子。

（1）帕斯卡原理

液压技术（静压传动）的理论基础是帕斯卡原理：密闭容器中静止液体压力传递各向相等。只要用到了计算式 $F=pA$（力 = 压力×面积），就是用到了帕斯卡原理。其前提是“液体是静止的”。然而，液压技术中为了传递功率，液体必须流动。所以，在液压技术中使用帕斯卡原理是有违其前提条件的。

如果在液压缸中，液体运动速度不很高，误差也不很大。但在液压阀中，在某些部位（开口处）由于液体运动速度很高，再简单套用帕斯卡原理，会有相当误差。所以，引入了**“液动力”**的概念，来补偿这一误差[2]。因为液动力不容易根据压力分布来计算，所以一般都用动量变化来估算。本章延伸阅读文献[3]对一个 NG20 的二通插装阀的稳态液动力做了详细的研究，把理论计算与测试作了对比，指出，用动量变化算出的液动力往往大于测试。该文献用了 7 个曲线图介绍不同形式的锥阀的液动力随开口的变化，图 1-1 为其中的一个。作者指出，**“采用上述测试方法，在工程上更近于实际情况，与作出大量简化以后进行理论分析的方法相比，能够得到包括许多在数学上难以描述的内部因素综合作用在内的稳态**

液动力测试曲线”（本章延伸阅读文献[4]204 页）。可惜，过来人三十年前的这番真知灼见至今仍未得到很多中国教授的足够重视。

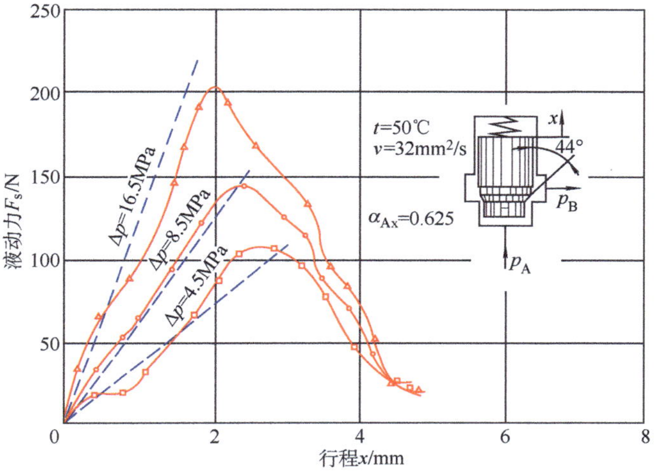

图 1-1　一个 NG20 二通插装阀的液动力曲线

---理论计算　—○—测试

（2）纳维-斯托克斯方程

1827 年法国人纳维（C. L. M. Navier）建立了粘性流体的三维运动方程，1845 年英国人斯托克斯（G. G. Stokes）又以更合理的方法导出了这组方程，这就是沿用至今，作为流场仿真基础的 N-S 方程。它适用于粘性可压缩流体的非定常运动。此方程假定流体的粘度为常数。而众所周知，液压技术中目前所使用的所有液压油的粘度，都会随温度变化而变化。一般，液压油经过液压泵升压之后，每流过一个液阻，压力会有一定程度的降低。所损失的能量基本上都转化为热量，导致油温升高。因此，粘度不是一个常数。所以，即使采用 N-S 方程组，也还是不能完全反映液压系统的实际工况。

（3）伯努利方程

1738 年瑞士人伯努利（D.Bernoulli）从经典力学的能量守恒出发，得到了流体定常运动下，流速、压力与流道高度之间的关系。伯努利方程适用于液压油，从形式上来说，很简洁。但是，好看不好用。因为，从这一个等式，为了得到其中一项，必须知道其余所有各项。

拿流线的伯努利方程来说，如果知道了在流线上点 1 的压力和速度，并且知道了点 2 的速度，并且忽略两点间的高度差，才可以利用此方程求出点 2 的压力。但是由于流体的运动常常很复杂，在紊流，特别是在通流截面积变化处，如阀口、阻尼孔等，伴随有涡流，根本无法得到实际速度分布的解析表达式，也就无从得到压力分布的解析表达式，就无法据之计算压力。

2．参数

仿真过程中必须输入描述液压系统状况的参数。

（1）流态与雷诺数

在液压系统中，液体流动造成的压差对元件乃至系统的性能起着极其重要的作用。而压差又受到流态——紊流还是层流——极大的影响。相同的通过流量，按紊流和按层流公式去计算，算出的压差有时会有几十倍之差。

而决定流态是紊流还是层流的雷诺数，是英国人雷诺经过上万次测试后总结出来的。对圆管有效的上临界雷诺数，根据雷诺自己的测试约为 12000，后人曾在特别安静的环境中获得 40000；下临界雷诺数，雷诺建议为 2300，一般取 2000。同心环缝的下临界雷诺数约为 1100，滑阀阀口的下临界值约为 260。等等这些，都不是根据任何理论公式计算出来的，而是通过测试得到的，而各人的测试结果还有差别[5]。

目前常见的雷诺数-阻力系数图实际上是在尼古拉兹（J. Nikuradse 1932）等人大量测试的基础上拟合出来的。如果再去回顾一下，雷诺之后，勃拉修斯（H.Blasius 1913）、普朗特尔（L. Prandtl 1925）、尼古拉兹（J. Nikuradse 1932）等人在这方面做的大量测试研究报告[5]，就可以知道，那些根据雷诺数计算压差的公式是非常非常简化了的，许多因素被忽略不计了。所以，算出来的压差是有误差的。

（2）阀口通流

实际工作中，阀口的通流量常套用薄壁孔的公式来计算

$$q = \alpha A\sqrt{2\Delta p/p}$$

其实，这个公式用于薄壁孔就有很多前提条件，流量系数 α 的变化范围很广[6]。此公式对薄壁孔尚且不准，对实际应用有多种不同形状的阀口，更难准确。例如，测试表明[4]，锥阀口通流的流量系数随阀口形状、流动的雷诺数的平方根而变。

（3）弹性模量

液压技术中使用的液压油都是可压缩的，通常用弹性模量来表征。此参数对液压元件系统的动态性能仿真是必不可少的。然而，实际弹性模量随压力、温度、所含未溶解空气量，以及使用的管道等多种因素而变化，详见本章延伸阅读文献[6]。

此外，还有很多其他因素，很难精确确定，如：

——细长孔的流量计算公式只在层流时有效。

——液压介质的粘度随温度压力而变，这就影响到雷诺数，从而影响到流态的确定、液阻的计算。

——密封圈的摩擦力，随安装间隙、压力、温度、磨损状况而变化。

——滑阀阀芯与阀体间的摩擦力，随阀芯阀孔的间隙和形状与位置偏差而变。

——电比例阀的响应时间不仅受到阀芯惯量、弹簧力、液动力的影响，还受到电磁力的影响。而电磁力又受到电压、线圈温度、电磁铁电感的影响；而电磁铁的电感又具有复杂的滞环非线性，且随阀芯行程变化。

——很多分布参数常常被近似为集中参数处理，等等。

这些也都会影响仿真结果的准确性。

3. 计算误差

计算过程也可能有误差，情况分析如下。

1）仿真计算系统动特性时，必须把反映部件相互作用物理规律的微分方程转化成差分方程叠代计算，例如龙格-库特算法。但是，任何一种数值算法，都是用折线代替曲线，不可避免地会有偏差。尽管步长取得很小，而且使用数字计算机计算，一般可以有 32 位甚至更多位有效数字，每一步的计算误差都很小，但经过很多步计算，误差累积起来，偏差就可能越来越大。特别是在系统中各环节的时间常数差别很大时，此即所谓的刚性（Stiff）问题。

例如，一个容腔中，压力随时间变化的情况取决于该腔中之前压力的状况，如图 1-2 所示。那么，在每一步有误差后，以后的情况都会有不同，累积下来的计算结果就会有很大的偏差。

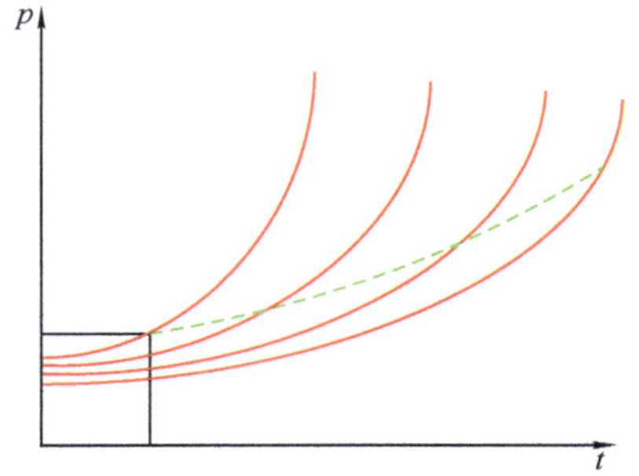

图 1-2　数值算法解微分方程示意图

——理想状况　- - -误差累积

2）采用有限元分析（包括 CFD）时，类似地，也只能把对象（固体或液体）分成有限个网格，而近似地认为，在一个网格中，对象的特性状况是相同的。然而，在液压技术中，实际用于制造液压元件的钢材是由马氏体与奥氏体混合而成的，铸铁是由珠光体与铁素体混合而成的。液体在多数情况下流速较高，处于紊流状态：液体分子团的惯性力超过了相互间的吸引力，因此，液体分子团相互碰撞、合并、散开、形成涡流，各行其是。目前，有限元网格还小不到模拟分子团的级别，所以，有限元分析法的计算结果也可能是有误差的。

4. 结论

从以上分析可以看到，液压元件特性的数字仿真不一定“真”，肯定会有偏差的。要知道偏差有多大，就要利用测试来对比验证。

如果对比下来，偏差不大，说明这个数学模型及这组参数是比较接近实际的，比较“真”的，那就可以用之预测仿真对象的性能，并在此基础上进行优化，缩短研发时间。

如果偏差很大，就说明还遗漏了一些重要因素。根据偏差情况，改进仿真模型、参数和算法，向实际靠拢，就可以加深对实际系统的理解。

如果根本不去与测试对比，那顶多说明会玩仿真软件，其他什么都说明不了。

作为产品研发工具，测试就像数字“1”，仿真就像数字“0”。脱离测试，仿真就没有什么价值；仿真和测试结合起来，就可以把测试的价值放大十倍百倍。**测试是基础，在测试基础上搞仿真，才能建起摩天高楼，否则建的只是空中楼阁而已。**

现在，那些世界级的流体技术大公司在研发新产品时确实在初步设计阶段就采用了特性仿真、有限元分析、流场分析等等计算机辅助工具，大大加速了研发进程。但不要忘了，在此之前，他们曾进行了长期的海量测试，积累了极其丰富的数据和经验，可以在仿真之后，和测试对照。

世界流体动力技术泰斗巴克教授，从 20 世纪 70 年代就开始组织研究液压元件与系统的数字仿真。然而，他始终坚持：没有测试手段的不仿真，一定先要建立了测试校验能力才去进行仿真[7]。

5. 给在校生的建议

现在中国液压论文盛行仿真，不是因为仿真解决了实际问题，而是因为仿真容易。

1）搞仿真只需要计算机，不需要其他仪器设备。

2）有现成软件，建模很容易。

3）容易出论文。仿真不和测试对照，就像画鬼，别人很难说不像。

然而对于学液压的，学会测试远比学习仿真重要。学会测试，进入企业后容易上手，容易为企业带来实效。对企业有利，当然就会给自己带来利益。脱离实际，只会玩数学公式而不懂测试，结果于人于己都不利。

所以，无论是本科生硕士生还是博士生，都要把培养测试能力放在学习仿真之前。除了学习基本的测试原理、测试仪器的使用外，还应该学习如何根据测试对象规划测试，设计测试回路。特别重要的是，培养自己阅读测试曲线、分析测试结果的能力。要学会如何找出形成测试曲线形态的原因和影响因素。原因不清楚时，如何通过改变测试回路、测试方法以及被测件（弹簧刚度、阀芯质量、阻尼等等）来寻找。通过测试，比较不同产品的性能差异，找出引起差异的原因，提出改进的措施，那就是一篇很有实际价值的论文。学校测试条件不足，可以到工厂去寻求支持。这也是一个很好的产学研切入点。

因此，要把能测量液压系统的压力流量变化过程作为硕士生、助理工程师必须掌握的基本技能。试问，不会使用万用表，能当电工吗？那么，凭什么，当液压助理工程师就可以不会使用“液压万用表”？

测试对液压技术如此重要，所以，把测试比作液压技术的灵魂，也不为过。要想深刻理解液压技术，制造出高水平的液压元件、系统，就必须要有高水平的测试能力和相应的测试设备，进行大量的测试。舍此之外，别无他径。

如果因为学了一些理论公式，学了仿真软件，就忘记了“测试是液压技术的基础”这一基本点，就会在实际工作中受到惩罚！

延伸阅读文献

[1] VDI-Richtlinie 2206. Entwicklungsmethodik für mechatronische Systeme[M]. Berlin: BeuthVerlag, 2004.

[2] 张海平. 纠正一些关于稳态液动力的错误认识[J]. 液压气动与密封，2010(9): 10-15.

[3] LuYongxiang. Entwicklung vorgesteuerter Proportionalventile mit 2-Wege-Einbauventil als Stellglied und mit geräteinterner Rückführung [D]. Aachen: RWTH Aachen, 1981.

[4] 路甬祥，胡大纮. 电液比例控制技术[M]. 北京：机械工业出版社，1988.

[5] 盛敬超. 液压流体力学[M]. 北京：机械工业出版社，1980.

[6] 张海平. 液压是一门实验科学[J]. 液压气动与密封，2012-12: 1-5.

[7] 张海平. 测试是液压的灵魂[J]. 液压气动与密封，2010(6): 1-5.

第 2 章　液压测试的基础知识

2.1　液压测试的类型

液压测试的类型很多，可以根据不同角度来分。

1．根据测试对象分类

（1）部件

测试对象越是精炼简单，成本就越低、见效就越快。所以，应该对液压元件中的关键部件，例如弹簧、柱塞泵中的柱塞，先单独进行测试。

（2）液压元件

对液压元件在标准规定的或实际应用的工况下进行测试，以了解其功能、性能。

（3）液压系统

液压系统装在主机上之后进行测试，以考察是否达到主机要求，判断液压元件的适用性、寻找故障等（详见第 8 章）。

2．根据测试内容分类

（1）功能性

目的在于测试被测件能否完成指定的功能，完成时的特性。例如

1）阀的压差-流量特性测试。

2）密封性（泄漏量）测试。

3）泵马达的效率（能耗、温升）测试。

4）换向阀的工作范围测试。

5）液压元件的瞬态响应性能测试。

6）噪声测试。

7）手动元件的操作性测试。

（2）长期性能

1）耐压性测试。

虽然只进行短时间的测试，但静态测试压力为许用压力的 125%、150%，甚至 200%。目的在于了解，被测件在虽不持续超过许用压力但有压力冲击，偶尔瞬间超过许用压力下的情况下能否坚持长期工作。

这种测试需要的时间短、成本低，可以比较频繁地进行，但其价值有限，并

不能完全代替耐久性测试。

2）耐久性测试。

比较接近实际使用工况的长时间运行。一般采取满载，为了缩短试验时间，甚至采取超载、超速、冲击等形式进行强化试验（见 7.4 节）。

3）密封件与特殊油品的相容性测试。

为了确定密封件与所使用的液压油是否长期相容。一般把密封件浸在液压油中，加热一段时间，检查密封件是否膨胀。

（3）应用环境

目的在于考核被测件对环境的适应能力。主要根据产品具体的使用场合而确定。

1）低温测试。

还分储存温度和工作温度。其实，特别关键的是起始工作温度，因为刚开始工作时，油温较低，油液粘度很高，油液不易进入摩擦副之间形成润滑膜，从而影响润滑状况。

2）高温测试。

高温会降低油液粘度，使之不易停留在摩擦副之间，特别是在受到高负载和冲击负载时。

所以，实际上很重要的是使用什么牌号（粘度）的液压油。

3）防水防尘 IP 等级（ISO 20653）测试，特别是对液压电器。

4）耐污染测试。尤其是使用环境中灰尘多，液压油中污染颗粒较多时。

5）耐腐蚀（盐雾）测试，如元件用于露天、海上，或海水中。

6）防爆环境测试，如用于矿井中，或粉尘环境中。

7）高压测试，如用于深海作业。

8）负压乃至高度真空测试，如用于航空航天。

9）振动，冲击测试等。

3. 根据测试性质分类

1）型式试验（详见 2.7 节）。

对产品进行全面的性能测试和考核，目的在于对产品的鉴定和新产品的定型，一般根据标准规定的项目和方法进行测试。其实测量的成分居多。

2）出厂试验（详见 2.6 节）。

主要是针对已定型，并且有一定批量的产品，以考核其性能要求。其实主要是检查，有一些测量。

3）研究性测试。

为某些研究目的对液压系统、液压元件或其中的部件进行非标准工况下的测试。

2.2 液压测试的过程

液压测试过程大致如下。

1. 分析测试目的

鉴于不同的测试目的所要求的测试方法、测试重点、准确度等级，仪器设备也不同，所以，首先要把测试目的搞清楚：究竟为什么测试，要测什么。

这时，应该研究相应的国家、行业和企业标准，研究实际应用场合。

测试目的最终应以测试任务书、测试合同等形式书面明确地固定下来，作为进一步准备测试的依据。

2. 规划测试

在分析的基础上对整个试验方案进行全面周密的规划。

规划时应重点考虑以下一些方面。

（1）对被测件进行分析

在明确了试验目的后，应该根据已有的理论和经验，对被测件的结构组成、工作方式、特性等，进行尽可能深入的了解与分析，从而理解、确定测试的具体内容及要求。这时不应把被测件当作黑盒子，因为，分析越深入，收获会越大。

（2）预估测试结果

根据已掌握的理论和经验，预先估计可能得到的测试结果、记录曲线的形态。这非常有利于提高对被测件的理解及测试的准备，同时，也有利于在测试中及时发现测量结果中的粗大误差。为此，作者在本书的附赠资源（百度网盘）中提供了一个计算表格软件“液压估算 2015.xls”，附录中也提供了相应的使用说明。

当然，实践和理论总是有差距的，测试中还是可能出现预估之外的状况，所以，预估并不能取代测试。而通过测试，发现测试结果与预估的差别，就可以弥补自己的经验与理论的不足。

（3）确定抽检数量与批次

确定应该抽检的数量与批次时需要考虑以下因素。

1）被测件的代价。

弹簧代价相对低些，使用量又大，应该多抽些检查。即所谓大子样。

而液压泵，相对价格较高，测试代价也高，就只能少抽些，即所谓小子样。

2）试验性质。

出厂试验代价较低，一般应该全检。而进行型式试验，特别是耐久性试验，时间长代价高，就只能少试些。

3）走访调查。

应该通过访问制造部门，考察生产工艺与管理，了解该产品的质量稳定性。

稳定性低的，抽检数量与批次就应该多些（详见 2.6 节 6. “接受质量限”）。

（4）分析设计测试回路

一些标准提供了测试回路，应该取来分析参考，酌情修改。如果，确实不符合自己的需要，就必须另行设计。这时设计的回路只需要原理性的，概略的，初步的。

由于实际系统中的负载常常不易安装在试验台上，所以，经常用节流阀或溢流阀来模拟负载。但是，必须认识到：

1）节流阀、溢流阀只能模拟稳态负载压力，不能模拟负载的惯量。因此，不能反映系统的瞬态响应特性。

2）节流阀模拟的负载压力随通过节流阀的流量而变，溢流阀模拟的负载压力基本不随通过流量而变，但可能会引入振动。

（5）确定测试装置与环境

这时，应根据实验室的具体情况，确定对测试装置、测试仪表的精度以及测试环境的要求。

尤其重要的是，列出那些特殊要求，如特殊的环境，低温、高温、高湿度，或其他极限条件，特别是那些现有条件不足，还需要设计、制造或采购的，因为这牵涉到额外的时间和费用。

（6）撰写测试大纲

把规划测试的结果用书面的形式固定下来，作为进一步制订测试计划的出发点。

一般，测试大纲撰写完成后，应送上级、有经验的同事、合同方，或其他方面审查。通过后，再制订详细的测试计划。

以上各步骤的顺序并非绝对固定的，也可能交叉反复进行。

如果测试比较简单，条件也比较成熟，也可以直接制订测试计划。

3. 制订测试计划

在测试大纲的基础上，进一步细化，制订测试计划。一般应包括下列内容。

（1）测试对象

名称、代号、材料、图样、等等。

（2）测试的目的

（3）测试依据的标准

（4）详细的测试回路

这时，应进行详细设计，如，采用多粗的管道，测点安排在什么位置，等等。

（5）采用的测试设备、测量仪表

（6）对测试条件的具体要求

如油源压力流量的范围、稳压程度、液压油的性能指标、允许的油温范围、污染度要求，等等。

(7) 测试步骤

(8) 测试记录表

至少应有以下几项。

1）日期。

2）时间。

3）检测者。

4）试验油液类型、密度、运动粘度等。

5）试验时的实际油温。

6）油液污染等级。

7）观察项目。

8）观察情况。

9）记录数据的文件名。

测试计划准备得越充分，测试就会越顺利，起到事半功倍的效果。冒冒失失、匆匆忙忙开始的测试常常以失败而告终：测了一大堆数据，却分析不出什么有用的需要的结果。祖训：磨刀不误砍柴工，是也。

研究性尝试性测试，在测试前，由于存在很多未知因素，很难详细准确计划。即便如此，也还是应该尽可能地计划，然后在测试过程中再根据情况修改补充。还可考虑设计一些预测试，增加了解，就可避免以后的“从头再来”。

测试计划中的很多内容是以后测试报告中可以取用的，所以，测试计划越详细，以后编写测试报告就越省力。

4. 准备测试

1）选择、设计或添置测试设备。

2）安装调试测试回路及测量装置。

3）标定测量仪器及系统。

4）准备测试环境条件：稳定油温、流量、负载、压力等，达到要求。

5. 进行测试

进行测试，记录测试数据和观察到的现象，等等。

测试过程中，应该及时观察分析测试曲线是否有粗大误差（见 3.2 节），必要时应重复测试。

记录要完整。测试记录越完整，参考价值越大。尝试不一定能成功，试制品不一定能成为产品，但是这并不意味着失败。某个方案、某个措施虽然不能在这个产品上应用，但可能在另一个产品上能够应用；虽然在这个环境中不适用，但可能在另外一个环境中可以应用。所以重要的是做好记录。记录下测试的环境、条件、测试的过程、测试中观察到的现象。很重要的是在测试过程中就要做记录，而不是结束以后再去补。因为，那样很容易遗忘，很难保证真实完整。

光记录成功的步骤或漂亮的结果，很可能与宝贵的经验和意外发现擦肩而过。特别是研究性的测试，有无完整的记录是十分重要的，甚至比测试结果本身更重要，是一笔宝贵的财富。

6. 编写测试报告

（1）基本原则

1）要完整反映测试设备与过程，要能做到通过测试报告可再现测试结果。

2）要真实反映测试结果，能使读者信服。

3）要有条理，脉络清楚。

4）要很好地归档，方便查询。

（2）注意点

1）以下内容建议安排在测试报告的首页，一目了然，以方便领导及其他急需要了解测试结果的人员。

① 被试件的名称与代号。

② 供货方、供货日期，委托测试的单位、日期等。

③ 执行测试的单位、员工、地点、日期等。

④ 测试结果、结论。

2）要有关于被试件的详细信息：图样（装配图、零件图，含实测尺寸）、材料、生产（热处理）工艺等。

3）测试系统与回路中要标明测点位置与代号。附上测试装置的照片。

4）试验用油的类型、测试温度、油液污染等级。

5）测试数据处理分析。

为了去除粗大误差、随机误差，做一些适当的处理是可以的，但切记不能为了某种需求去修改，乃至伪造数据，使测试数据失去真实性。

如果曲线是根据测试数据拟合出来的，应标明实际测量点（见图 2-1）。

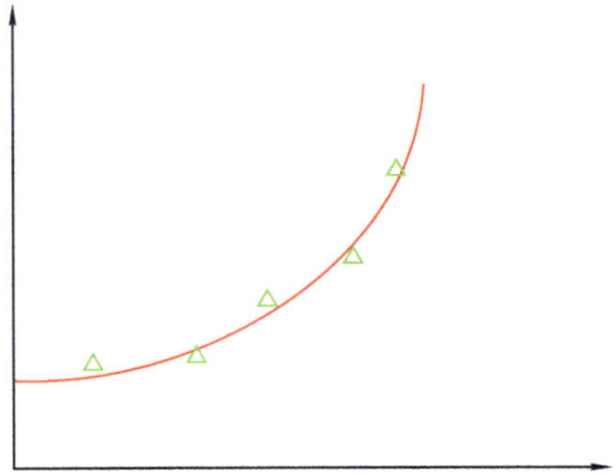

图 2-1　从测试数据拟合曲线

△为实际测量点　——拟合曲线

保留原始的手写测试记录表，可以增加报告的可信度。

6）测试中如发生故障，也应真实详尽记录：发生的时间、部位、现象、排除措施等。这些对改进被测件的设计及测试回路是极有价值的。

7）测试结果分析与综述。

8）改进测试的建议（选项）等。

有些测试报告中含有对被试件的改进建议。其实，这点不应由测试人员来写，至少不应该写入测试报告。经过测试，测试员对被测件有了相当深入的了解，产生一些改进的主意是非常正常的，但是，改进是设计部门的职责。进行测试，就是当裁判，要求公正客观。提改进意见，则是教练的事。既当裁判，又当教练，常常可能影响公正性。

要做好液压测试工作，除了需要有先进的检测设备以外，还需要有专门的知识和丰富的经验，更重要的是，认真的工作态度。

还可参考本章延伸阅读文献[1]第 2.1 节“概述”。

2.3 液压测试的工况

行业标准 JB/T 7033—2007《液压传动　测量技术通则》（修改采用 ISO 9110-1:1990）做了以下一些定义（引号内带颜色字样）。

1. 静态工况

静态工况（static condition）——“参数不随时间变化的工况。”

这种参数保持不随时间而变的工况，在液压传动技术中，其实是很罕见的。

2. 稳态工况

稳态工况（steady-state condition）——“变量的平均值不随时间变化，或变量的瞬时值的变化是周期性的且可用简单的数学公式来描述的工况。”

注意：这里的变量不能理解为所有的变量，因为，一个物体，只要速度不为零，其位移（平均值）肯定会随时间变化。根据 ISO 9110-1:1990 中的原文“Conditions under which the mean of a variable does not change with time and the variation of an instantaneous value of that variable is cyclic and can be described by a simple mathematical expression.”应该理解为“某个变量”。

GB/T 17446—2012《流体传动系统及元件　术语》（等同 ISO 5598：2008）中定义为相关参数，也可以避免误解。

因为在测试中不可能做到相关参数绝对不变，所以，在一些测试标准中都根据测量准确度等级对相关参数的变化范围给出了规定，如表 2-1 所示。

3. 稳态特性

GB/T 17491 没有定义稳态特性。一般认为，稳态特性就是液压元件或系统在

表 2-1　相关参数的允许变化范围

参数	相对测量准确度等级的允许变化范围		
	A	B	C
转速（%）	±0.5	±1.0	±2.0
转矩（%）	±0.5	±1.0	±2.0
流量（%）	±0.5	±1.5	±2.5
压力/Pa（$p<2\times10^5$Pa）	$\pm1\times10^3$	$\pm3\times10^3$	$\pm5\times10^3$
压力（%）（$p\geqslant2\times10^5$Pa）	±0.5	±1.5	±2.5

注：摘自 GB/T 17491—2011《液压泵、马达和整体传动装置　稳态性能的试验及表达方法》。

稳态工况时的特性。例如，实际液压技术中，通常把液压阀的以下这些特性都归为稳态特性。

1）换向阀的流量-压差特性。

2）溢流阀的压力-流量特性。

3）流量阀的压差-流量特性。

4．瞬态

JB/T 7033—2007 没有定义瞬态工况、瞬态特性。瞬态工况（instantaneous conditions）在 GB/T 17446《流体传动系统及元件　术语》的 1998 版(等同 ISO 5598:1985)中被定义为“某一特定时刻的工况(Conditions which exist at a specified point in time)”，但在 2012 版(等同 ISO 5598:2008)中没有再出现。

一般理解，瞬态是非静态非稳态，是从一个状态变到另一个状态，寻找新的平衡点的过程，期间很多参数（压力、流量等）都会改变，也称动态。

元件、系统对负载、指令和干扰的改变的瞬间反应特性称为瞬态响应特性，简称瞬态特性，或动态特性。瞬态特性好的元件、系统能够迅速适应，进入新的稳态，瞬态特性差的元件、系统有时需要较长的适应时间，或有很大超调，也可能振荡不已，根本进入不了稳态。液压元件的瞬态特性的测试可见第 6 章。液压系统的瞬态特性既取决于所使用的元件，也与系统的构成息息相关。

2.4　液压测试的设备

液压测试设备一般大致可分为以下几部分（见图 2-2）。

1．动力源及其控制系统

动力源可以是液压的和其他类型。例如，液压泵测试系统的动力源一般是电动机，而液压缸、马达和液压阀测试系统的动力源则是液压源。

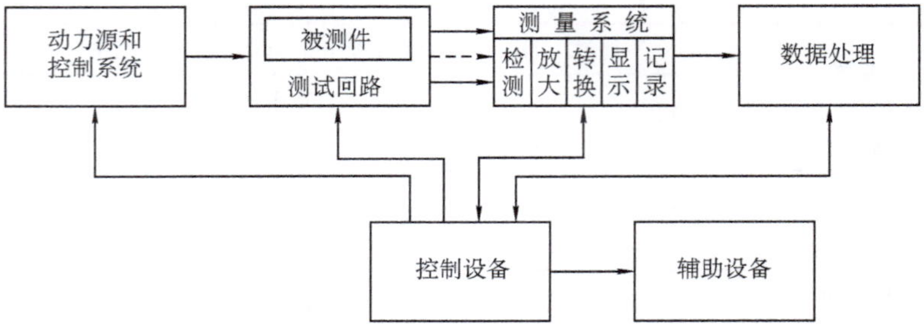

图 2-2 液压测试设备

液压源的输出流量、最高压力以及液流方向，一般可以根据测试的要求加以控制。

液压源的成本一般随许用压力呈几何级数增长。因此，对测试准确度要求不高的耐压测试，一般应该与要求准确度较高，回路、设备较复杂的功能性测试台分开。

2. 测试回路与被测件

测试回路包含液压加载或其他类型的加载装置、工况切换装置等，以造成需要的测试工况，还有固定被测件的夹具等，这些一般都安装在试验台上或试验台旁。

被测件可以是液压泵、马达、阀等各类液压元件，也可以是过滤器、蓄能器、软管等辅件。

3. 测量系统

包括检测、放大、转换、显示和记录仪器。

检测装置包含非电量仪表或传感器。

转换器包括模-数 A-D 和数-模 D-A 转换器。

显示器可以是电压表、电流表、频率计等。

记录器有示波器、笔录仪以及磁带记录仪等（详见 3.13 节“测量用的二次仪表”）。

4. 数据处理

数据处理包括测试数据检验、分析、滤波、曲线拟合等步骤，现在已经广泛采用专用或通用的计算机来进行。

5. 控制设备

控制设备可以使整个测试过程按预定的程序进行。

6. 辅助设备

辅助设备包括油温控制设备、过滤设备、环境模拟设备和人员安全保护装置等。

当然，并不是任何液压测试系统都必须包括所有这些部分，有些简单的测试可以省略掉其中的一些部分。

2.5　液压元件测试的标准

液压元件测试可以遵循参考的标准（见表 2-2），有国际标准（ISO）、国家标准（GB）、还有现在称行业标准（JB），以前称机械工业部部标，还有军用标准（GJB）等。

表 2-2　一些液压元件测试标准（状态 2014-04）

类别	标准名称	标准编号	现行版本	对应国际标准
通用	液压元件通用技术条件	GB/T 7935	2005	—
	液压系统通用技术条件	GB/T 3766	2001	ISO 4413:1998，eqv
	液压系统元件通则与安全要求			ISO 4413:2010
	液压传动　测量技术通则	JB/T 7033	2007	ISO 9110-1:1990，MOD
	液压传动测量技术　第 2 部分：密闭回路中平均稳态压力的测量	GB/T 28782.2	2012	ISO 9110-2:1990，IDT
	金属承压壳体的疲劳压力试验　第 1 部分：试验方法	GB/T 19934.1	2005	ISO 10771-1:2002，IDT
	液压元件压力容腔体的额定疲劳压力和额定静态压力验证方法	JB/T 5924	1991	—
泵，马达	液压泵、马达和整体传动装置　稳态性能的试验及表达方法	GB/T 17491	2011	ISO 4409:2007，MOD
	液压泵和马达　空载排量测定方法	GB/T 7936	2012	ISO 8426:2008，MOD
	液压叶片泵	JB/T 7039	2006	—
	液压齿轮泵	JB/T 7041	2006	—
	液压轴向柱塞泵	JB/T 7043	2006	—
	电控液压泵　性能试验方法	GB/T 23253	2009	ISO 17559:2003，IDT
	液压马达特性的测定	GB/T 20421	2006	ISO 4392:2002，IDT
	液压马达	JB/T 10829	2008	—
	摆线液压马达	JB/T 10206	2010	—
	低速大转矩液压马达	JB/T 8728	2010	—
	静液压传动装置	JB/T 10831	2008	—
液压缸	液压缸试验方法	GB/T 15622	2005	ISO 10100:2001，MOD
	液压缸	JB/T 10205	2010	—

（续）

类别	标准名称	标准编号	现行版本	对应国际标准
液压阀	流量控制阀试验方法	GB/T 8104	1987	ISO 6403:1988
	压力控制阀试验方法	GB/T 8105	1987	
	方向控制阀试验方法	GB/T 8106	1987	
	液压阀　压差-流量特性的测定	GB/T 8107	2012	ISO 4411:2008，MOD
	电调制液压控制阀	GB/T 15623	2003	ISO 10770:1998，MOD
	液压溢流阀	JB/T 10374	2013	—
	液压卸荷溢流阀	JB/T 10371	2013	—
	液压减压阀	JB/T 10367	2014	—
	液压顺序阀	JB/T 10370	2013	—
	液压调速阀	JB/T 10366	2014	—
	液压节流阀	JB/T 10368	2014	—
	液压单向阀	JB/T 10364	2014	—
	液压电磁换向阀	JB/T 10365	2014	—
	液压电磁换向座阀	JB/T 10830	2008	—
	液压电液动换向阀和液动换向阀	JB/T 10373	2014	—
	液压手动及滚轮换向阀	JB/T 10369	2014	—
	液压多路换向阀	JB/T 8729	2013	—
	液压二通插装阀　试验方法	JB/T 10414	2004	—

GB 标准大多是从 ISO 标准转化（等同，或修改）而来的。JB 标准一般都是根据中国自己的经验与实际情况制订的。很多企业自行制订了企业标准。

这些标准一般含有以下基本内容。

1）技术术语和符号的说明和规定。

2）试验条件的规定，包括试验用油液的粘度、油温及污染等级等。

3）试验项目和试验方法，包括试验回路、需要考核的性能、试验方法等。

4）测试点的配置和测量准确度等级。

有些标准还含有性能指标。

参与制订标准者很多是这方面的行家，有相当的经验；标准中很多内容做过验证性试验；标准公布实施前经过了多次意见征询，层层审核，具有相当的权威性。因此是十分重要，从事液压测量的工程师一定要学习的参考资料。但也应该认识到以下几点。

1）标准也是人制订的，无论是国人还是洋人，都可能有错误、欠缺、可改进之处（参见 4.1 节、5.3 节）。技术在发展，出现标准未预见到的情况是常有的事。

人的认识在深化，标准不断出现新版本，说明也是在不断改进中。不应迷信盲目执行。

在德国，工程师都很清楚，标准不同于法令，只要自己认为有明确充分的理由，是可以不执行的。

在中国，标准分两类，必须执行的和推荐执行的。液压测试标准全都属于推荐执行的。因此，也是可以根据具体情况选用，不一定要照搬硬套的。

例如，制订标准的目的之一就是希望在不同试验台测出的结果有可比性。但现行的 JB 标准一般都规定油粘度在 40℃时为 42～74mm^2/s，试验温度为 50℃，而欧美公司普遍采用粘度在 40℃时为 29～35mm^2/s 的油（ISO VG32 号油），试验温度就是 40℃。这个差别就可能影响两者性能指标的可比性。

2）关于液压元件的试验方法，略有几个国际标准（参见表 2-2），但关于液压元件的性能指标，没有任何国际标准。JB 标准中推荐的性能指标，都是我们自行拟订的。

3）世界性公司，基本上是不会执行中国的试验标准的。

4）目前，中国市场上的高端产品大多来自世界性公司。

5）所以，可以逻辑地推论：在中国市场上，很多高端产品基本不执行中国的试验标准！换句话说，不执行中国的试验标准，也是可能成为中国市场上的高端产品的！

例如，关于单向阀的 JB/T 10364，2002 版只制订了耐久性试验的试验方法，并未给出具体指标，2014 版中推荐试验启闭次数为 25 万次。而某德国公司 2010 年推出的阀芯阀座为工程塑料的单向阀可达 2000 万次。

再如，关于溢流阀的 JB/T 10374—2013 推荐，耐久性试验 25～80 万次，而有德国公司 2003 年就宣称，他们提供的普通的溢流阀的耐久性可达 1000 万次，精制的可达 2000 万次。

再如，对于电磁换向阀、流量阀、单向阀等的耐久性试验，相应的 JB 标准都是推荐在额定压力下进行，而有外国公司对它的电磁阀、流量阀、单向阀等进行 100 万次 132%许用压力的试验，或 1000 万次 115%许用压力的试验。

再如，关于柱塞泵的 JB/T 7043—2006 推荐的满载试验时间为 2400h，而有德国公司对它生产的用于挖掘机的柱塞泵承诺使用 8000h，在用于其他冲击不大的设备时，甚至承诺使用 15000h。

6）JB 标准中的性能指标往往是标准拟定者根据标准拟定时市场的一般需要与当时国内制造业可能达到的水平折衷确定的。JB 标准从拟定初稿经过反复协商、征求意见、层层审核到公布，前后花费两三年是至少的。再修改，一般是五年或十年以后的事了。而此期间会出现新材料、新工艺，技术在不断进步，JB 标准中的性能指标过时也是常见的事。

所以，应该把执行和达到现行 JB 标准中的性能指标看作是必须的最低限度，绝不能因为达标而固步自封。要想在市场竞争中胜出，企业标准就应该高于 JB 标准。

2.6 液压元件的出厂试验

在相关的 JB 标准中定义，液压元件的产品检验分出厂检验和型式检验。

出厂检验系指产品交货前应进行的各项检验，包含了装配与外观的检验和性能的检验。当然，其中重要的和技术含量高的是性能检验。出厂产品的性能检验通过出厂试验进行。

1. 试验目的

目前，很多国产液压元件与世界先进水平的主要差距在于可靠性。而液压元件的可靠性，主要由以下两个因素决定。

1）设计性能的优良性，这靠型式试验来检验（见 2.7 节）。

2）制造质量的稳定性，或称质量一致性，这可以通过出厂试验一定程度地来检验。

但是，必须认识到，出厂试验只能发现有缺陷的产品，并不能保证所有试验过的产品没有任何缺陷，因为任何试验都不可能 100%地检查出所有部件所有原料所有加工环节中可能存在的问题。因此，决定质量稳定性的第一要素，是从原料进厂直到产品包装出厂，整个生产链上所有各个环节所有相关员工中水平最差、工作最马虎的员工。这就是短板理论在质量稳定性上的表现。靠认真的出厂试验可以一定程度地弥补这一缺陷，但想钻空子蒙混过关总有机会成功。

质量稳定性只有靠所有相关员工全都自觉认真参加全面质量管理，长期坚持，才能不断提高，是靠认真管理管出来的。一些国内液压企业所炫耀的进口的高性能高精度机床，顶多只能为加工零件的几何尺寸的稳定提供必要而非充分的保证而已。

此外，出厂试验还有以下几项重要的目的。

1）调节。例如，根据顾客要求设定溢流阀和减压阀等的压力、流量阀的流量等。

2）冲洗。尽管组装前零部件都应该进行仔细的清洗，但很难避免之后还会有少量污染。所以，可以利用出厂试验的机会，再进行一次内部流道的冲洗。

3）泵马达的跑合，溢流阀的排气等。

而这些对液压元件的正常使用也是十分重要的。所以，尽管理论上讲，而且一些行业标准也建议，如果制造过程非常稳定，可以仅仅抽检（见本节 6. 接受质量限），但实际上还是应该百分之百地“过油”。

2. 试验内容

JB 标准规定了出厂试验应进行的项目（见表 2-3、表 2-4），主要是功能性的，检查能否实现保证的功能。具体试验项目应根据具体情况——生产过程、产品的重要性决定。

表 2-3　一些液压阀出厂试验应进行的一些项目

<table>
<tr><th>元件名</th><th>标准</th><th>版本</th><th colspan="9">出厂试验项目</th></tr>
<tr><td>节流阀</td><td>JB/T 10368</td><td>2014</td><td rowspan="6">耐压性
抽试</td><td>流量调节范围</td><td rowspan="4">内泄漏量</td><td>—</td><td>正向压力损失
抽试</td><td rowspan="2">反向压力损失
抽试</td><td>—</td><td>—</td><td rowspan="10">密封性</td></tr>
<tr><td>调速阀</td><td>JB/T 10366</td><td>2014</td><td>流量调节范围及最小稳定流量</td><td>进口压力变化的影响</td><td>出口压力变化的影响
抽试</td><td>—</td><td>—</td></tr>
<tr><td>溢流阀</td><td>JB/T 10374</td><td>2013</td><td>调压范围及压力稳定性
压力振摆、压力偏移</td><td>卸荷压力抽试</td><td rowspan="2">压力损失
抽试</td><td>—</td><td>稳态压力-流量特性</td><td rowspan="2">动作可靠性</td></tr>
<tr><td>卸荷溢流阀</td><td>JB/T 10371</td><td>2013</td><td>调压-卸荷特性</td><td>重复精度误差</td><td>—</td><td>保压性</td></tr>
<tr><td>减压阀</td><td>JB/T 10367</td><td>2014</td><td rowspan="2">调压范围及压力稳定性
压力振摆、压力偏移</td><td>外泄漏量抽试</td><td>—</td><td>减压稳定性</td><td rowspan="3">反向压力损失
抽试</td><td>—</td><td rowspan="2">动作可靠性
抽试</td></tr>
<tr><td>顺序阀</td><td>JB/T 10370</td><td>2013</td><td rowspan="6">内泄漏量</td><td>外泄漏量</td><td rowspan="2">正向压力损失
抽试</td><td>稳态压力-流量特性</td></tr>
<tr><td>单向阀</td><td>JB/T 10364</td><td>2014</td><td>耐压性</td><td>开启压力
抽试</td><td>—</td><td>—</td><td>控制压力抽试</td></tr>
<tr><td>电磁换向阀</td><td>JB/T 10365</td><td>2014</td><td rowspan="4">耐压性
抽试</td><td>—</td><td>—</td><td>压力损失
抽试</td><td>—</td><td>—</td><td rowspan="4">换向性能</td></tr>
<tr><td>电液动和液动换向阀</td><td>JB/T 10373</td><td>2014</td><td rowspan="3">滑阀机能</td><td>—</td><td>—</td><td>—</td><td>—</td></tr>
<tr><td>手动及滚轮换向阀</td><td>JB/T 10369</td><td>2014</td><td>—</td><td rowspan="2">压力损失
抽试</td><td>—</td><td>—</td></tr>
<tr><td>多路换向阀</td><td>JB/T 8729</td><td>2013</td><td>—</td><td>背压性能</td><td>负载传感</td><td>安全阀补油阀</td></tr>
</table>

一些 JB 标准中提出，做出厂试验时还要做耐压试验（抽检）。但这样做的话，设备、能耗代价都较大。如果在型式试验中已经认真地做了耐压试验，又能很好地控制原料的质量，制造过程也很稳定，其实不一定要在出厂试验时再做耐压试验。作者访问过的一些世界性公司也不在出厂试验时做耐压试验。

表 2-4 一些液压泵马达出厂试验应进行的一些项目

<table>
<tr><th>元件名</th><th>标准</th><th>版本</th><th colspan="8">出厂试验项目</th></tr>
<tr><td>齿轮泵</td><td>JB/T 7041</td><td>2006</td><td rowspan="2">空载排量</td><td rowspan="6">容积效率</td><td>总效率抽试</td><td>—</td><td>—</td><td>超载</td><td>—</td><td rowspan="6">外渗漏</td></tr>
<tr><td>叶片泵</td><td>JB/T 7039</td><td>2006</td><td>—</td><td>压力振摆抽试</td><td>输出特性</td><td rowspan="2">超载抽试</td><td>冲击抽试</td></tr>
<tr><td>轴向柱塞泵</td><td>JB/T 7043</td><td>2006</td><td>—</td><td rowspan="2">总效率抽试</td><td rowspan="2">变量特性</td><td>—</td><td>—</td></tr>
<tr><td>马达</td><td>JB/T 10829</td><td>2008</td><td rowspan="3">空载排量</td><td>—</td><td rowspan="3">—</td><td>冲击抽试</td></tr>
<tr><td>摆线马达</td><td>JB/T 10206</td><td>2010</td><td>—</td><td>—</td><td>—</td><td>—</td></tr>
<tr><td>低速大转矩马达</td><td>JB/T 8728</td><td>2010</td><td>—</td><td>—</td><td>—</td><td>—</td></tr>
</table>

3. 试验任务书

出厂试验任务（计划）书中应至少包含以下内容。

1）待试验产品、代号。

2）试验项目。

3）试验回路。

4）试验方法。

5）合格指标。

4. 试验台设计

在设计出厂试验用的试验回路和试验台之前，首先要确定，需要试验产品的生产纲领，估算每个产品试验需要的时间，包括装夹拆卸的时间。因为所有出厂产品都需要试，一般量比较大，因此，要重点关注如何高效率和低成本。例如：

1）装夹方便。

2）试验回路适当综合，尽可能一次装夹完成全部试验。

3）要有足够的安全保护措施。

4）要特别注意工作油液的清洁程度。所以，试验台应有多个大容垢能力的过滤器。同时，定期检查记录油液的污染等级（GB/T 14039—2002）。

5）出厂试验对准确度的要求相对型式试验一般可以低些。

5. 试验报告

因为量大、时间较短，所以，一般，仅重要、价值高、性能要求高的元件，如一些伺服阀、由专职机构检查的安全阀、某些液压泵，才每件产品单独填写试验报告。

很重要的是，对试验结果要做分析，对次品根据超差原因做分类、统计，为找出导致缺陷的原因，改进生产管理、降低次品率提供依据。

降低次品率，就是降低成本，也就是提高利润。

只有降低了出厂检验的次品率，才有可能降低交货次品率、早期使用次品率。

6．接收质量限

因为不可能绝对没有次品，所以很多液压元件的 JB 标准建议根据 GB/T 2828.1（初版 2003，修订 2012）《计数抽样检验程序　第 1 部分：按接收质量限（AQL）检索的逐批检验抽样计划》（ISO 2859-1:1999，IDT）进行抽样检验。并提出，出厂检验抽样方案为正常检查一次抽样，按一般检查水平 II，接收质量限（AQL——Acceptable Quality Limit）为 2.5。

（1）抽样检验过程

抽样检验过程根据 GB/T 2828.1 大致如下（见表 2-5）。

1）按照批量的大小和一般检查水平 II 确定样本量字码（该标准表 1）。

2）根据样本量字码确定应该从这批产品中随机抽取进行检验的样本数量（该标准表 2-A“正常检验一次抽样方案（主表）”）。

3）进行检验。

4）根据检验结果按照该表对 AQL2.5 规定的接收限 *Ac* 决定，整批产品是否接收。

表 2-5　一般检验水平 II 的抽样样本量与 AQL2.5 的接收质量限

批量 *N*	样本量字码	抽样样本量	*Ac*
2～8	A	2	0
9～15	B	3	0
16～25	C	5	0
26～50	D	8	0
51～90	E	13	1
91～150	F	20	1
151～280	G	32	2
281～500	H	50	3
501～1200	J	80	5
1201～3200	K	125	7
3201～10000	L	200	10
10001～35000	M	315	14

注：*Ac* 为样本中的不合格（品）数整批可接受的上限。

（2）说明

1）AQL 包含了两种不同的质量表示方法：不合格品百分数（percent

nonconforming)、每百单位产品不合格数（**nonconforming per 100 items**）。

在计算不合格品百分数时，一个被检验件，不管有一个还是几个质量特征不合格，都算且只算一个不合格品。这样

不合格品百分数 = 样本中的不合格品数/样本量×100

因此，不合格品百分数的最大值是 100，即被抽检的所有产品都是不合格品。

而在计算每百单位产品不合格数时，则累计所有的不合格的质量特征。假如一个产品中有 5 个质量特征不合格，就算 5 个。这样

每百单位产品不合格数 = 样本中的不合格质量特征数/样本量×100

因此，每百单位产品不合格数的最大值完全可能超过 100。假如所有检验的样本产品，每个都有 5 个质量特征不合格，则每百单位产品不合格数为 500。

所以，在使用 AQL 时，非常重要的是要预先约定，究竟是根据不合格品数还是不合格数。如果是不合格数，还要明确考察哪些质量特征。

使用每百单位产品不合格数检验，要求更严，但更有利于保存所有不合格信息，对提高产品质量更有益。

2）指定 AQL 并不意味着供方有权提供任何不合格品。即使整批被接受，其中的不合格产品还是可以而且应该逐个剔除。

3）该标准还建议了 4 种**检验状态：**正常检验 **N**、加严检验 **T**、放宽检验 **R**、暂停检验 **D**，以及相应的状态转移规则（见图 2-3）。

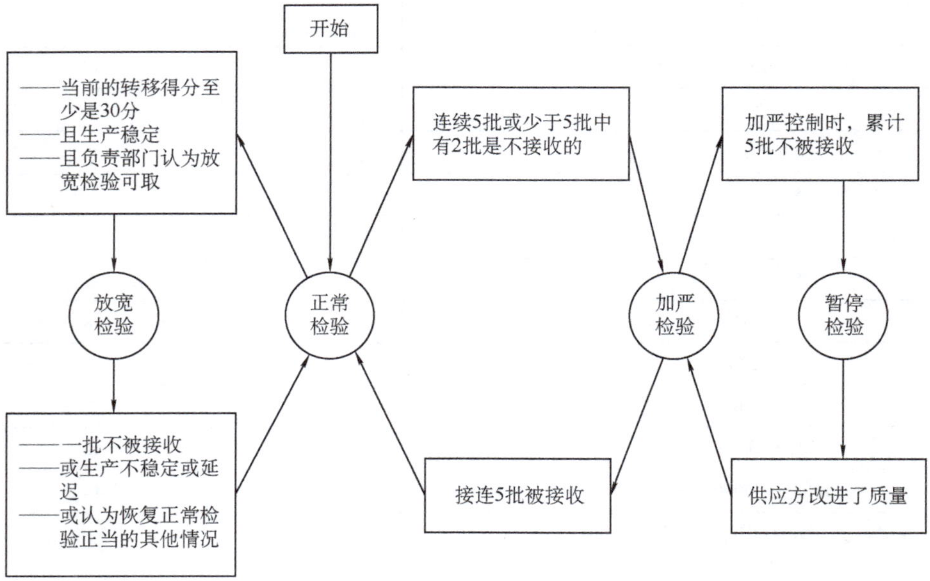

图 2-3　转移规则简图（GB/T 2828.1—2003 图 1）

2.7　液压元件的型式试验

JB 标准规定，对液压元件进行型式检验时应进行型式试验（type test）。

1. 试验目的

进行型式试验的目的如下。

1）确定试制品的设计性能的优良性，是否达到设计任务书的要求。

2）确定该设计在本企业制造的可能性。

因此，在下列情况下都需要进行型式试验。

1）新产品的试制定型鉴定。

2）老产品转厂生产的试制定型鉴定。

3）正式生产后，如结构、材料、工艺有较大改变，可能影响产品性能时。

4）产品长期停产后恢复生产时。

5）出厂试验结果与上次型式试验结果有较大差异时。

6）客户和质量监督机构提出要求时。

这些试验，通常由元件制造厂的试验部门进行，有时，元件使用方也会做，或和制作方合作进行。

2. 试验内容

因为这是对产品的全面试验，因此，内容较广，对试验回路、环境、设备、测量准确度等级等要求较高。JB 标准规定，除了出厂试验的那些项目以外，还应进行其他一些试验（见表 2-6、表 2-7），耐久性是必试的项目。

表 2-6　一些液压阀型式试验应附加进行的一些项目

<table>
<tr><th>元件名</th><th>标准</th><th>版本</th><th colspan="6">附加项目</th></tr>
<tr><td>节流阀</td><td>JB/T 10368</td><td>2014</td><td>流量-压差特性</td><td>调节力矩</td><td>—</td><td>—</td><td>—</td><td>—</td></tr>
<tr><td>调速阀</td><td>JB/T 10366</td><td>2014</td><td rowspan="9">稳态特性</td><td>—</td><td rowspan="5">瞬态特性</td><td>—</td><td>—</td><td>—</td></tr>
<tr><td>溢流阀</td><td>JB/T 10374</td><td>2013</td><td rowspan="2">调节力矩</td><td rowspan="6">耐久性</td><td>噪声</td><td>—</td></tr>
<tr><td>卸荷溢流阀</td><td>JB/T 10371</td><td>2013</td><td>—</td><td>—</td></tr>
<tr><td>减压阀</td><td>JB/T 10367</td><td>2014</td><td>—</td><td rowspan="2">噪声</td><td>—</td></tr>
<tr><td>顺序阀</td><td>JB/T 10370</td><td>2013</td><td>调节力矩</td><td>—</td></tr>
<tr><td>单向阀</td><td>JB/T 10364</td><td>2014</td><td>—</td><td>—</td><td>—</td><td>—</td></tr>
<tr><td>电磁换向阀</td><td>JB/T 10365</td><td>2014</td><td>—</td><td>瞬态特性</td><td>—</td><td>—</td></tr>
<tr><td>手动及滚轮换向阀</td><td>JB/T 10369</td><td>2014</td><td>—</td><td>—</td><td>—</td><td>—</td><td>—</td></tr>
<tr><td>多路换向阀</td><td>JB/T 8729</td><td>2013</td><td>操纵力</td><td rowspan="2">瞬态特性</td><td rowspan="2">耐久性</td><td>微动特性</td><td>高温性能</td></tr>
<tr><td>电液动换向阀和液动换向阀</td><td>JB/T 10373</td><td>2014</td><td>稳态特性
工作范围</td><td>—</td><td>—</td><td>—</td></tr>
</table>

表 2-7 一些液压泵马达型式试验应进行的一些项目

<table>
<tr><th>元件名</th><th>标准</th><th>版本</th><th colspan="13">型式试验项目</th></tr>
<tr><td>齿轮泵</td><td>JB/T 7041</td><td>2006</td><td rowspan="6">空载排量</td><td rowspan="6">容积效率、总效率</td><td rowspan="2">压力振摆</td><td>—</td><td>—</td><td rowspan="3">自吸试验</td><td rowspan="4">噪声</td><td rowspan="6">低温、高温</td><td rowspan="6">超速</td><td>低速</td><td rowspan="6">超载</td><td rowspan="4">冲击</td><td rowspan="6">满载</td></tr>
<tr><td>叶片泵</td><td>JB/T 7039</td><td>2006</td><td>输出特性</td><td>瞬态特性</td><td>—</td></tr>
<tr><td>轴向柱塞泵</td><td>JB/T 7043</td><td>2006</td><td>—</td><td>—</td><td rowspan="2">变量特性</td><td>—</td></tr>
<tr><td>马达</td><td>JB/T 10829</td><td>2008</td><td rowspan="2">起动效率</td><td>—</td><td rowspan="3">低速性能</td><td>—</td></tr>
<tr><td>摆线马达</td><td>JB/T 10206</td><td>2010</td><td>—</td><td>—</td><td>—</td><td>低速</td><td rowspan="2">连续换向</td></tr>
<tr><td>低速大转矩马达</td><td>JB/T 8728</td><td>2010</td><td>起动转矩</td><td>—</td><td>—</td><td>噪声</td><td>—</td></tr>
</table>

生产企业应该根据产品具体的使用场合而确定试验内容。

3. 试验台设计

由于型式试验进行的次数一般不像出厂试验那么多，因此，相对而言，测试的成本和能耗一般不是第一位考虑的因素，首要的是有足够高的准确度，从而足以做出可信的判断。所以，JB 标准一般规定准确度按 B 级（见 3.2 节）。

做型式试验的测试回路应根据需要，尽可能简单，以减少干扰，从而准确地测出性能。有一些所谓的“综合”试验台，又称“多功能”试验台，号称可以同时用于多种液压阀，甚至液压泵马达的测试。其实，由于其液压回路复杂，元件的不完美，很容易引入干扰，而且维修困难、费用昂贵，应该避免使用。

当然，动力泵站本身，可以，而且应该是通用的，传感器、数据采集记录设备也可以是通用的。所以，建议考虑的一种方案是多个台架并联在一个动力泵站上，可根据需要用截止阀切换（见图 2-4）。这样，被测件可以不急于拆，等测试

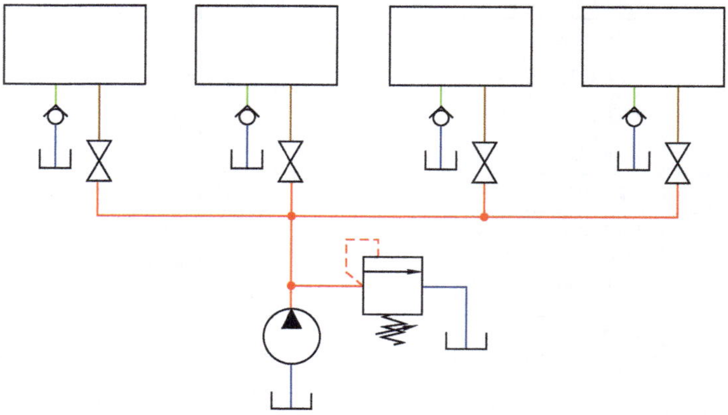

图 2-4 多个台架共用一个动力泵站

数据处理完了，再拆。因为，常会出现这样的情况：采集的数据分析处理后才发现有问题，需要重测。而如果由于试验台工位太少，为了让给其他试验，原先的测试回路已经被拆除了，就麻烦了。

一些 JB 标准也建议，进行型式试验时，像出厂试验那样根据 GB/T 2828.1 抽样，只是样本量一般定为 3～5 件，耐久性试验的样本量一般为 2 件。

延伸阅读文献

[1] 王益群，高殿荣. 液压工程师技术手册[M]. 北京：化学工业出版社，2010.

第 3 章　液压测量仪器的概况与选用

3.1　概述

液压技术中最重要的物理量是压力、流量，其次是温度、转距、转速、噪声、力、位移和速度等。这些量都是连续变化的，属于模拟量。这些量大多看不到摸不到，必须通过测量仪器转换（见图 3-1）。

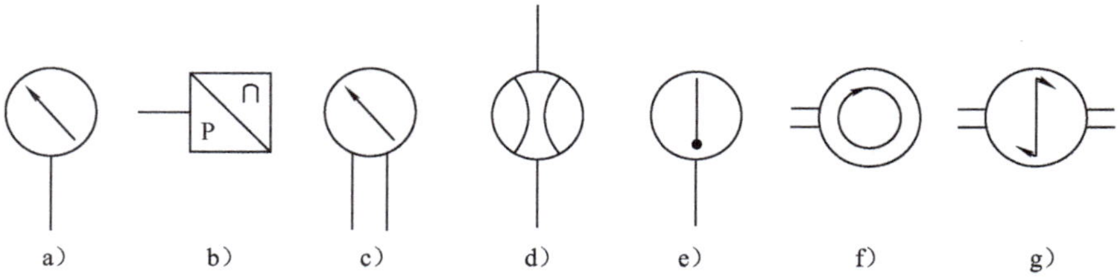

图 3-1　测量仪器的图形符号（根据 GB/T 786.1-2009/ISO 1219-1:2006）

a）压力测量单元（压力表）　b）压力传感器　c）压差计　d）流量计　e）温度计　f）转速仪　g）转矩仪

测量仪器的输出信号，根据其物理性质，可以分为非电信号和电信号。

输出非电信号的，最常见的是光学直读的，如普通温度表，压力表，等等。

输出电信号的，又可分为两类。

输出开关电信号的一般被称为继电器，或开关，如压力继电器、压力开关、温度开关，等等，在被测量的值达到预设定的上限或下限时，发出信号。

输出模拟电信号的一般称为传感器，也称变送器。被测量经过传感器变换，成为连续变化的电压或电流信号输出。

由于传感器直接输出的电信号，一般都很弱，抗干扰能力差。所以，现在越来越多的传感器直接结合了放大器，输出信号较强，抗干扰能力也提高了。放大处理后输出的模拟信号，现在大多也标准化了：电压一般为 0～5V、0～10V，电流一般为 0～20mA、4～20mA。

输出信号 4～20mA 意味着在被测信号为零时，传感器输出电流 4mA。只有在断线时才会出现输出电流 0mA，这就便于后续仪器或操作人员识别。而且，在电流接近零的区域，温漂等干扰信号带来的误差也相对较大。所以，可能的话，应优选 4～20mA。

由于输出信号已标准化，与传感器的实际量程无关了，所以，在随后的显示仪器中，必须预先设置最大电压值或电流值相应的实际量程值。每次测试前，一定要检查，设定值是否与相应的传感器符合。不然就会出现严重的系统性错误。

近年来出现了更先进的智能型传感器（ISDS——Intelligent Sensor Detection System），结合了微处理器，会把自己的量程值、测量单位及折算系数等自动通知后继的处理仪器。有的还附加了自补偿、控制和自诊断、远程发送、网络连接等功能。新型的传感器，也可以输出数字量，甚至具有总线功能（见 3.15 节）。

由于电信号可以很方便地传输、显示、输入计算机、记录、变换、储存和分析处理，所以，现在传感器的应用越来越普遍。在德国，传感器行业近十年的销售额年增长平均值都超过了 6%。

进一步可参考本章延伸阅读文献[1]第 6 篇“检测与测试”第 4 章“传感器”、本章延伸阅读文献[2]第 4.1 节“传感器概述”。

3.2 测量技术的一些基本概念

关于测量的基本术语，JB/T 7033—2007《液压传动 测量技术通则》（修改采用 ISO 9110-1:1990）做了以下一些定义（以下引号内带颜色字样）。

1. 测量误差分析

（1）测量

测量（**measurement**）——“以确定量值为目的的一组操作。”

（2）真值

真值（**true value**）——“与给定的特定量的定义一致的值。”

一般来说，除了如理论真值、计量学约定真值、标准器的相对真值等外，真值是不可知的。在实际测量技术中，往往用准确度高一级仪器的测量值作为相对真值。

（3）测量误差

测量误差（**error**）——“测量结果减去被测量的真值。”

测量系统的功能，是将被测参数转换成另一种可以观察的参数。比如，压力表把压力转换成指针偏转的角度。既然是转换，就会有误差。产生误差的原因是多方面的（见图 3-2）。

1）由测量人员的感觉器官和运动器官的限制引起的误差，称为人为误差。

2）由于测试对象性能不稳定引起的误差。

3）由于测试方法不完善引起的误差，如绝缘漏电，信号引线电阻引起的压降。

4）由环境因素带来的误差，例如

① 电网干扰对测试仪器的影响。比如，测量仪器与许多大功率设备共用一个电源。这些大功率设备开关时，常对电网带来很大冲击，这些冲击就会通过电源线影响测量仪器。

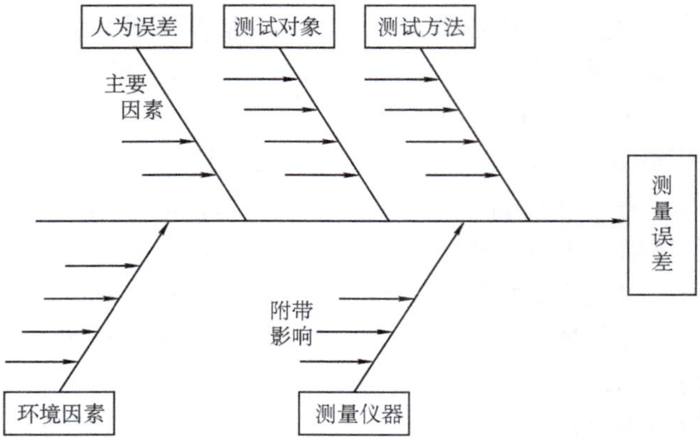

图 3-2　测量误差的原因

解决措施：电网分开；在测量仪器前再另加交流稳压器、滤波器等。

② 电磁场对测量信号的影响。例如，相对电比例阀的驱动电流而言，测量信号的电流弱得多。如果两根导线并行，而测量信号线的屏蔽又未很好地接地，就很容易受到传给电比例阀的电流所产生的电磁场的干扰，产生虚假信号。

③ 由某些自然现象，如气压、环境温度和仪器工作温度等，引起的自然误差，如材料的热胀冷缩。

5）由于测量仪器和辅助设备本身的不完善，如仪器的准确度，或使用调节不当带来的装置误差，也称仪器误差，简称仪差。

粗大误差，又称测量异常值，是指超出在规定条件下预期的误差。一般是由于测量者的疏忽而产生的，如设置的折算系数错误、测量值读数错误、记录错误等。粗大误差明显偏离真值，应从测量值中删去。

2. 关于相对误差的分析

测量误差也被称作绝对误差，而定义“绝对误差/真值（或测量值）”为相对误差。

如果一台测量仪器的绝对误差在整个量程中基本不变，则在不同的测量值时，相对误差就是不同的。这不利于表述仪器的精度，因此，定义“绝对误差/量程（或测量范围上限值）”为引用误差。

例如，一个满量程为 25MPa 的压力表的绝对误差是 0.04MPa，则其相对误差，在测量 10MPa 时是（0.04/10=）0.4%，在测量 1MPa 时是（0.04/1=）4%，而其引用误差则始终是（0.04/25=）0.16%。

3. 测量准确度分析

（1）测量平均值

测量平均值——“在重复性条件下，对同一被测量进行无限多次测量所得结果的平均值”。当然，这只是理论上的提法，实际上只能用多次来近似无限多次。

（2）系统误差

系统误差——“测量平均值与真值之差”。

系统误差，在给定的条件下，具有一定的幅值和相同的符号。

系统误差可利用前次校准的结果来一定程度地纠正。

（3）随机误差

随机误差——“测量结果与测量平均值之差”。

随机误差，也称为偶然误差，因为，从表面上看，似乎是偶然现象。其实，也不是完全偶然的，只是由于产生的原因太多，各种因素的影响太微小，或太复杂，还没有完全掌握罢了。

理论上可以通过最小二乘法等统计处理方法来减小随机误差带来的影响。

（4）精度

一般用精度来衡量测量结果的可靠程度。但精度是一个笼统的概念，一般区分为重复性、正确度与准确度。

（5）重复性

测量结果的重复性（**repeatability**）——“在相同测量条件下，对同一被测量进行连续多次测量所得结果之间的一致性”，也被称为精密度，反映了随机误差的程度。

（6）正确度

正确度则反映了系统误差的程度。

（7）准确度

测量准确度（**accuracy of measurement**）——“测量结果与被测量真值之间的一致程度”，是随机误差与系统误差的综合（见图 3-3）。

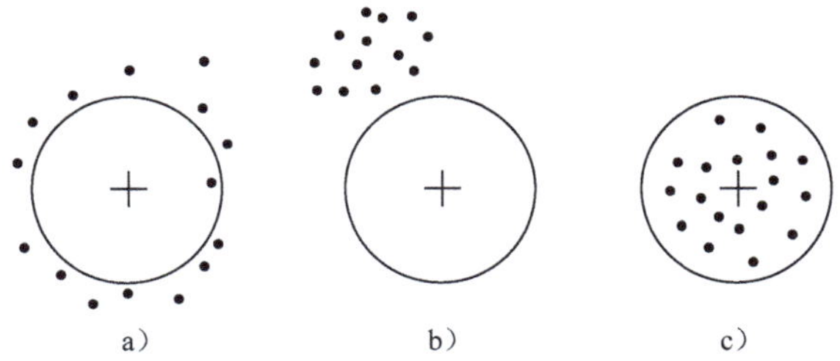

图 3-3　测量的重复性、正确度与准确度

a）正确度尚可但重复性差　b）重复性尚可但正确度差　c）准确度较好

+真值　•测量值

因为，实际液压技术中都希望在有限的几次测量中即获得结果，没有特殊要求不进行重复很多次的测量（成本太高），因此，一般还是关心测量仪器的准确度。

(8) 准确度等级

为了不同的需要，JB/T 7033—2007 定义了准确度等级（accuracy class）——“符合一定计量要求，使误差保持在规定极限以内的测量仪器的等别、级别”。

“A 级：适用于科学研究性试验。

B 级：适用于

——液压元件的型式试验。

——元件制造商的质量保证试验。

——用户的选择评定试验。

C 级：适用于

——液压元件的出厂试验。

——用户用以鉴别液压元件合格、失效，及有无制造缺陷的验收试验。”

(9) 校准

校准（calibration）——“在规定条件下，为确定的测量仪器或测量系统所指示的量值，或实物量具与参考物质所代表的量值，与对应的由标准所复现的量值之间的关系的一组操作。”

校准，通俗而言，就是把要使用的测量仪器用更高准确度的仪器或方法来检查。发现系统误差后，如果不能通过调整测量仪器来修正，就留作确定该仪器准确度等级的依据，或作为修正测量数据的依据。

该标准还具体建议了校准的方法与周期。

(10) 测量仪器允许的系统校准误差

为了不同的需要，各个测试标准都规定了测量仪器允许的系统校准误差。例如，GB/T 17491—2011《液压泵、马达和整体传动装置　稳态性能的试验及表达方法》（修改采用 ISO 4409:2007）规定如表 3-1 所示，要求的是相对误差。

表 3-1　测量仪器允许的系统校准误差

参数	测量准确度等级允许的系统误差		
	A	B	C
转速（%）	±0.5	±1.0	±2.0
转矩（%）	±0.5	±1.0	±2.0
流量（%）	±0.5	±1.0	±2.5
压力/Pa（$p<2\times10^5$Pa）	$\pm1\times10^3$	$\pm3\times10^3$	$\pm5\times10^3$
压力（%）（$p\geq2\times10^5$Pa）	±0.5	±1.0	±2.5
温度/℃	±0.5	±1.0	±2.0
机械功率（%）	—	—	±4.0

注：百分数范围适用于被测量的值而不适用于试验的最大值或仪器的最大读数。

（11）测量仪器的瞬态响应特性

以上的讨论还都假设被测量是静态的。实际上在液压系统工作时，其中很多参数，如压力、流量等处于不断变化的状态，特别是要测量元件系统的瞬态特性时。如果测量仪器的响应特性不够灵敏，测试结果就会有滞后，变化幅值也会小于被测信号，如图 3-4 所示。

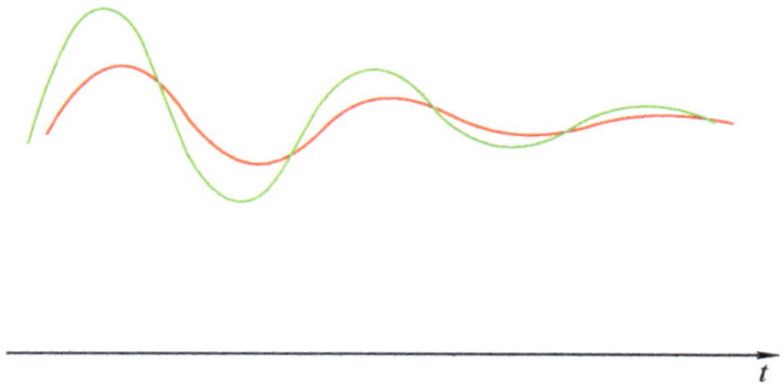

图 3-4　对动态过程的测试结果

——由响应特性较灵敏的仪器测得　——由响应特性较不灵敏的仪器测得

因为测试对象时时在变，所以，要关心测量方法和测量仪器的瞬态响应特性，这也是液压测量与很多几何量测量的不同之处。

测量方法和测量仪器所需要的准确度和响应速度，应根据测量的具体要求而选择。因为高准确度、高响应速度的仪器往往价格高、操作复杂。说实在的，在很多场合，只需要了解大致趋势，并不要求很高的准确度。低准确度总比根本不测，光凭感觉要好！

还可参考本章延伸阅读文献[3]第二篇“控制与检测”第 7.2 节“测量误差与精度”，本章延伸阅读文献[2]第 3 章“测试系统的特性”、第 12 章“测量误差理论与数据处理”。

3.3　压力的测量

1. 概述

液压系统在工作时，其中的压力变化常常是很剧烈的。图 3-5 为某液压系统工作时在泵出口处测得的压力曲线（采样节拍 1ms）。在 1.9～2.1s 时间段，从图 3-5a 来看，似乎稳定，但放大来看（见图 3-5b），也是波动不停。

在液压技术中，测量压力一般用压力表和压力传感器。

压力表和压力传感器给出的精度一般都是引用误差，也就是说，误差是相对量程的。这样，在测量较低的压力时，就会有较大的相对误差（见图 3-6）。在对测量准确度要求较高时要特别注意。

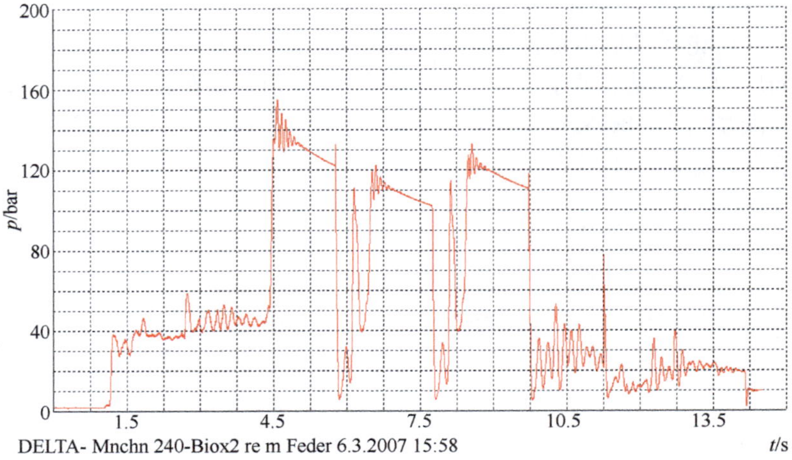

a）

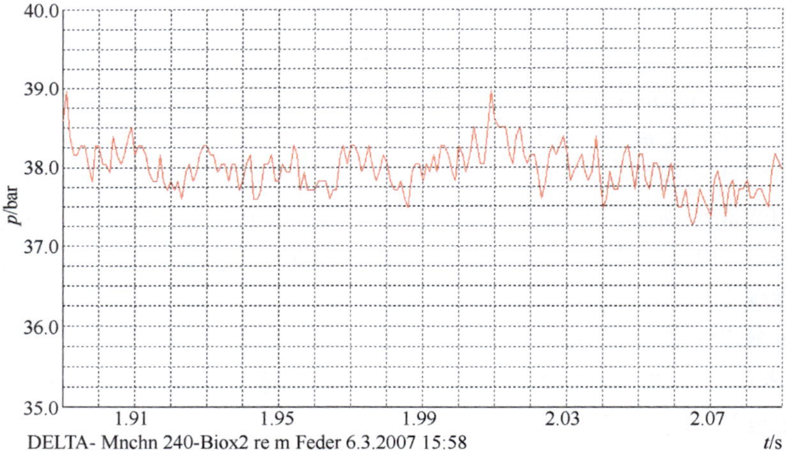

b）

图 3-5　液压系统中的压力变化（压力表示的单位为 bar，1bar = 0.1MPa）

a）全过程　b）局部放大

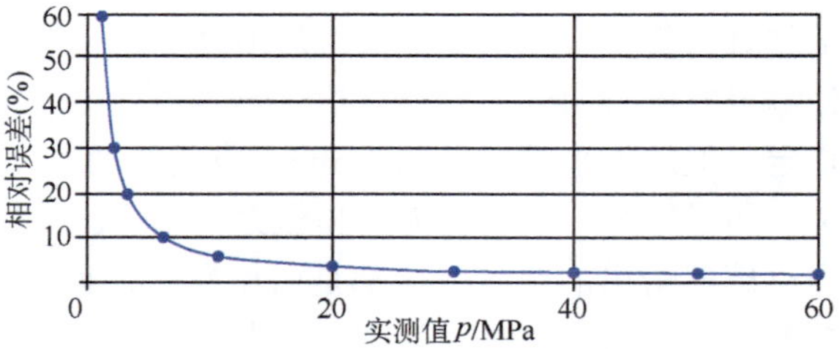

图 3-6　一个引用误差 1%，量程 60MPa 的压力表在不同实测值时的相对误差

要测压力，只要把压力表或传感器连到预留的测点即可，一般不必改动现有系统，相比测流量等方便得多，因此，是液压测量中最广泛采用的。

现在还出现了一种带刺的测压点（见图 3-7），可在未预留测压点时，刺穿管道，取出压力。

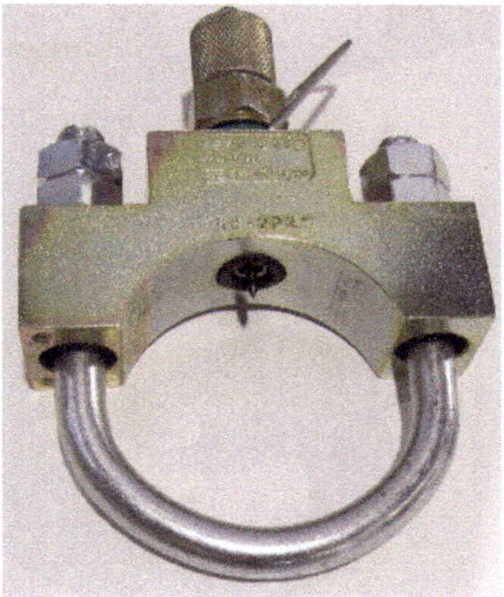

图 3-7　带刺测压点

2．压力表

压力表（见图 3-8）是液压技术中最普遍应用的测量仪器，因为

1）价格低。

2）测试过程中没有中间环节，其显示值在出厂时就已经标定好了，因此，基本不会有系统误差。

3）一般长期稳定，随时间变化很小。只要在没有压力的时候检查，指针停在零点的话，工作时的显示值就是基本正确的了。

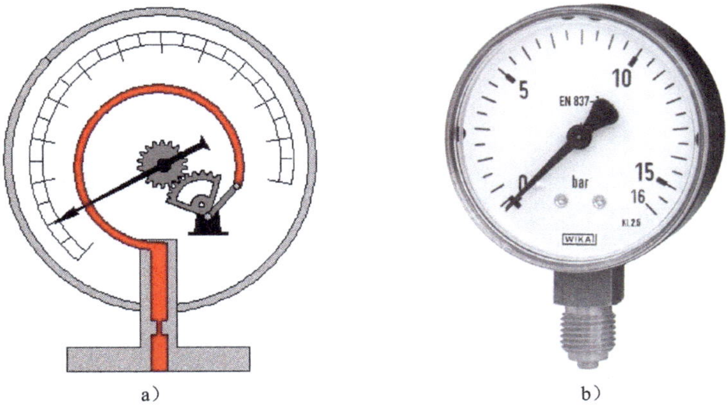

图 3-8　压力表

a）原理图　b）外形

所以，每个测试台都应该配备压力表，即使已经配置了压力传感器，也可用以检查压力传感器是否正常。

压力表的局限性：

1）压力表的指针不耐振动，过快的压力波动很容易损坏压力表的指针。所以，在压力表的进口处常常设置很小的阻尼孔，或者在压力表的表盘里，注入了粘度较高的矿物油。因此，压力表的动态性能不高。

2）压力表的耐压性很差，一次超压就可能把指针打坏。所以，为保护压力表，量程应选得远超过可能的最高压力，但这样，相对误差又会较大。

3）使用压力表，如果肉眼读数，手工抄数据，很容易带来人为误差，而且事后也很难核查纠正。

3. 压力传感器

压力传感器一般利用压敏电阻或压变元件，把压力的变化转化为电阻的变化，再通过电桥，转化为电压输出。

压力传感器（见图 3-9）的响应速度较压力表高得多，可以检测到压力的快速变化。现在，新型的压力传感器的频响已高于 10000Hz，可以满足几乎所有液压技术测量的要求。

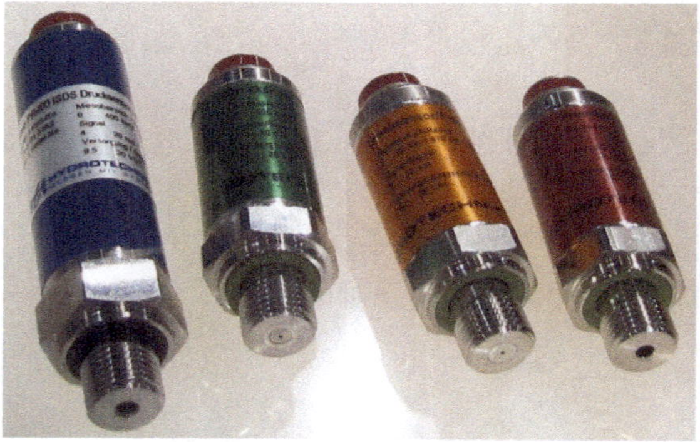

图 3-9 压力传感器（和德尼科）

压力传感器的耐超压性能较压力表强得多。现在，一些好的压力传感器，耐压已达到量程的两倍。这样，在受到意外的压力冲击时，就不容易损坏。不同量程的压力传感器采用不同颜色的外壳，减小了错用的危险。

4. 数字压力表

近年来出现的所谓数字压力表（见图 3-10），介于压力表与压力传感器之间。它做成压力表形式，实际上是个压力传感器，结合了数字显示屏。这样就比较不容易发生读数错误。它还有储存瞬时最高最低压力值的功能，有的还有压力值输出电信号的接口，以便记录压力的变化。

图 3-10　数字压力表

还可参考本章延伸阅读文献[3]第二篇“控制与检测”第 8.3 节“压力测量”，本章延伸阅读文献[1]第 6 篇“检测与测试”第 1.3、1.4 节，本章延伸阅读文献[3]第 9.3 节“压力的测量”。

3.4　流量的测量

1. 概述

液压技术中，流量是指单位时间内流过的液体量。在有些工业技术中，把一段时间内流过的液体总量称为累积流量，而与之相对应，把流量称为瞬时流量。要注意，两者量纲不同，根本不是同种物理量。

因为流量是单位时间内流过的液体量，所以，如果直接测液体量的话，总需要一定的时间，所以，就有一个响应时间的问题。

流量有体积流量与质量流量之分，但在液压技术中，几乎不使用质量流量，而简称体积流量为流量。

要注意，液压油也是可以压缩的。当压力从 0 增加到 20MPa 时，体积大致缩小 2%～3%，因此，测得的体积流量也会相应变小。

因为测流量必须把流量计串联到管道中去，因此一般需改动现有管道，相对测压力，麻烦一些。

2. 流量计的分类与应用

流量计的种类很多，如罗茨流量计、刮板流量计、转筒流量计、喷嘴型流量计、文丘利管流量计、层流流量计、活塞式面积流量计、热线和热膜流量计等等，但在液压技术中都不常使用。在一般液压技术中，主要使用的流量计有以下几种。

（1）涡轮流量计

涡轮流量计（见图 3-11），利用液体流动的动压使涡轮转动，根据旋转时叶片所触发的脉冲来计算流量。涡轮惯量很小，因此，响应速度较快。如果涡轮叶片的几何对称性做得很好，根据脉冲的时间间隔来计算流量，则可以在十多个毫秒内就获得一个测量值（见图 3-12）。

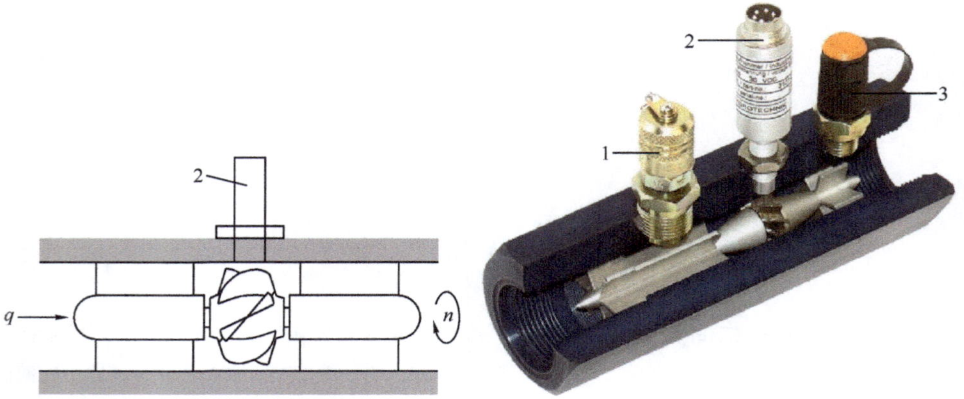

a） b）

图 3-11 涡轮流量计（和德尼科）

a）原理图 b）结构图

1—可安装压力/温度传感器 2—流量输出信号接头 3—可安装压力传感器

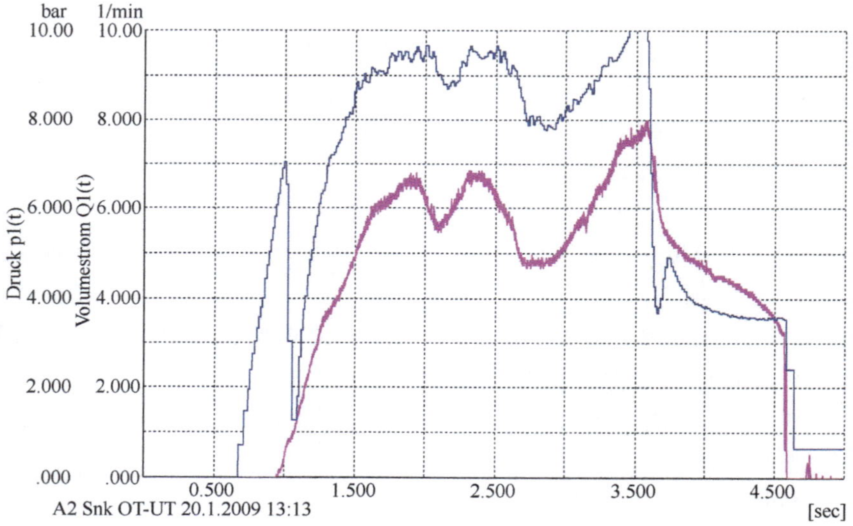

图 3-12 利用涡轮流量计测出的流量变化

—压力 —流量

注意：涡轮流量计的测量精度（一般在±2%左右）受多种因素的影响。

1）粘度。适于粘度较低的液体，运动粘度一般为 1～100mm²/s，高的也须低于 270mm²/s。因此，也受到液体温度的影响。

2）流态。要达到生产厂给出的精度，前后需要有较长的导流管。

3）流动方向。

生产商给出的符合测量精度（注意，是相对误差）的最大最小流量比一般只有 10～20 左右，而且仅在给定的流动方向。但如果对测量精度要求不高时，也可在更小的流量，或反向时使用。

（2）齿轮马达流量计

齿轮马达流量计（见图 3-13）是一种容积式流量计，工作原理与液压马达相似。相邻两齿和两侧板之间的空间构成计量容积。在侧板上装有探头，当流量推动齿轮旋转时，经过探头的齿便会触发电脉冲。根据脉冲的频率计算出流量。

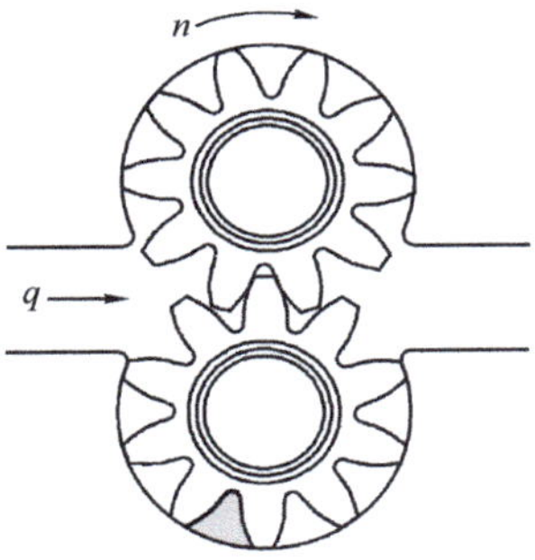

a）

b）

图 3-13　齿轮马达流量计（和德尼科）

a）原理图　b）结构图

1—流量信号输出接头　2—可安装压力传感器

特点：

1）液体的运动粘度可以在 10～5000mm²/s 范围内。

2）测量精度（一般可达±0.4%～1%）基本不受液体流态影响。

3）量程较大：符合测量精度（注意，是相对误差）的最大最小流量比可达 100。

4）响应速度不如涡轮流量计。

5）价格高于涡轮流量计。

螺杆马达流量计（见图 3-14）的原理与齿轮马达流量计接近，它允许粘度在很大的范围内变化，对污染不敏感，噪声低。但因制造较复杂，成本较高，因此，在液压技术中用得不多。

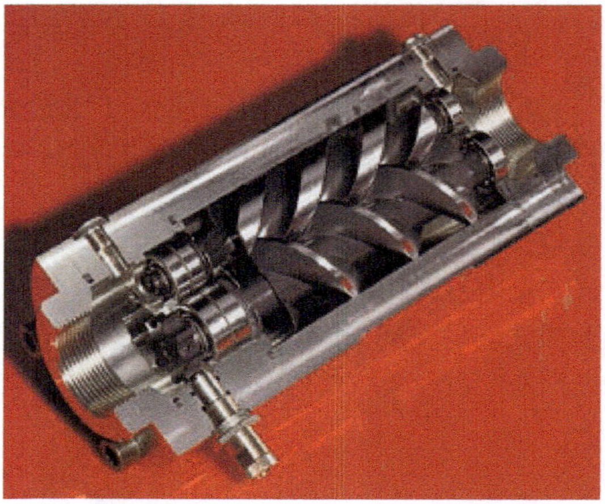

图 3-14　螺杆马达流量计（奥地利 KRAL AG）

（3）差压流量计

通过薄壁孔的流量与孔两侧的压差的平方根成正比，基本不受粘度影响。差压流量计（见图 3-15）根据此原理，使用压力（或压差）传感器，测量孔板两侧的压力之差Δp，从而根据标定的流量系数 c 计算出通过孔板的流量 q。由于压力传感器的瞬态响应性能很高，因此，可用以了解流量的瞬态变化。

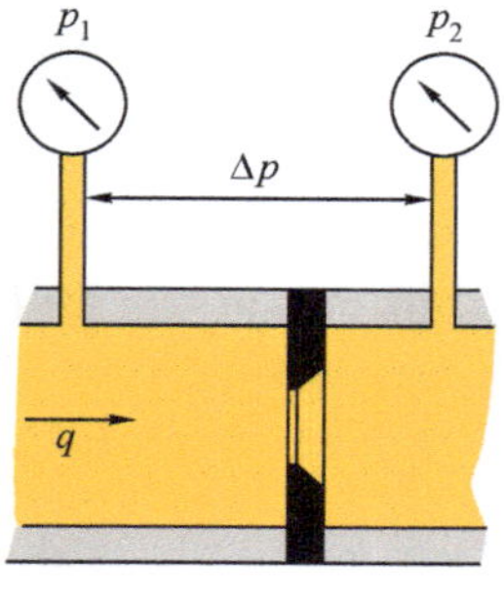

图 3-15　差压流量计原理

$q \sim cA\sqrt{\Delta p/\rho}$

因为节流口流量系数不仅受孔型，而且还会受液体流速、密度 ρ 及粘度的影响，所以差压流量计的测量精度不是很高。另外，薄壁孔的液阻也会带来一定的能量损失。

（4）浮子流量计

浮子流量计由一锥形管和浮子组成（见图 3-16）。锥形管越往上，内径越大。因此，浮子位置越高，则浮子与锥形管之间的环形面积即通流面积越大。液体从下往上流，流经浮子，带来差压。稳定时，浮子的重量与浮子上下两侧的差压平衡，浮子的位置就反映了通过的流量。

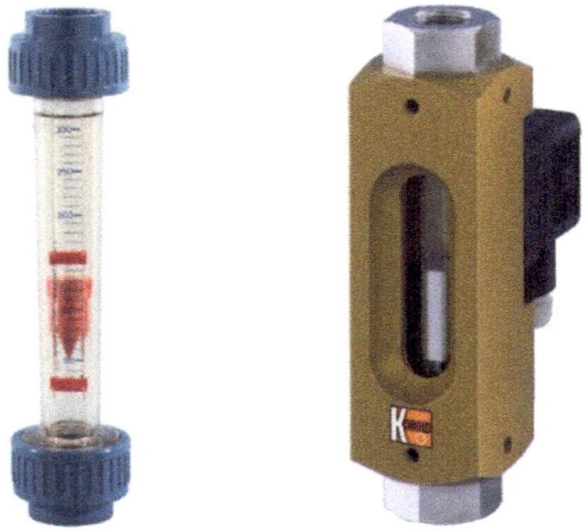

a）　　b）

图 3-16　浮子流量计

a）不耐压型　b）耐低压型，带发讯器

一般外壳做成透明的，根据浮子的位置就可以直接读出流量，这是浮子流量计最突出的优点。

浮子流量计的局限性在于：

1）受液体粘度影响较大，精度不高。

2）必须垂直安装，除非采用弹簧来平衡差压，但不多见。

3）不耐压。

4）响应特性较差。

（5）椭圆齿轮流量计

椭圆齿轮流量计（见图 3-17）采用两个椭圆齿轮相互啮合转动形成的容腔计量。通过的液体量与齿轮转动圈数成正比（每圈 4 个计量容积），但与转过的角度不成正比。因此，必须等齿轮转过很多圈数之后才能给出通过的液体量。几十秒，甚至几分钟才出一个数据。响应太慢，用于测量累积流量还可以，不适合液压技术一般场合测量流量。一般也不耐压。

3．微流量测量

现代液压技术中，泄漏量常常很小。

市售小规格的涡轮流量计可以检测 30mL/min（线性度：±0.15%测量值）的流量，而齿轮马达流量计已可检测 5mL/min（线性度：±0.5%测量值）。

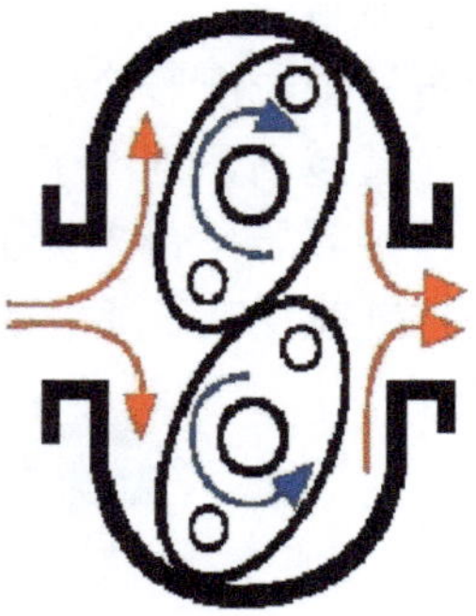

a） b）

图 3-17 椭圆齿轮流量计

a）结构图 b）工作原理图

最简易的测微流量的方法是，用量杯和秒表。

自然状态下，油滴的大小是由油液的表面张力确定的。因此，每种液压油，每毫升滴出的滴数是固定的，在 16～20 滴之间。数一定时间内有多少滴，也可折算出流量。

还可参考本章延伸阅读文献[3]第二篇“控制与检测”第 8.2 节“流量测量”，本章延伸阅读文献[1]第 6 篇“检测与测试”第 1.2 节，本章延伸阅读文献[2]第 11 章“流量的测量”。

在绝大多数场合下，流场中液体各点的流动速度不同，所以，只有研究性测试才关心局部的流速，见本章延伸阅读文献[3]第二篇“控制与检测”第 8.1 节“流速测量”，本章延伸阅读文献[1]第 6 篇“检测与测试”第 1.1 节。

3.5 温度的测量

由于液压油的粘度和密度随温度而变，因此，测量液压油的温度对测试结果的可比性、再现性起着十分重要的作用。

液压技术中测量温度一般都使用接触式温度计。测温元件直接与被测对象相接触，两者之间进行热交换。达到热平衡时，测温元件的温度才代表被测对象的温度。因为热交换需要一定的时间才能达到热平衡，所以，接触式测温存在着延迟现象（大约 10s 后达到 90%）。

1. 油温计

液压技术中最常见的是油温计（见图 3-18）。装在油箱壁上。有的带电触点，可在温度高于或低于设定的温度时给出电信号，用于启动冷却器或加热器。

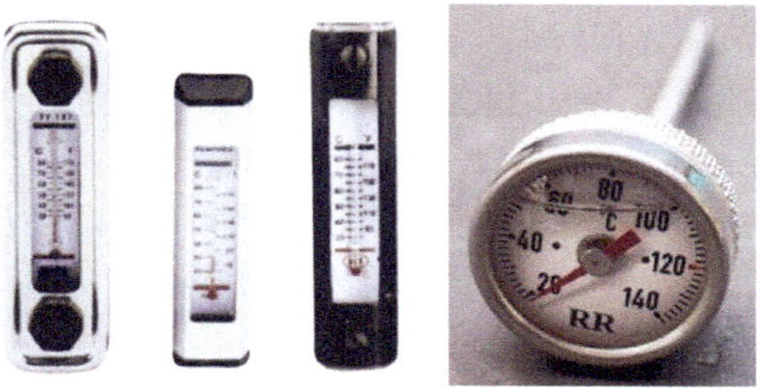

图 3-18　油温计

2．温度传感器

液压用的温度传感器大多是基于热电阻原理：一些金属，如铂、镍，其电阻变化与温度变化成正比。有两大类（见图 3-19）。一类是不耐压的，可用以测量管道和油箱表面的温度。另一类是耐压的，可以插入高压管道，直接测量液压油的温度。

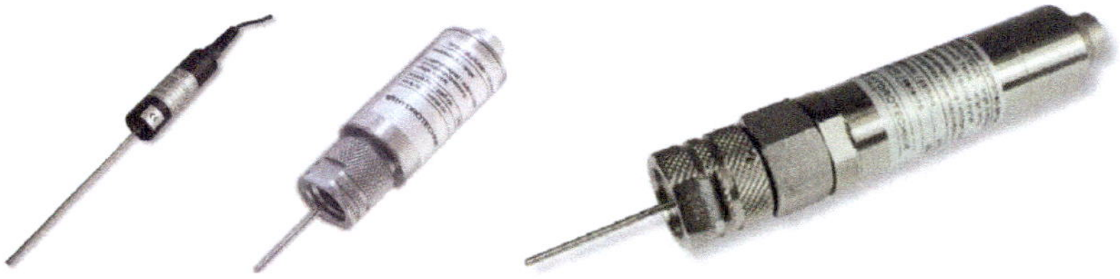

a）　　b）　　c）

图 3-19　温度传感器（和德尼科）

a）不耐压型　b）耐压型　c）可同时测压力

3．温度测量条

温度测量条（temperature strips、Temperature Measuring Indicators）含有对不同温度的敏感带（见图 3-20）。在达到某个温度时，相应的温度敏感带就永久性变色。这样，如果贴在油箱表面，就可以记录下油箱表面曾经达到过的最高温度。

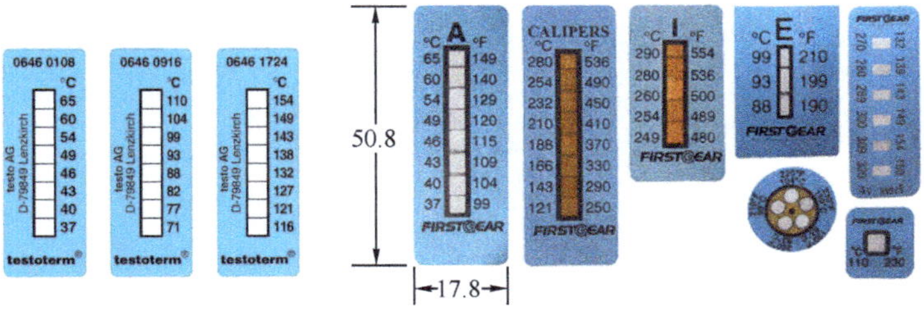

图 3-20　温度测量条

需要注意的是：

1）由于油箱中液体体积较大，因此油箱中液体的温度变化较慢。

2）由于油箱散热面积大，因此，油箱内的油液温度一般是系统中最低的。

一般，液压油经过泵的提升，压力达到最高。然后，经过管道、执行器、阀，特别是节流阀，压力逐级下降。几乎所有的压力降，扣除对外作的功，都转化为热能，导致油液温度上升（10MPa 压力降转化为热能后使油温升高 5.7℃）。因此，一般回油管口的油液温度是最高的。

还可参考本章延伸阅读文献[3]第二篇“控制与检测”第 8.4 节“温度测量”，本章延伸阅读文献[1]第 6 篇“检测与测试”第 1.4 节，本章延伸阅读文献[2]第 10 章“温度的测量”。

3.6 位移的测量

位移传感器，也常被称为位置传感器，种类很多，在液压系统中比较常用的有以下几种。

1. 电感式传感器

电感式（LVDT-Linear Variable Differential Transformer 线性可变差动传感器），也被简称为线性传感器。这是非常成熟的技术。测量范围可以从 1mm 到几 m，几乎没有什么限制，可以耐压，因此，被大量用在闭环的电比例阀中测量阀芯实时位置（见图 3-21）。

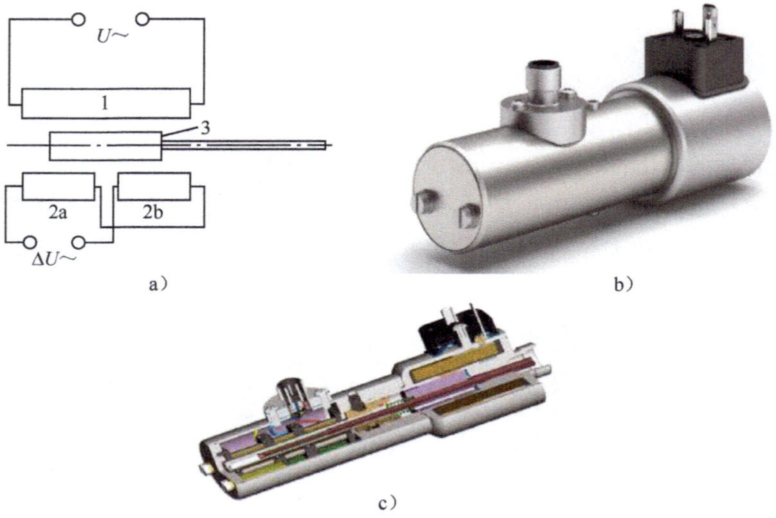

图 3-21 电感式传感器

a）原理图 b）与电磁铁结合成一体的位移传感器（艾通） c）结构图

1—初级线圈 2a、2b—次级线圈 3—铁心

图 3-21b 所示的可测范围为 6mm，输出信号 3～12V，也即 1.5V/mm，线性度 1.5%，工作温度–10～+100℃，温漂 0.02%/K。

2．磁致伸缩位移传感器

磁致伸缩式（见图 3-22）的核心元件是波导管（磁致伸缩管）1 和活动磁环 3。活动磁环 4 产生一个围绕波导管 3 的磁场 5。当一个测试电流脉冲 a 加到波导管 3 上后，产生一个与波导管垂直的磁场 6。在两个磁场的交互作用下，波导管 3 内产生一个伸缩扭转脉冲 a，此脉冲以一恒定速度（超声速）传播。利用扭转脉冲转换系统 2 测量脉冲传递的时间，就可确定活动磁环 4 的位置。

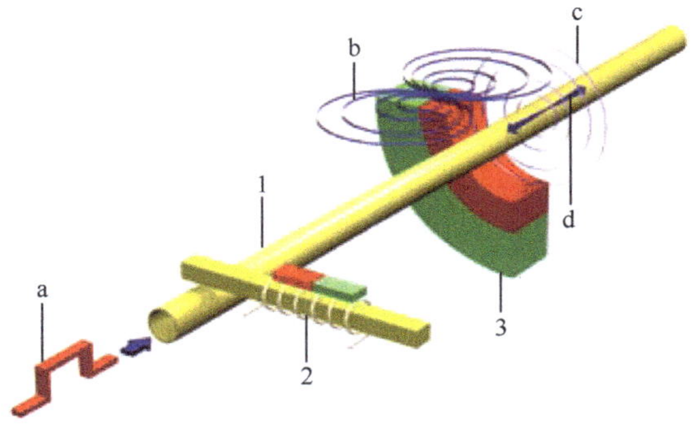

图 3-22　磁致伸缩原理（德国 MTS 公司）

1—波导管　2—扭转脉冲转换系统　3—活动磁环

a—测试脉冲　b—活动磁铁的磁场　c—脉冲电流的磁场　d—磁致伸缩脉冲

只要把波导管及其保护套安装在活塞杆内，活动磁环与活塞固定在一起（见图 3-23），就可检测出活塞的位置。只是需要一定的安装空间，减少了有效行程。

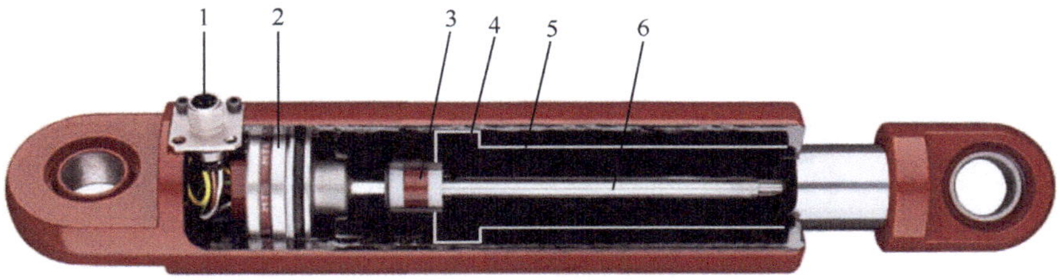

图 3-23　装在液压缸中的位移传感器（MTS）

1—信号接头　2—传感器外壳　3—活动磁环　4—活塞　5—活塞杆　6—波导管及保护套

也可以把这种位移传感器做在液压缸外面，与液压缸并置，就不占用液压缸的有效行程了。

真正实际发生磁致伸缩的波导管的外径仅 1mm 左右，可以弯曲（见图 3-24），所以可用于测量在三维空间中的位移。

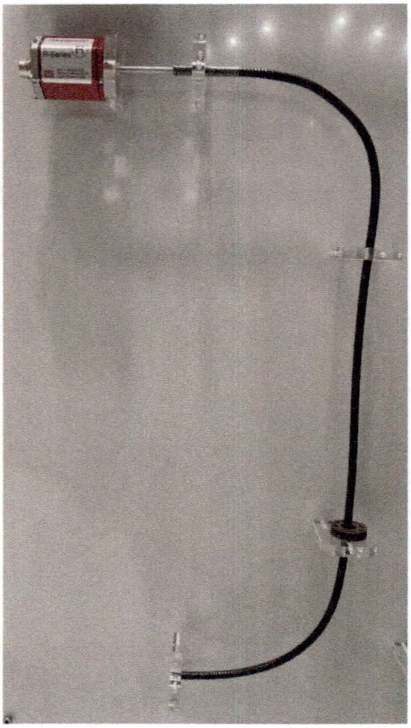

图 3-24　可在三维空间中使用的位移传感器（MTS，2015 汉诺威工业博览会）

目前市售的这种传感器分辨率可达 0.1mm，测量行程可达 2500mm。由于是非接触式，无磨损，因此寿命长；由于各部件都安装在液压缸缸体内，因此，抗干扰能力强，几乎不受振动影响，适用于恶劣工作环境。

3．拉线式位移传感器

角位移传感器采用特殊形状的转子和线绕线圈，仿效线性传感器（LVDT，参见图 3-21a）。转子轴的旋转运动产生与转动角度成正比的输出信号。具有较高的可靠性和准确性，可达到很高的分辨率。

拉线式位移传感器是把位移转化成角度，利用角位移传感器测出位移，因此，安装空间尺寸小。图 3-25 所示的量程可达 2m，线性度达 0.1%。

图 3-25　拉线式位移传感器（上海联伟 LX-M）

4. 光学位置传感器

现代的普通光栅型位移传感器，分辨率可以达到 1μm，甚至 0.5μm，但是只能测量相对位移，不能测量绝对的位置。因此，每次重新启动后，都要移动到一个固定的参考点，以校准基础值。在 2015 汉诺威工业博览会上派克公司展示了一种新型的活塞位置检测方法（用于液压缸的位置传感器见图 3-26）。活塞杆上被加工出宽窄不同、间距不同的条纹。通过两个装在液压缸端盖上的光学传感器，测出反光情况，再通过数据处理，得到活塞的绝对位置，分辨率可达 0.1mm。

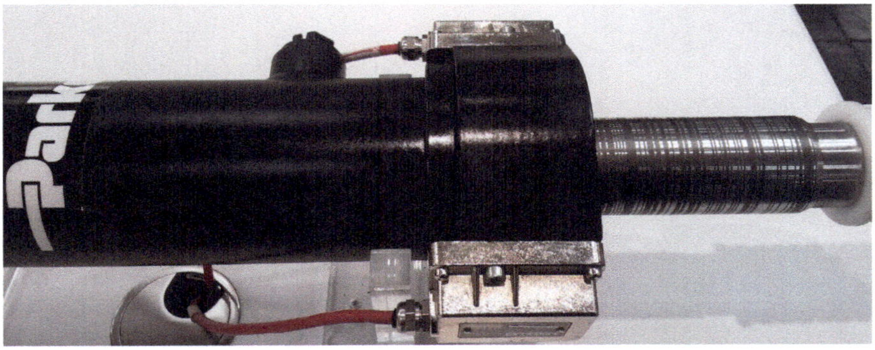

图 3-26　一种用于液压缸的位置传感器（派克）

关于位移和角位移的测量，还可参考本章延伸阅读文献[3]第二篇“控制与检测”第 9.1 节“位移和角位移测量”。

3.7　速度与转速的测量

在液压技术中，会遇到一些场合需要测量速度与转速，例如测试电调制换向节流阀瞬态响应特性（6.5 节）时，测量泵、马达效率（5.1 节、5.3 节）时。市售的各类转速传感器不少，然而，可用于液压技术的线速度传感器并不多。不得已时，也可以通过测量位移，经过数据处理后来获得速度，因为理论上来说，速度是位移的导数。但由于实际测试中干扰不可避免，所以，可能的话还是应直接测试速度。例如，导线在磁场中运动，产生的电流与速度成正比。

速度与转速的测试，根据安装方式，可分接触式和非接触式。

接触式，即传感器与被测件直接相连，具有很高的测量精度，但在测转速时需通过弹性联轴器连接，对同轴度要求很高。对于较高转速的测量现在也采用非接触式的测量方式，安装要求低一些。

1. 电磁式转速传感器

电磁式是以电磁感应为基本原理：轴转动切割磁力线，进而产生感应电动势，其电压大小和轴的转速成正比。工作在中高速。例如，图 3-27 所示的传感器在旋转轴上安装采用强磁材料制作的检测齿轮，让传感器靠近齿尖，取出与转速成比例的频率信号。适宜的工作范围为 200～35000r/min。

电磁式在工作过程中无需供电，维护较简单。

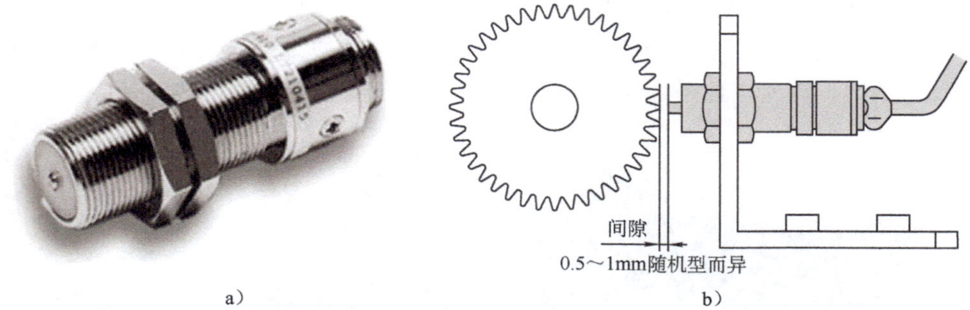

图 3-27 电磁式转速传感器（小野测器 MP-9100 系列）

a）传感器 b）工作原理图

2. 磁电式转速传感器

磁电式转速传感器由磁阻元件、永久性磁铁、直流放大器及电压调节器等组成。电阻值随磁通大小而变化。可以在低速下工作。例如，图 3-28 所示的传感器可以在 1～20000r/min 下工作，以方形波输出。

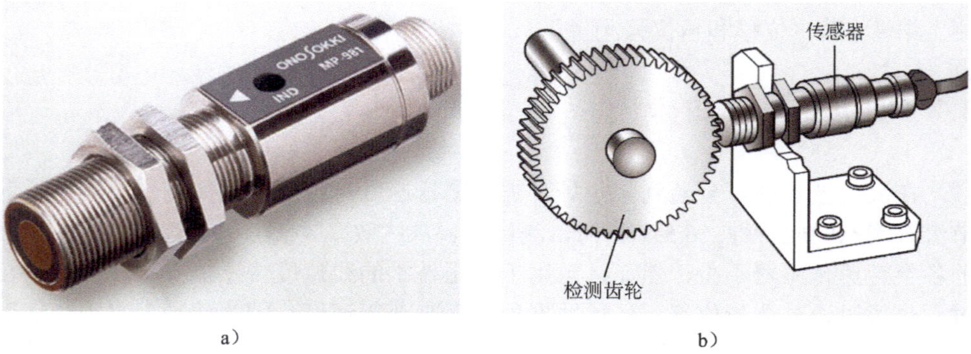

图 3-28 磁电式转速传感器（小野测器 MP-981）

a）传感器 b）工作原理图

磁电式、电磁式传感器都能够工作在有烟雾、油气等光学条件恶劣的环境中。

3. 光电式转速传感器

图 3-29 是一种光电式转速传感器，工作时发出可见的红色偏振光。转轴上贴一块特制的反射板。一般从转轴反射回来的光由于偏振相位的缘故，不能通过滤光片，只有从反射板反射回来的光才能通过滤光片，使接收器产生一个脉冲信号。

这样，脉冲频率就对应了转速。图 3-29 所示的传感器发射接收距离为 50～4000mm，适用最高频率为 500Hz，相当于 30000r/min。对于极低速，也可从信号的周期来计算转速。

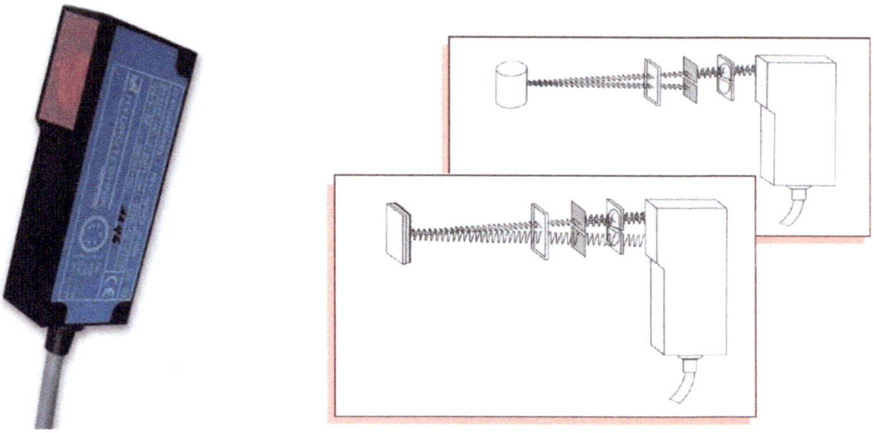

a）　　　　b）

图 3-29　光电式转速传感器（和德尼科）

a）发射接收器　b）工作原理图

光电式传感器都能工作在有电磁干扰但光学条件不太恶劣的环境中。还可参考本章延伸阅读文献[3]第二篇“控制与检测”第 9.2 节“速度和角速度测量”。

3.8　振动的测量

1．振动的危害

机械运动及液压管路中的流量脉动、压力波动都可能引起振动。实践表明，振动过大往往是引起液压系统，特别是液压泵机组故障的主要原因之一。理论上可做以下简化说明。

假定一质量为 m 的部件发生振幅为 x_0，频率为 n 的正弦振动，即其位移

$$x_t = x_0\sin(2\pi nt)$$

则其速度

$$v_t = x_t' = 2\pi n x_0\cos(2\pi nt)$$

而其加速度

$$a_t = x_t'' = 4\pi^2 n^2 x_0\sin(2\pi nt)$$

则此部件的支承件受到的最大力

$$F_{max} = ma_{max} = 4m\pi^2 n^2 x_0$$

根据此式，假定一部件质量 m 仅 100g，振幅 x_0 仅 1mm，频率 $n=50$Hz，则最大作用力 F_{max} 也会达 9N，是其自重的 9 倍。因此，尤其对于以液压系统为动力源的大型企业和液压泵生产厂家来说，液压系统的振动问题，尤其是液压泵的振动问题，不应忽视。然而，振动的测量与排除又是一个相当复杂的问题。

2．振动的测量

实际振动一般都是由多个频率组成，极少是如上所述的单一正弦波。因此，振动的测量应是宽带，以便充分覆盖振动频谱。

振动可用位移、速度或加速度来表述。一般，要监测部件变形情况，宜测量位移；要考察振动烈度时，宜测量速度；要考察惯性力可能导致的故障和破坏时，宜测量加速度。在没有条件直接测量被测参数时，可以通过微积分电路或数据处理，但这往往会造成量程及频率范围缩小，信噪比降低，测量误差增加。

ISO 2372.1—1974 推荐以振动烈度来衡量振动强度，评价设备质量。所谓振动烈度是指物体振动速度的均方根值，也就是振动速度的有效值。选用振动速度作为衡量振动激烈程度的参量，是考虑到：

——振动速度反映了包含各次谐波的总振动能量。

——机器的噪声与振动速度成正比。

——对于同一机器的同一部分，相等的振动速度产生相同的应力。

——大多数机器都具有相当平坦的速度频谱等。

但一般说来，振动的宽带加速度、速度和位移之间，峰值、峰峰值、均方根值和平均值之间没有简单的关系式。所以，该标准已被 GB/T 11348.1—1999《旋转机械转轴径向振动的测量和评定第 1 部分：总则》（等同采用 ISO 79196-1:1996）和 GB/T 6075.1—1999《在非旋转部件上测量来评定机器振动第 1 部分：总则》（等同采用 ISO 10816-1:1995）所取代。

GB/T 11348.1—1999 建议测量振动位移，以μm 为单位。

GB/T 6075.1—1999 则建议使用以下测量量：

——振动位移，以μm 为单位；

——振动速度，以 mm/s 为单位；

——振动加速度，以 m/s^2 为单位。

3．测量振动的传感器

振动传感器，又称拾振器，可分为相对式和绝对式（惯性式）。

相对式传感器以相对不动点为参考点，测量被测件相对参考点的振动。

绝对式则以大地（惯性参考系）为参考基准，测出的则是被测件相对大地的绝对振动。因为在许多应用场合，很难以一个相对参考点来测量物体上若干个点的相对振动，所以，绝对式使用更普遍。以下提及的都属于绝对式。可分为速度型和加速度型。

速度型传感器，大多属于电磁式，它是由运动线圈切割磁力线产生电压输出信号，传递给具有平方检波特性的电子仪器予以显示。因此工作时不需要供给电源，安装容易，应用方便。主要安装在各种旋转机械装置的轴承盖上，如泵、汽轮机、压缩机和风机等。

加速度型传感器，实际测试的一般都是力——相对于大地的惯性力，通过应变片、压电晶体、压阻半导体、压容元件等转化成电量。

压电式是利用晶体的压电效应来完成测量的。这种传感器可以任何角度安装，体积小，质量轻，适用于某些受附加质量影响较大的振动测试系统中，测量高频和瞬态的振动。例如图 3-30a 所示的传感器，可测范围±10g、±80g 或±500g，非线性误差<1%，常规的最低测量频率为 1Hz，低频响的可达约 0.6Hz（见图 3-30b），工作温度范围为–55～125℃。

a）

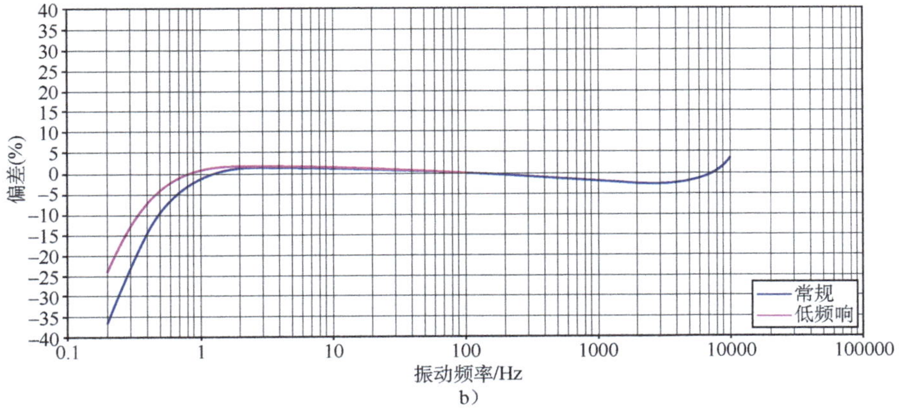

b）

图 3-30　压电式加速度传感器（赛斯维测控 8711-01-080）

a）外形　b）频率-偏差特性

传感器安装时，可以用螺栓固定，也有使用胶粘剂或蜡粘剂，或磁性底座（见图 3-31 压容式传感器）。注意：安装结构的弹性和惯性，可能会一定程度影响被测件的特性。

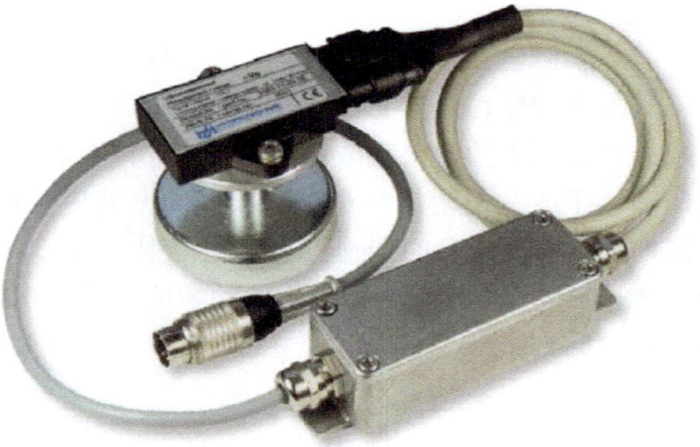

图 3-31 压容式振动传感器（和德尼科 VB110）

现在还出现了一些轻巧的测振笔（见图 3-32），可直接显示振动强度，使用也很方便。

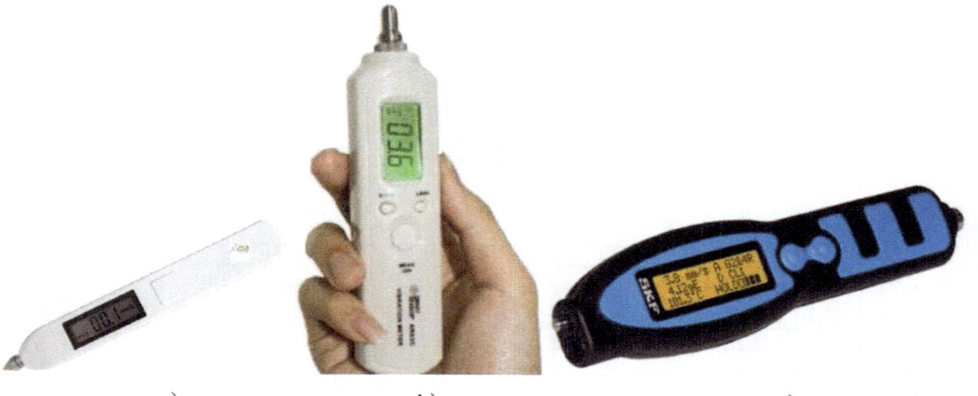

a）　　b）　　c）

图 3-32 测振笔

a）时代 LC210V　b）上海同倍 AR63C　c）SKF CMAS100- SL

因此，在选择振动传感器时，一般应先考虑测量的目的，注意需要的频率范围，然后再确定具体使用哪种传感器[6]。

采集到的振动信号，即使消噪后也很不规律（见图 3-33）。应用频谱分析仪可以较清晰地确定振动的频率，各频率的强度，便于找出基频及其根源，采用相应消除措施。

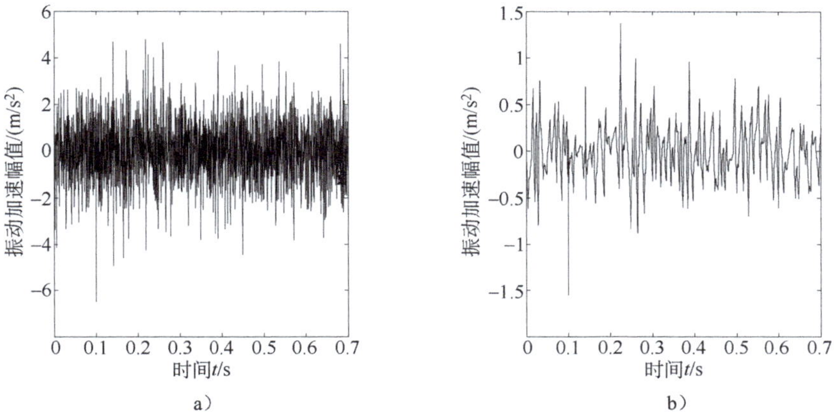

图 3-33　振动测试信号

a）消噪前　b）消噪后

还可参考本章延伸阅读文献[1]第二篇“控制与检测”第 9.3 节“加速度、角加速度和振动测量”，本章延伸阅读文献[2]第 7 章“振动的测量”。

3.9　力的测量

力传感器在液压技术中也有相当的应用，例如在液压缸测试台上，测试液压缸活塞杆所受的负载力（见 5.4 节）。

力传感器一般由力敏元件、转换元件以及放大电路等部分组成。种类很多，在液压技术中，主要使用以下几种力传感器。

1. 拉力传感器

常用的拉力传感器多为电阻应变片式：将拉力导致的弹性体的变形，通过应变片的电阻变化，转化为电信号。有柱式、S 型、板环型等。其中柱式（见图 3-34）是最传统的形式。

图 3-34　柱式拉力传感器（成都衡德）

2．压力传感器

此处说的压力不同于液压技术中常说的液体压力，而是相对拉力而言，指作用方向指向作用物体内部的力。

压力传感器种类繁多，如电阻应变片式、半导体应变片式、压阻式、电感式、电容式和谐振式。但在液压技术中应用最多的是压阻式（见图 3-35）：利用了单晶硅或多晶硅的压阻效应。成本较低、精确度较高、线性较好[6]，频率响应较高、稳定性较好、体积较小、易于集成化。

图 3-35　压阻式压力传感器（北京海博华 HCHL-203）

3．拉压双向力传感器

拉压双向力传感器（见图 3-36）的工作原理类似于拉力传感器。只是这种传感器的弹性体呈反对称结构，在弹性体的孔内装有应变片。当弹性体受到拉压载荷时，弹性体的变形通过应变片检测，经过电子处理装置输出。

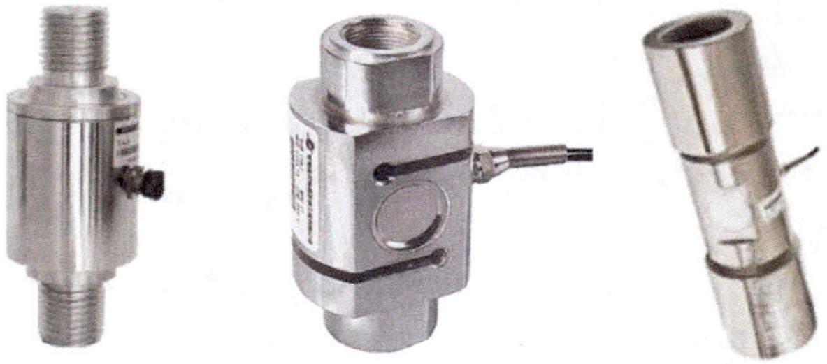

a）　　b）　　c）

图 3-36　拉压力传感器（北京海博华）

a）外螺纹　b）内螺纹　c）大量程内螺纹

图 3-36c 所示的 HCHZ-102 型，最大测量值可达 200kN，综合误差小于 0.05%。

4．多维力传感器

多维力传感器能够同时测量两个方向以上的力及力矩分量，被广泛应用于机器人相关方面的研究，例如手指、手爪、机器人外科手术研究等。在液压技术中也有一定的应用，可用来测量电液伺服并联机构的广义负载。

多维力传感器（见图 3-37）与单轴力传感器比较，制作比较复杂。

还可参考本章延伸阅读文献[3]第二篇“控制与检测”第 9.4 节“力和转矩的

测量”，本章延伸阅读文献[2]9.1 节“力的测量”。

图 3-37　多维力传感器（深圳兢量 5200）

3.10　转矩的测量

在液压系统中，液压泵、马达的转矩是最重要的参数之一。要想检测和控制转矩，需要使用转矩传感器。

转矩的测量，从测量原理的角度可以分为三类：传递类、力平衡类和能量转换类。目前国内外最为常见的是传递类的，传递类中较为常见的是应变型。

应变型转矩传感器，利用应变片，把转矩转变为电阻的变化，再通过全桥电路取出放大，转化成通用的电流或电压信号。因其成本低和制作简单，在液压技术中广泛采用。

特别要注意的是安装精度。传感器本身不应承受轴向力和弯矩，否则会影响测量准确度，甚至导致损坏。

由于在测转矩时，也经常要测转速，所以常常把两者结合制作在一起，成为转矩转速传感器。

还可参考本章延伸阅读文献[3]第二篇“控制与检测”第 9.4 节“力和转矩的测量”，本章延伸阅读文献[2]9.2 节“转矩的测量”。

3.11　噪声的测量

1．概述

随着液压技术向高速高压大功率方面的发展，液压系统的噪声控制越来越重要。要做到对液压元件噪声进行控制，首先要能准确地测量液压元件的噪声。

液压噪声来自于液压泵、阀、管道等，其中泵为主要噪声源。测试过程中需要注意以下几点。

1）测试环境：环境噪声应低于被测元件噪声至少 10dB，若不能做到，则应修正测量结果。

2）仪器：传声器及电缆等在内的仪器系统的准确度应当符合 GB/T 3785.1—2010《电声学声级计第 1 部分：规范》中 2 型的规定。

3）需采取隔声罩等降低电动机、阀、管路及其他非被测元件噪声的影响。具体要求可参见 GB/T 29529—2013《泵的噪声测量与评价方法》及 GB/T 17483—1998《液压泵空气传声噪声级测定规范》。

2. 声学测试室

专门的声学测试室可以避免外部噪声和减少反射噪声的影响，分为消声室和半消声室。

消声室内部所有各面都覆盖能有效地吸收声能的材料（见图 3-38a），吸声系数不低于 0.99。由于地面也覆盖吸声材料，很难承受重量较大的设备，因此，一般仅用于电子、电声等质量较小的设备。半消声室只有五个面为吸声材料（见图 3-38b），地面是磨光水泥、大理石等硬质材料，故能承受质量较大的现代化液压设备，而且造价较低。

a）

b）

图 3-38 声学测试室

a）消声室（珠海惠威） b）半消声室（深圳中雅）

3. 噪声传感器

噪声传感器（见图 3-39）可以把声音信号转换成电信号。先进的噪声传感器，通常具有多功能高速率声音采集前端、ICP 前置放大器、DSP 处理器、数据采集卡、声卡驱动等，采集的声音数据可以实时传输到计算机终端，供音频软件处理。

图 3-39　噪声传感器（嘉兴蝶图腾 CRY2100）

4. 频谱分析仪

频谱分析法是一种重要的噪声识别方法，尤其对于液压系统中液压泵、液压马达等做旋转运动的液压元件，通过对其噪声频谱信号的分析可以找到与转速和系统结构特征有关的谐波峰值。频谱分析法中最为关键的仪器就是频谱分析仪。

图 3-40 所示的频谱分析仪，测试速度可达到 ms 级，绝对精度可达到 0.3dB，分辨率可高达 1Hz，支持 USB、GPIB 连接。

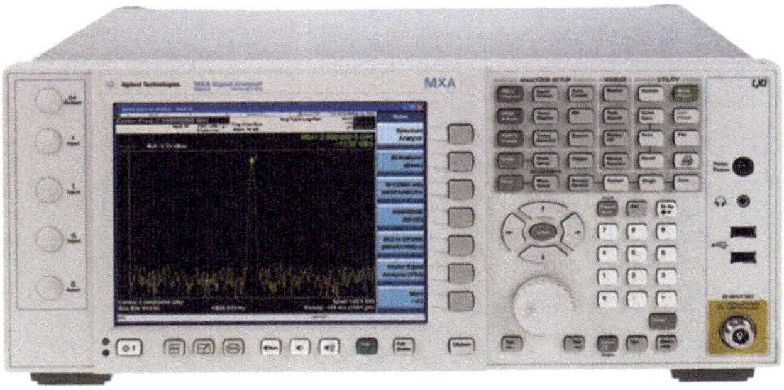

图 3-40　频谱分析仪（安捷伦 Agilent N9020A）

还可参考本章延伸阅读文献[3]第二篇“控制与检测”第 9.5 节“噪声测量”，本章延伸阅读文献[2]第 8 章“噪声的测量”。

3.12 油液品质的测量

液压技术中，液压油起着传递能量、润滑系统、抗磨、防腐、防锈、冷却等作用。因此，液压油的品质对工作状况和工作性能影响巨大。测量油液的品质对提供系统磨损状况、识别早期故障、预计系统可继续工作的期限、节能、环保都十分重要。

本节主要介绍在液压技术中测量油液品质使用的几类传感器。

1. 液压油污染度检测仪

根据国内外统计资料，液压系统的故障大约 70%是由油液污染引起的。油液的污染度是指油液中固体颗粒的含量。由于现代液压技术压力高，配合间隙小，大致上，大的（约>14μm）固体颗粒多的话，容易引起系统突发失效；中等的颗粒（约 6～14μm）虽不一定造成突发失效，但会带来磨损，迅速加剧污染，加速退化失效；较小颗粒（4～6μm）多的话，会带来淤积堵塞；只有极小颗粒（<4μm）的影响，一般情况下可以忽略不计。因此，测定油液中污染颗粒的浓度对保证系统正常工作是极其重要的。

油液污染程度的检测方法很多，现在比较通行的是按照 GB/T 14039—2002《液压传动油液固体颗粒污染等级代号》（修改采用 ISO 4406：1999）或美国标准 NAS1638，根据油液中固体颗粒的大小和数量，来划分污染度等级。

颗粒检测仪，使用激光二极管作为光源，利用颗粒遮挡光线的原理，可以快速方便地测量出油液中颗粒大小及其分布（见图 3-41）。

过去颗粒检测仪很贵，因此多做成便携式的，自行设定取样体积，进行离线检查。现在，由于风力发电机等不便接近的设备的强劲需求，出现了多种价格较低的油液污染度在线测量仪（见图 3-42）。

如果对污染颗粒进行光谱分析、铁谱分析，可以进一步确定污染颗粒的成分，有利于寻找污染根源。

2. 粘度传感器

液压油必须具有相当的粘度，以保证润滑功能和承载能力。液压油粘度的变化还直接影响液压元件的动作、传递效率和传递精度。但液压油随着使用时间的增加，逐渐老化，粘度会下降。如果实时监测油液粘度变化，可以了解油液老化趋势。根据油液粘度变化情况换油是比较合理的（见图 3-43）。

图 3-44 所示的传感器采用超声波振动技术测量油液粘度，可以任何方向安装于管线和油箱中。

还可参考本章延伸阅读文献[3]第二篇“控制与检测”第 8.5 节“粘度测量”，本章延伸阅读文献[1]第 6 篇“检测与测试”第 1.5 节。

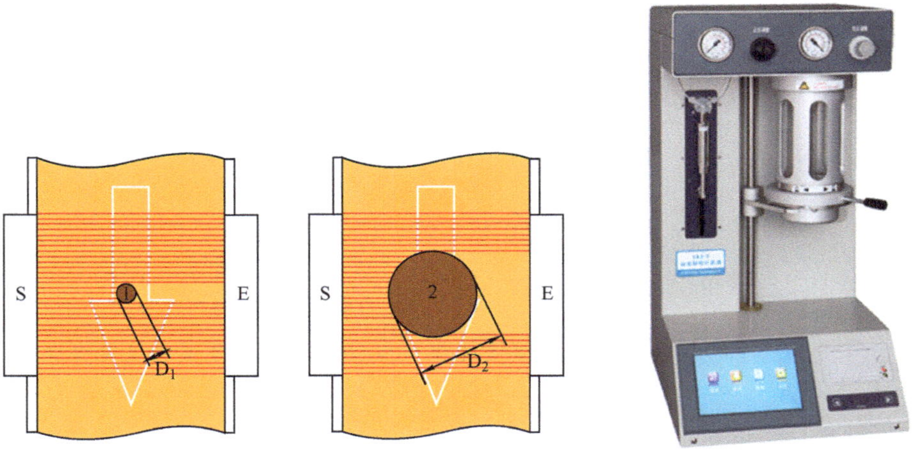

a）　　b）

图 3-41　油液颗粒计数

a）工作原理[4]　b）颗粒计数器（天津天河 YKJ-T）

S—光源　E—接收器

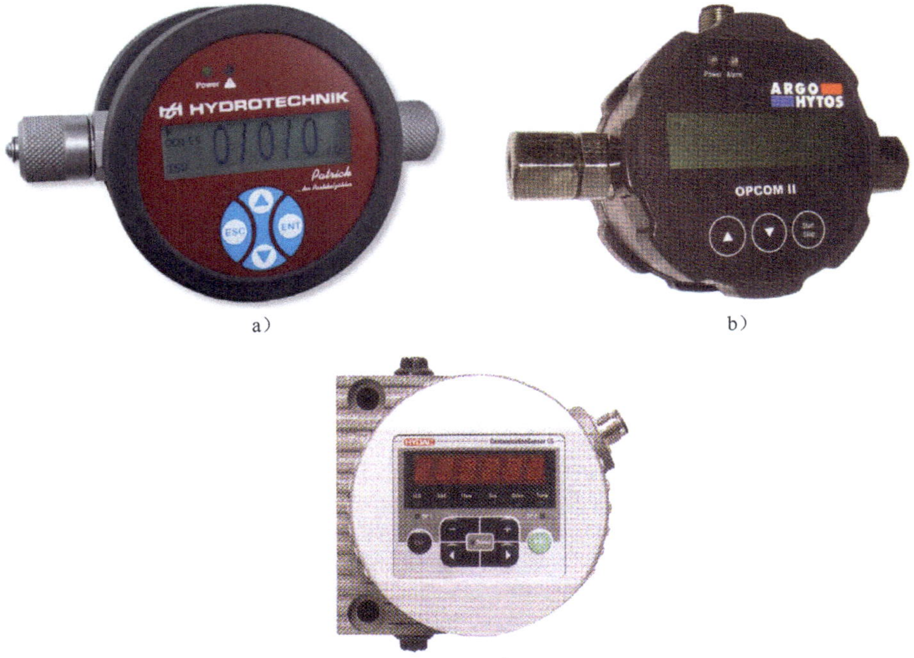

a）　　b）

c）

图 3-42　油液污染度等级在线测量仪

a）和德尼科　b）雅阁辉托斯　c）贺特克[4]

a）

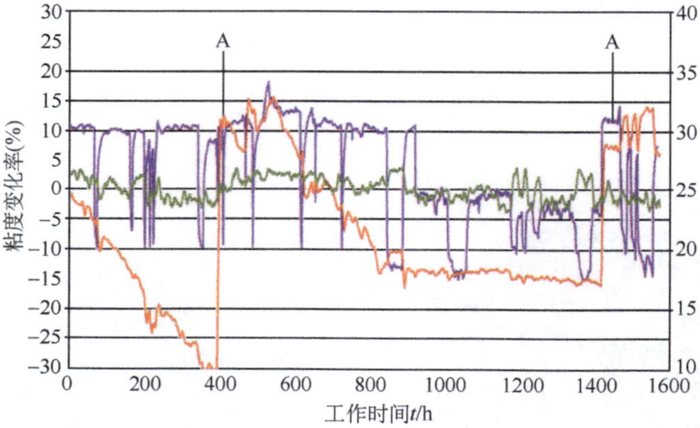

b）

图 3-43　根据粘度换油[4]

a）龙门铣床　b）粘度、介电常数、温度实测

——粘度变化　——介电常数变化　——油温　A—换油

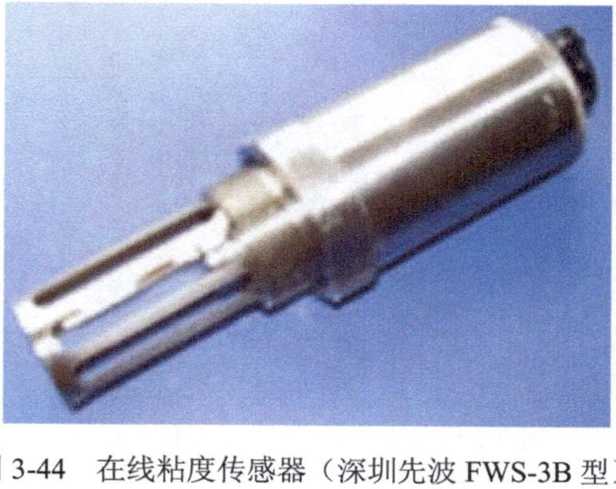

图 3-44　在线粘度传感器（深圳先波 FWS-3B 型）

3. 水分传感器

液压油中的水分总体上来说，起负面作用：会使相接触的金属生锈；使气蚀容易形成；使用合成酯作为液压油时，如果混入了水，会导致水解，从而降低粘度和承载能力，加剧磨损。

液压油中的水分主要来自油箱：外来水（雨水）和冷凝水。油液中的水有两种形式：溶解和游离。每种液压油中可溶解的水有一个饱和极限。饱和极限随温度的降低而降低（见图 3-45）。当液压油中的水分超过饱和极限，就会游离出来，通常先形成混浊的乳化液。如果在油箱里有足够的停留时间，乳化液中的水可能会分离出来，沉到油箱底部，成为自由水。

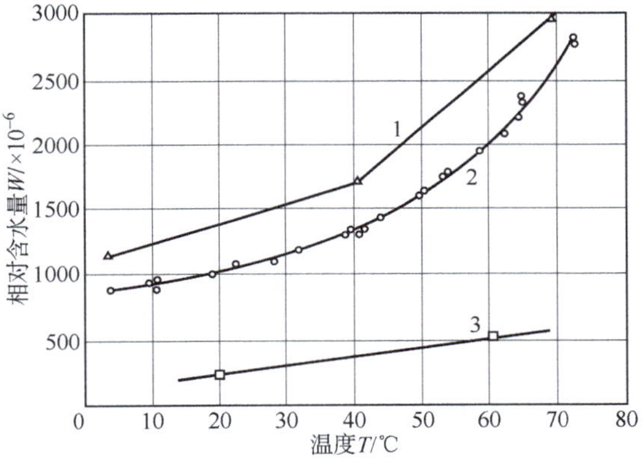

图 3-45 饱和极限随温度变化状况

1—合成酯 2—菜油基介质 3—矿物油

水分传感器（见图 3-46），又称湿度仪，通过测量两电极间油温引起的电容值的变化来测量液压油中的相对含水量，即绝对含水量与该温度下饱和极限之比。例如，图 3-46a 所示的水分传感器，可测量的相对含水量范围为 0～5%、0～10%、0～50%；油温为 0～100℃，测量精度为 0.5%。

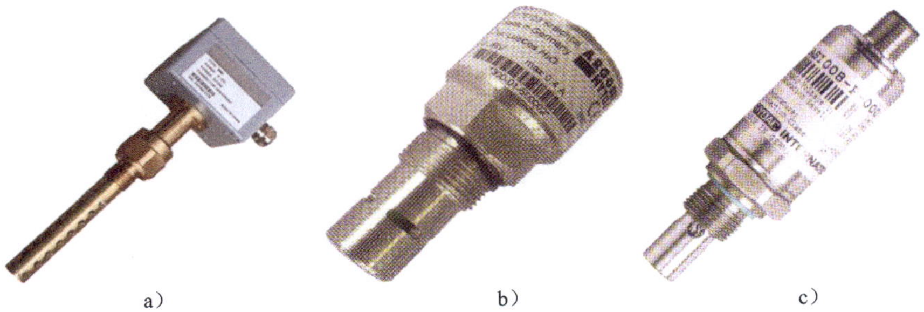

a） b） c）

图 3-46 水分传感器

a）四川优科 WM11 b）雅阁辉托斯 c）贺特克

还可参考本章延伸阅读文献[3]第二篇“控制与检测”第 8.7 节“湿度测量”，本章延伸阅读文献[1]第 6 篇“检测与测试”第 1.7 节。

4．金属屑传感器

金属屑传感器（见图 3-47）可安装在管路上，利用磁性探测原理捕获金属屑末，从而实现在线连续、实时监测液压系统中磨损金属屑末（>45μm）的数量、尺寸及总质量，并能及时探测到油液中铁磁性及非铁磁性磨损颗粒，检测磨损颗粒产生的速率。当总金属屑数或总质量达到可能发生失效的界限时，可发出报警信号。

图 3-47　金属屑信号传感器（北京煜能）

5．油液状况综合检测（Condition Monitoring）

如果对油液进行红外光谱分析，可以进一步确定油液中各种添加剂、劣化产物及外界侵入的化学污染物的成分。

由于现代的液压油中含有多种添加剂，所以，油液本身的颜色没有绝对的测量价值。但检查油液颜色的变化，却是一种确定油液老化污染的简便方法。

油液使用过程中，过热加剧了氧化、水解过程，会引起酸度上升，介电常数、电导率等的改变。鉴于实际的需要与技术实现的可能，现在已出现了把多种传感元件集合在一起，做成的多功能传感器，又称电子鼻。图 3-48 所示之例，把介电常数、电导率、粘度的测量集合在一块芯片上。

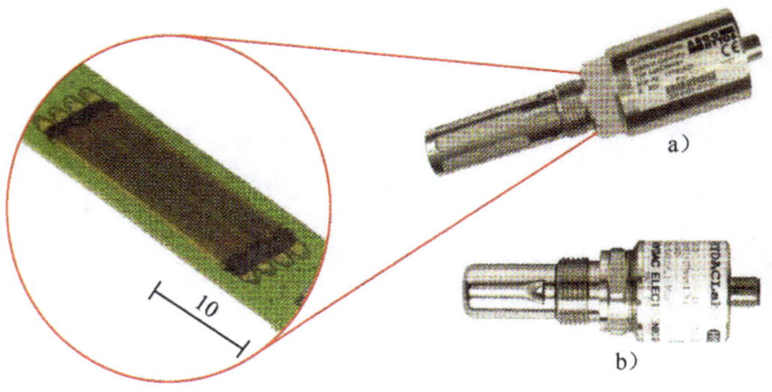

图 3-48　电子鼻

a）雅阁辉托斯　b）贺特克

现在也越来越多地进行油液状况综合检测（见图 3-49）。屏幕上同时显示不同污染颗粒的数量等级、油液温度、相对湿度、电导率、介电常数、油液类型、粘度、各个过滤器的进出口压力、油箱液面高度等（见图 3-49b）。

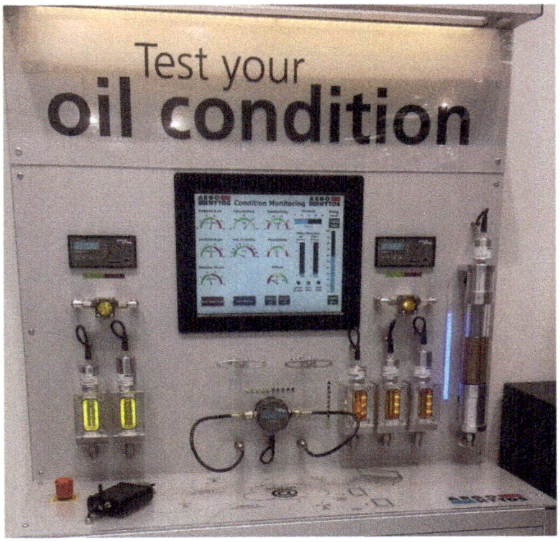

a）

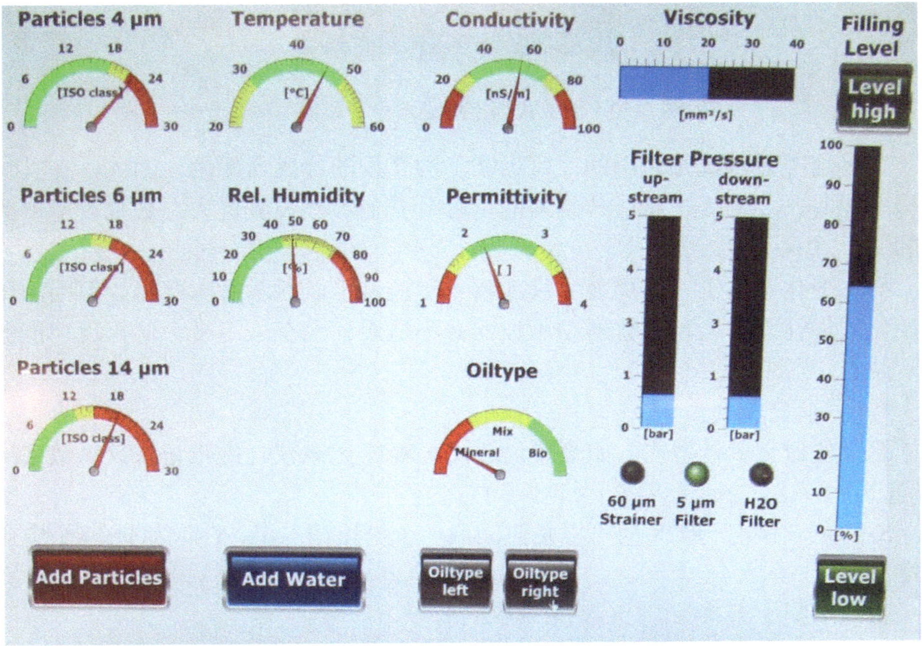

b）

图 3-49 油液状况综合检测（雅阁辉托斯）

a）综合测试系统 b）屏幕显示放大图

3.13 测量用的二次仪表

二次仪表是放大、处理、显示、记录等不直接参与测量的仪表统称。

1. 显示仪

多数传感器都不带显示装置，需要另配显示仪。很多显示仪还同时带有放大、转换、滤波处理等功能。

例如图 3-50 所示的面板式数字型显示仪可以接收 0～20mA、4～20mA 或 0～10V 的模拟信号，甚至还可以接收，比如说来自涡轮流量计的，最高频率为 10kHz 的脉冲信号，可以将其转换成 0～10V 的模拟信号，还带有 12 位 A-D（模-数）转换器，输出模拟信号或数字信号，供后续仪器，特别是计算机使用。

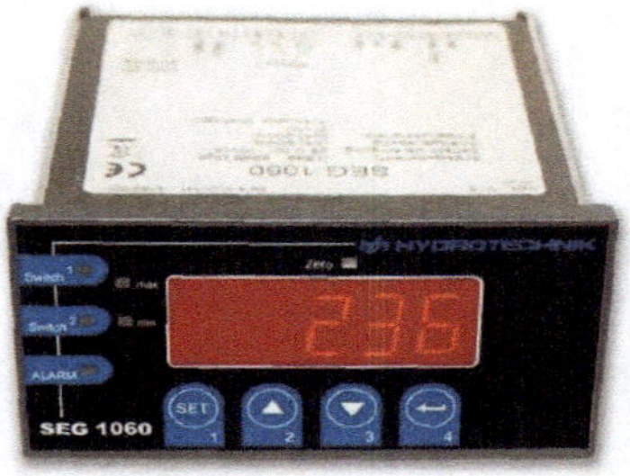

图 3-50 面板式数字型显示仪（和德尼科）

很多这类显示仪是通用的，可以和不同量程的传感器配用。因此，在具体配用传感器时，要预先把相应传感器的量程及其他参数设置进去。否则可能得到荒谬的结果。

瞬态变化不适于用这类显示仪观察。示波器可以显示瞬态变化。但因液压量的变化周期性差，所以，普通型示波器并不适用。只有采用带存储再现功能的数字示波器才适用。

2. 记录仪器

记录仪器有多种型式，如笔式记录仪、X-Y 记录仪、磁带记录仪、数字示波器等。

X-Y 记录仪，一般 X 向可以是时间或一个电压输入量，Y 向为 1～4 个电压输入量。

例如，图 3-51 所示的 X-Y 记录仪具有以下参数。

最高移动速度：2200mm/s（Y 轴），2000mm/s（X 轴）。

最高加速度：74.5m/s^2（Y 轴），50.0m/s^2（X 轴）。

输入通道数：1 个或 2 个。

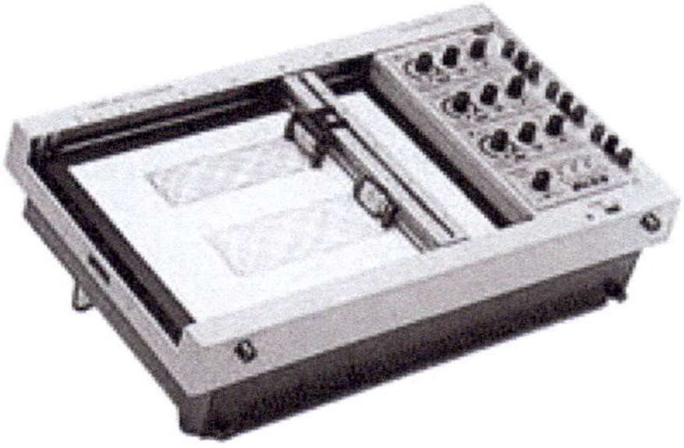

图 3-51　X-Y 记录仪

有效记录范围：254mm×180mm。

精度：有效记录范围的 0.25%。

记录范围：50μV/cm～5V/cm，配有微调游标，16 种量程切换。

输入偏置（mm）：±20、40、60、80、100。

记录纸：A4 幅页式或者卷纸。

记录纸固定：凭借静电吸力。

时间扫描：0.25～50s/cm。

安放：直立或平卧倾斜。

（1）优点

能够立即看到相当清晰的测试结果。

（2）局限性

1）由于记录笔的运动范围有限，所以测试前必须预估被测量的变化范围，相应设定信号放大倍率。

2）由于记录笔的移动加速度有限，所以只能用于液压元件的稳态性能测量，不太适用于瞬态性能测量。

3）大多不带储存功能，无法后续处理。

还可参考本章延伸阅读文献[2]第 5.5 节“信号记录装置”。

由于集成电路技术的发展，越来越多的传感器集成了放大处理等功能，而显示记录功能被结合进了计算机，所以，使用独立的二次仪表越来越少。

3.14　计算机辅助测试

由于计算机技术的飞速发展，现代液压测试越来越多地使用了计算机辅助测试（CAT——Computer Aided Test）。由于计算机本身一般只能接收处理数字信号，所以，计算机一般通过数据采集卡与传感器、二次仪表及控制执行器相连（见图 3-52）。数据采集卡中含有能将输入的模拟量转化成数字量的模-数（A-D）电路、将输出的数字量转化成模拟量的数-模（D-A）电路，及数字量输入（DI）、数字量输出（DO）电路。

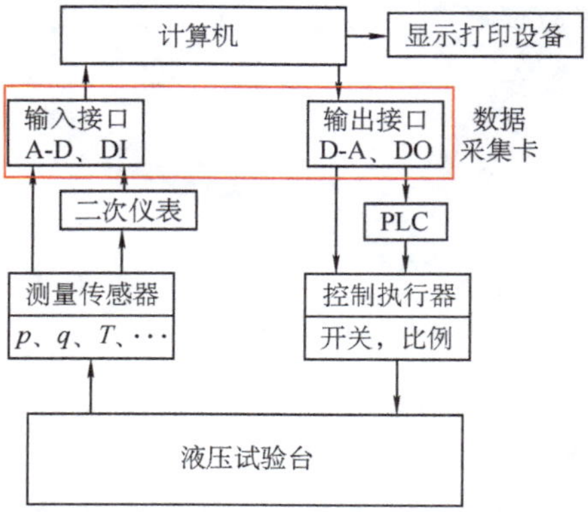

图 3-52　计算机辅助测试系统 CAT 原理图

现在市售的数据采集卡可插入普通台式机的 PCI 总线插槽，工作于目前流行的 Windows、Unix 等多种操作系统以及专业数据采集分析软件 LabVIEW 等环境中，可使用 VC、VBasic 等语言编程。

衡量数据采集卡功能的关键参数是通道数、采样转化速度、分辨率、输入范围、信号类型等。传感器输出的信号必须与数据卡的输入方式相配，否则要经过二次仪表处理。一般在输入端还有隔离用光电耦合管，防止外界的瞬间高电压损坏采集卡与计算机。

图 3-53 所示的数据采集卡，其模拟量输入部分具有单端 32 路、双端 16 路，信号范围：–5～+5V、0～+10V 等，A-D（模-数）转换分辨率 12 位，转换速度 1MHz。

图 3-53　数据采集卡

模拟量输出部分具有 4 路 D-A 通道，信号范围：0～5V、0～10V、–5～+5V 等，转换分辨率：12 位。

数字量部分具有 8 路输入（DI）、8 路输出（DO）。

有的数据卡还有定时/计数器部分，有的可以输出 PWM 信号以控制电比例阀。

还可参考本章延伸阅读文献[2]第 6.1 节“计算机测试系统的基本组成”。

3.15 液压万用表

便携式液压测试仪有以下几种类型。

比较原始的不含微处理器，直接使用压力表、流量监测仪。

比较先进的含微处理器，实际上，是一个便携式 CAT 系统（见图 3-54），集合了记录、储存、显示功能，有与计算机的接口。有通用的接口，可同时接多个压力、流量、温度传感器，完成各种液压测试。使用非常方便，所以，配得上称为“液压万用表”。

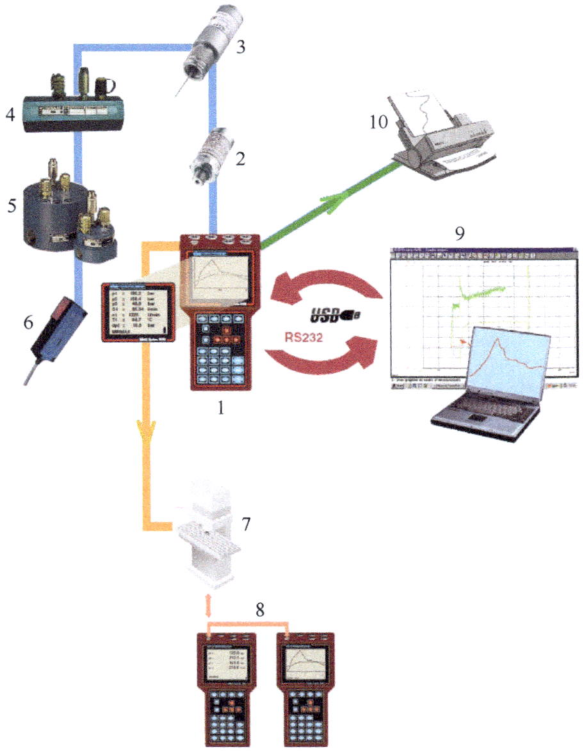

图 3-54 便携式 CAT 系统（和德尼科）

1—液压万用表 2—压力传感器 3—温度压力组合传感器 4—涡轮流量传感器 5—齿轮流量传感器 6—转速传感器 7—外接测量触发器/控制器 8—多个液压万用表并联使用 9—数据处理显示软件界面 10—外接打印机

由于其最小采样节拍可达 0.1ms，可以帮助深入观察液压系统工作过程中快速细微的变化，所以，如果称之为“液压显微镜”，也不为过。

图 3-55 所示的液压万用表主要功能如下。

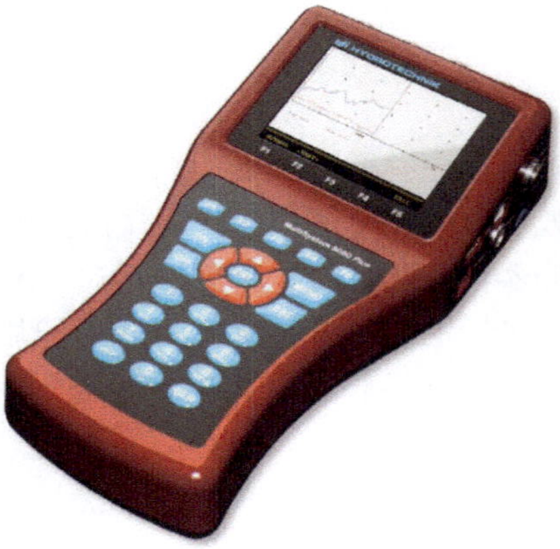

图 3-55　液压万用表（和德尼科 5060 型）

6 个模拟量输入：0～20mA、4～20mA、0～10V、0.5～4.5V、±10V；

2 个脉冲量输入：0.25Hz～20kHz；

最多可接 14 个带 CAN 功能的传感器；

13 位 A-D 转换；

采样节拍：0.1ms～999min；

可记录时间：1s～999h；

存储器容量：2GB，最多可存储 200 组测试数据，每组最多 200 万个数据；

显示屏：3.5″彩色。

类似图 3-56 所示的多通道 CAN 扩展器可以同时接 4 个模拟信号、脉冲信号或温度传感器，转化成数字信号后，合拼用一根 CAN 总线传递给液压万用表。

图 3-56　多通道 CAN 扩展器（和德尼科 MultiXtend A 型）

和德尼科公司提供多种不同功能不同价格的液压万用表（见图 3-57），以满足不同层次顾客的需求。

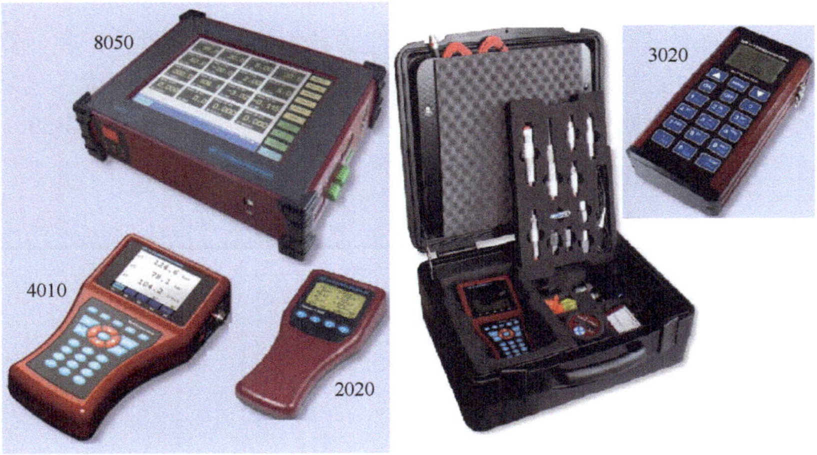

图 3-57　多种类型的液压万用表（和德尼科）

在 2015 年 4 月的汉诺威工业博览会上和德尼科公司还推出了一种低价格的 2025 简易型液压万用表（见图 3-58）。虽然只有两个传感器接口，但这两个接口

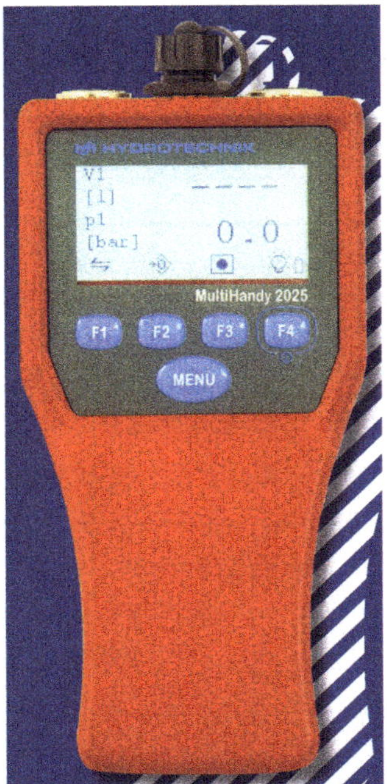

图 3-58　2025 简易型液压万用表（和德尼科）

是通用型的，可以根据预设，接受 0～20mA、4～20mA、0～10V、2～10V、脉冲、计数等各类信号，因此通用性很强，可以完成一般不太复杂的液压测试任务，也特别适合教学用。

和德尼科的液压万用表还配有功能很强的数据处理显示软件。在计算机与液压万用表通过 RS232 或 USB 接口相连后，该软件可从液压万用表读入已采集的数据，按需要进行后续处理：滤波、放大、显示、打印，等等（见图 3-59）。

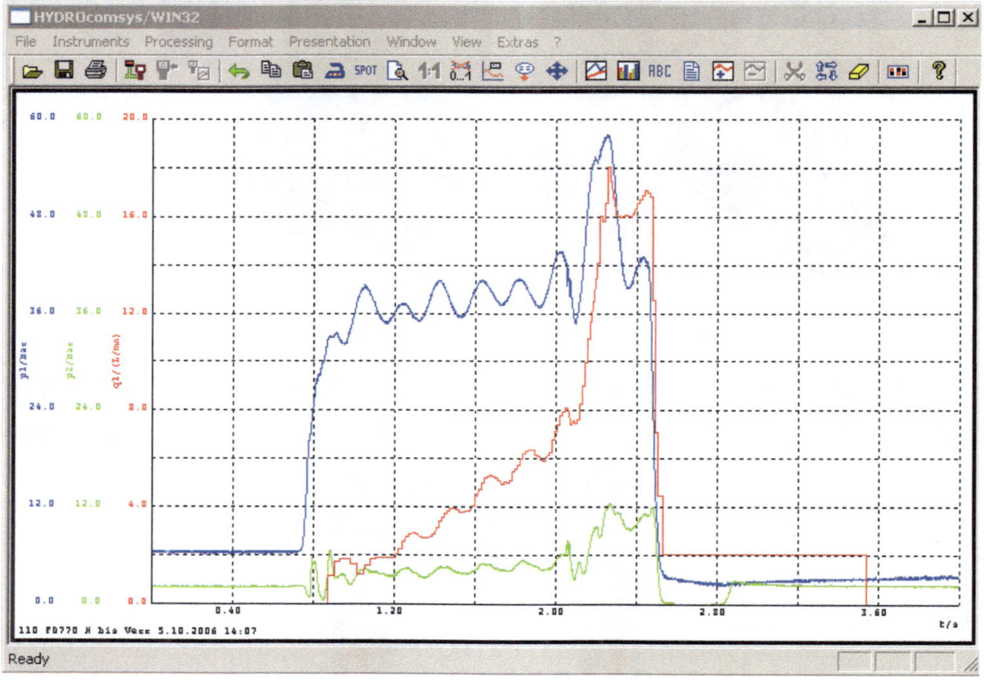

图 3-59 数据处理显示软件界面（和德尼科）

该软件还可以从采集到的变量随时间变化的过程处理出变量间相互关系的曲线，起类似 X-Y 记录仪的作用。例如，图 3-60a 为对一个电比例溢流阀的实际测试过程：在输入电流 I 逐渐增大，随后又逐渐减小时，压力 p 随之变化的曲线。在显示时如果设定，以电流 I 为 X 轴，以压力 p 为 Y 轴，就得到图 3-60b 所示结果。

显示打印格式都可预设置，非常灵活。

因此，此仪器在欧洲被广泛使用。图 3-61 所示的教学性试验台也结合了一套“液压万用表”。

图 3-62 为一工程师在现场使用液压万用表对液压系统进行测试。

本书只是为计划使用液压测量仪器的读者而写，因此，对测量技术、数据处理等不做深入介绍，希望深入研究的读者可参考相应的延伸阅读文献。

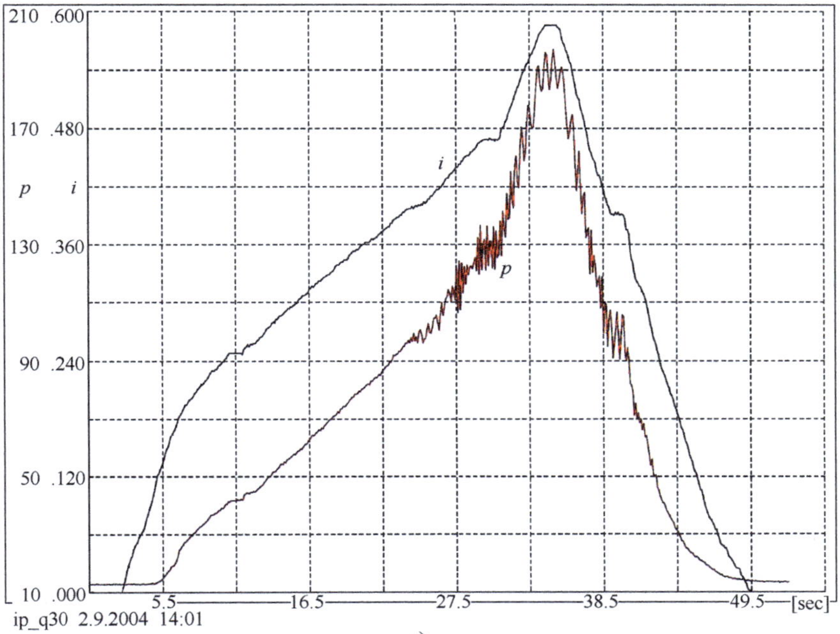

a）

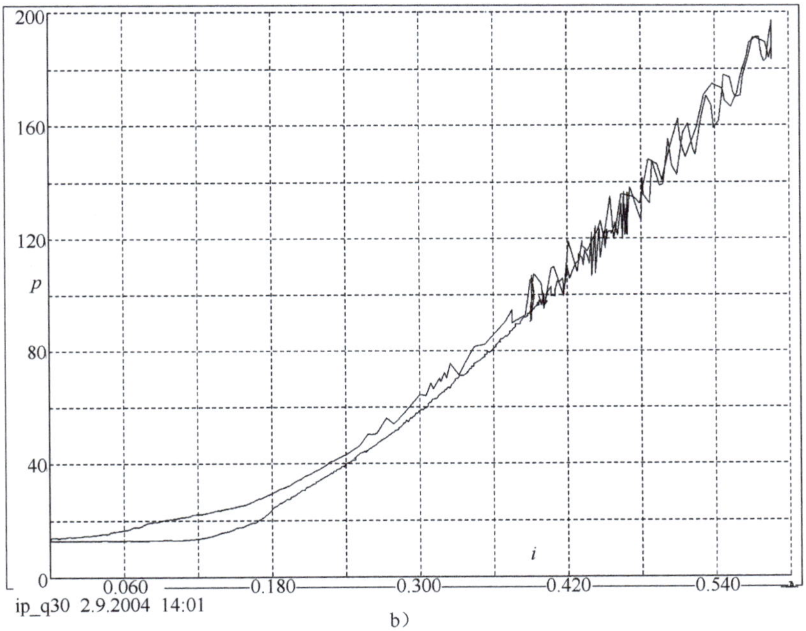

b）

图 3-60　对一个电比例溢流阀的测试与处理显示结果

a）实际测得的 p、I 随时间变化的过程　b）以 I 为 X 轴，p 为 Y 轴的显示图

图 3-61 带液压万用表的教学性试验台（德国国际液压学院）

图 3-62 对装在主机上的液压系统进行测试（哈威）

延伸阅读文献

[1] 路甬祥. 液压气动技术手册[M]. 北京：机械工业出版社，2007.

[2] 王益群，高殿荣. 液压工程师技术手册[M]. 北京：化学工业出版社，2010.

[3] 贾民平，张洪亭. 测试技术[M]. 北京：高等教育出版社，2009.

[4] Dr.-Ing. F.Bauer. Messen in der Fluidtechnik[J]. O+P，2010(11-12): 448-452.

[5] 秦亮亮. 开关电感式位移传感器的研究与设计[D]. 东北农业大学，2013.

[6] 王勇. 基于力传感器的飞行模拟器运动平台控制研究[D]. 南京航空航天大学，2012.

[7] 赵飞液. 压元件噪声测试环境与液压系统设计[D]. 浙江大学，2014(1).

[8] 赵海燕，尚光伟. 传感器在泵振动检测中的应用现状以发展趋势[J]. 电子制作 2014(5)，90-91.

第 4 章　液压阀稳态特性的测试分析

4.1　概述

稳态特性是液压阀最基本的特性。

阀的稳态特性内容很多，其中最基本最重要的是流量-压差特性，即在通过不同流量时，阀进出口之间的压力之差的情况。它直接关系到整个系统的控制特性及能耗。因此，流量-压差特性是所有液压阀的产品说明书中都必须提供的特性。

由于液压元件特性普遍存在着非线性，简单几个参数往往不足以全面说明其特性，因此一般都使用特性曲线，可以较全面地描绘反映这些特性，说明很多问题。

流量-压差特性曲线在不同种类的阀有不同的表现形式（见图 4-1），称呼也不尽相同，见以下各节。

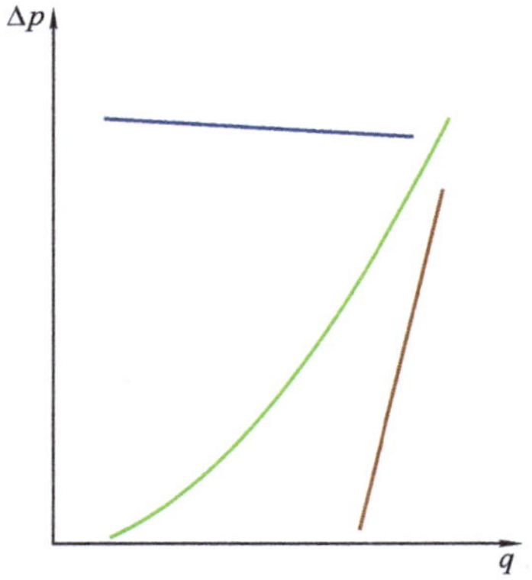

图 4-1　阀的流量-压差特性曲线

—开口固定阀　—压力阀　—流量阀

缓慢地改变某一个试验条件，如负载或流量，系统工况会相应改变，同时测量记录这些参数，利用 X-Y 记录仪，或液压万用表的处理显示软件，就可以得到相应的流量-压差特性曲线。因为液压元件、系统的响应通常快得多，所以，这时，试验条件的改变速度主要由流量传感器输出测量数据的速度所限制。

很多螺纹插装阀生产厂在产品说明书上给出的流量-压差特性旁注明，“仅阀本身，不包括阀块”。但是，裸的螺纹插装阀是无法进行液压测试的，所以，只能先测不带阀的裸阀块，然后，连阀一起测，再从中扣除阀块的压降。

为了进行比较，有时需要进行比较准确的测试，就要注意测压点的位置，既不能离阀太近，以致干扰阀的工作，也不能太远，以致连接管道的压降影响测试结果。具体可见相应标准。

本章及后续两章的测试因为是示范性的，所以，测试准确度不是关注重点。

4.2　节流阀流量-压差特性的测试分析

节流阀有多种类型，如：手动型、液控型、电比例型、单向节流型等（详见本章延伸阅读文献[1]6.1 节“节流阀”、本章延伸阅读文献[2]4.4 节“节流阀”），本节以一手动型（见图 4-2）为例进行测试。

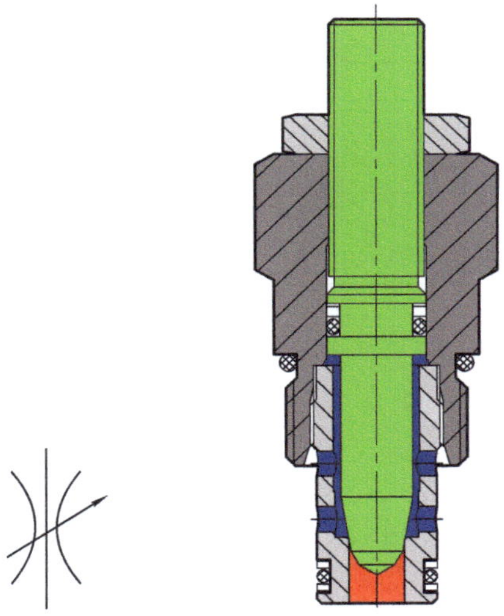

a）　　　　b）

图 4-2　一个手动节流阀

a）图形符号　b）剖视图

1. 被测件分析

图 4-2 所示的手动节流阀，由于其开口可调节，不同开口时的流量-压差特性曲线不同，因此，理论上可以有无穷多条流量-压差特性曲线。所以，一般以最大开口时的为代表。

节流阀的额定流量通常是指在最大开口时在规定压差（压力损失）下可通过的流量。只是这个规定压差，国际上很不统一，有厂商将其定为 0.4MPa、有的定为 0.5MPa，也有的定为 1MPa。这是人为规定的，JB/T 10368—2014《液压节流阀》

表 A.1 把它列入性能指标是不妥的。

手动节流阀一旦调定，就如一固定节流口，没有可动部件，开口不会变化。

根据已有的理论，如果节流口如薄壁小孔，则压差基本不随液压油粘度而改变。但节流阀难以做到薄壁小孔，因此，测试结果可能随油液粘度而改变。如需检验此性能，应该在不同油液粘度时测试对比。

2. 测试结果预估

根据已有的理论，节流阀的流量-压差特性曲线应该大致如图 4-3 所示：进出口间压差Δp随着流量 q 的增加迅速增加，呈接近抛物线状。如果测得全开时的流量-压差特性曲线（见图 4-3 中曲线 A），就可以根据规定压差获得该阀的额定流量。

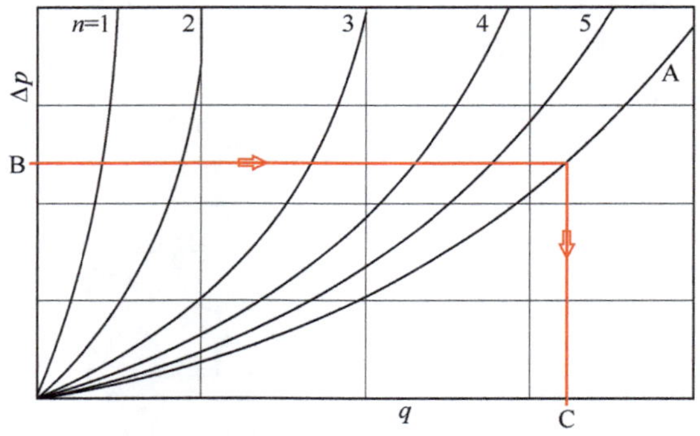

图 4-3 一个节流阀的流量-压差特性曲线

n—调节圈数 A—全开 B—规定压差 C—额定流量

3. 测试回路分析

图 4-4 是 JB/T 10368—2014《液压节流阀》推荐的测试回路，序号 4 为被测件。其中有几点要注意。

1）压力表 3-3 只是用来监控安全阀 2 的。实际测量的压差应该是测点 3-1 与 3-2 之间的差。

2）背压阀 6 不是必需的。

3）如把压力表 3-1、3-2 换成压力传感器，流量计 5 换成流量传感器，使用液压万用表，测试记录它们随时间的变化，然后利用处理显示软件，就可以得到流量-压差曲线。

4）阀 7 采用了中位机能 Y 型，因此，如果起动时变量泵的排量没有关到零，会立刻有很高的压力。为避免这点发生，最好采用 H 型或 M 型，或在泵口装电磁阀控制的卸荷溢流阀。

5）为了保证较高的准确度，低压端的压力传感器（压力表）必须采用小量程的。但在阀 7 切换后，低压端就会成为高压端，要注意避免损坏压力传感器（压力表）。

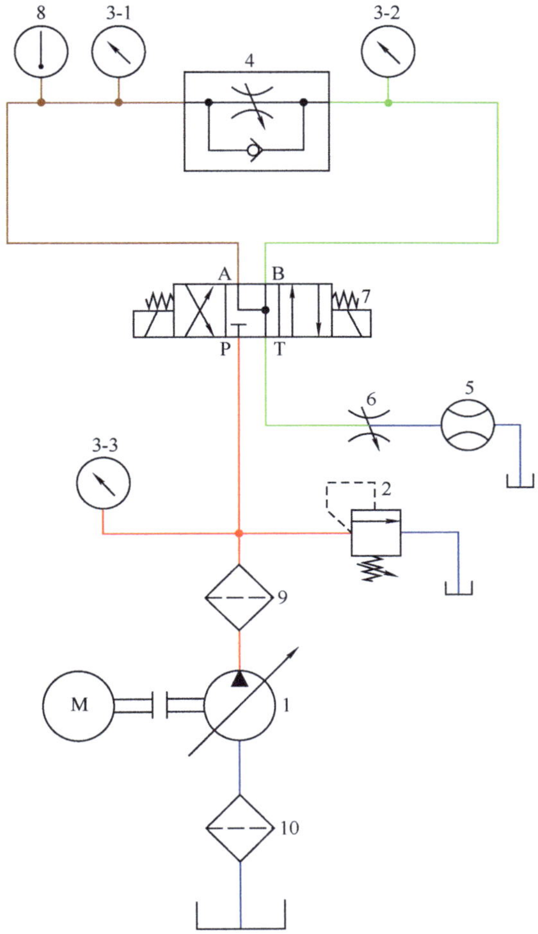

图 4-4　节流阀流量-压差特性测试回路（JB/T 10368—2014 图 B.1）

6）阀 7 是为了考察单向节流阀的两个不同流动方向的特性而设置的，如果被测件是普通节流阀，只需要测一个流动方向的话，可以放弃阀 7，采用图 4-5 所示的替代测试回路，也就没有打坏小量程传感器之虞。

7）图 4-4 回路采用了变量泵作为动力源，泵输出流量可以改变，比较节能。如果没有变量泵的话，也可以如图 4-5 中所示，使用旁路节流阀 6 来改变测试流量。

图 4-5 回路中，因为被测的节流阀出口仅有一流量计，如果其液阻很小，p_2 很小，就可以忽略，用 p_1 代替 Δp。

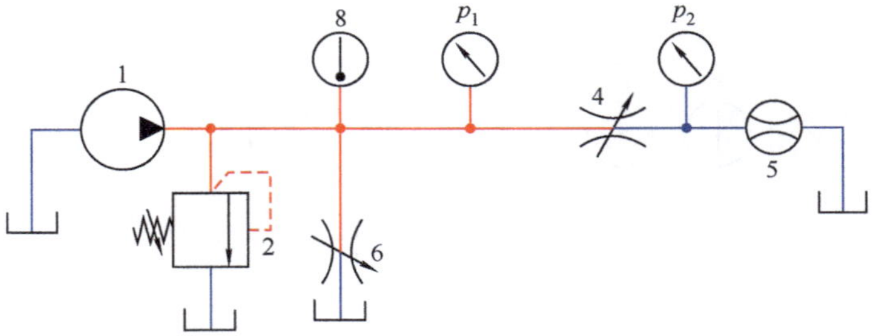

图 4-5　替代测试回路

4.3　换向阀流量–压差特性的测试分析

换向阀有多种类型，如：手动换向型、电磁换向阀、液控换向阀、电液换向阀等，还有二位二通、二位三通、三位三通、三位四通等，还有不同的中位机能（详见本章延伸阅读文献[1]第 9 章“电磁换向阀”），本节以一个中位为 O 型的三位四通电磁换向阀（见图 4-6）为例。

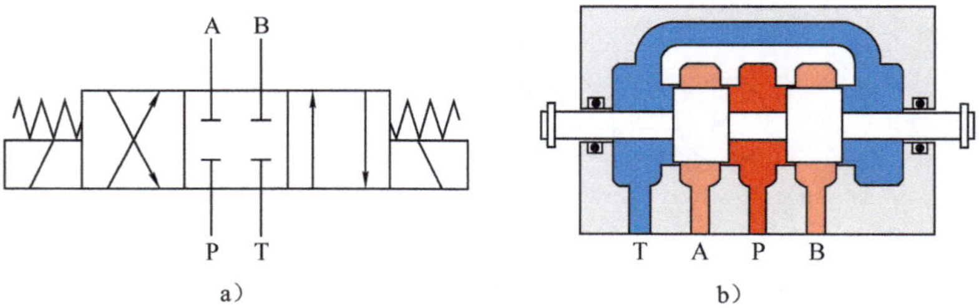

图 4-6　一个中位 O 型的电磁换向阀

a）图形符号　b）剖面示意图

在 JB/T 10365—2014《液压电磁换向阀》中流量-压差特性被称为流量-压力损失特性。

1. 被测件分析

O 型三位四通换向阀在不同的工作位置共有四条通道：P→A、P→B、A→T、B→T，各通道的液阻在稳态工况时是基本不变的。但各通道的液阻完全可能不相同，一般应该分别测试，并分别标识。例如，$\Delta p_{P\to A}$、$\Delta p_{B\to T}$。

2. 测试结果预估

假定阀体与阀芯完全对称，即通道 P→A 与 P→B 完全相同，通道 A→T 与 B→T 完全相同，则其流量-压差特性曲线应大致如图 4-7 所示。

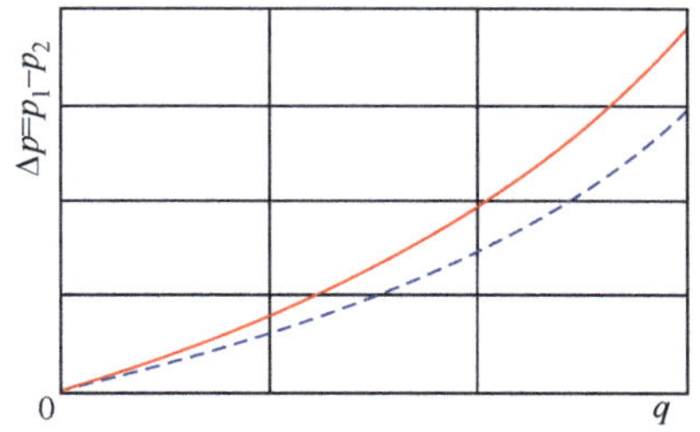

图 4-7 换向阀的流量-压差特性曲线

——$\Delta p_{P\to A}$、$\Delta p_{P\to B}$ ---$\Delta p_{A\to T}$、$\Delta p_{B\to T}$

3. 测试回路分析

JB/T 10365—2014《液压电磁换向阀》推荐采用图 4-8 所示的测试回路。其中有几点要注意。

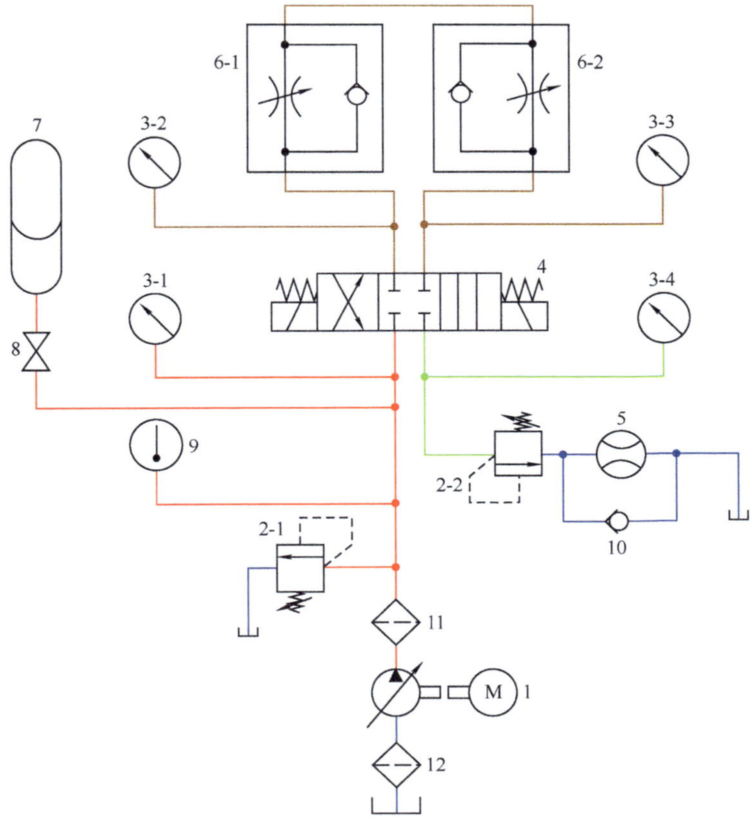

图 4-8 电磁换向阀流量-压差特性测试回路（JB/T 10365—2014 图 B.1）

1）JB/T 10365—2014 图 B.1 中的许多液压符号都不符合 GB/T 786.1—2009《液

压气动图形符号》，比如囊式蓄能器 7，不应有三角，三位四通阀 4 的弹簧太小，本书已做了本标化处理。

2）与流量计并联的单向阀 10 是旁路流量计用的，在本测试中应该拆除。

3）蓄能器 7 可以一定程度减弱泵的流量脉动的影响，为此，蓄能器的容积不需要大，但响应速度要高，预充气压力要低于工作压力，才能起作用。

4）单向节流阀 6-1、6-2 是用于模拟负载的，溢流阀 2-2 是用于背压加载的，使 P 口压力达到额定压力，这些都是用于测试换向阀的工作范围的（见 6.4 节）。在测试流量-压差特性时，这些元件是没用的，可以省略（见图 4-9）。

5）图 4-8 的回路采用了变量泵作为动力源，泵输出流量可以改变，比较节能。如果采用定量泵的话，要有改变流量的机构，例如使用图 4-9 中的旁路节流阀 6。

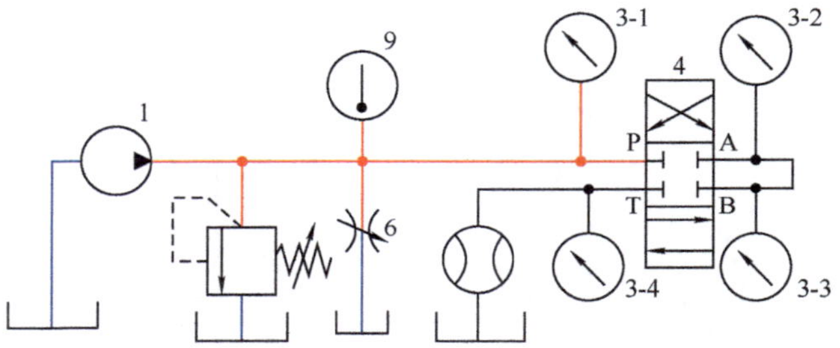

图 4-9　换向阀流量-压差特性测试回路

4.4　二通流量阀压差-流量特性的测试分析

带压力补偿的二通流量控制阀，过去长期被称为调速阀，GB/T 17446《流体传动系统及元件术语》的 1998 版（等同 ISO 5598:1985）也将其译作调速阀，但那是不精确的。因为，它只能限制流量，不能直接调速。2012 版（等同 ISO 5598:2008）将其直译为“串联流量控制阀”，但此称呼目前在国内业界基本没有使用。JB/T 10366—2014 继续以《液压调速阀》为名。GB/T 786.1—2009《流体传动系统及元件图形符号和回路图》（等同 ISO 1219:2007）将其译作“二通流量控制阀（6.1.4.4）”，这是国内普遍可以接受的。因此，本书中简称其为二通流量阀。

二通流量阀的压差-流量特性在 GB/T 8104—1987《流量控制阀试验方法》中被称为“稳态流量-压力特性”，在 JB/T 10366—2014《液压调速阀》中被细分为“进口压力变化——调节流量”和“出口压力变化——调节流量”。

二通流量阀有多种类型，如节流口可调型、节流口不可调型、电比例型、带单向阀型、双向型、电比例双向型等（详见本章延伸阅读文献[1]第 6.2 节“二通流量阀”），本节以一个节流口不可调埋入型的二通流量阀（见图 4-10）为例。

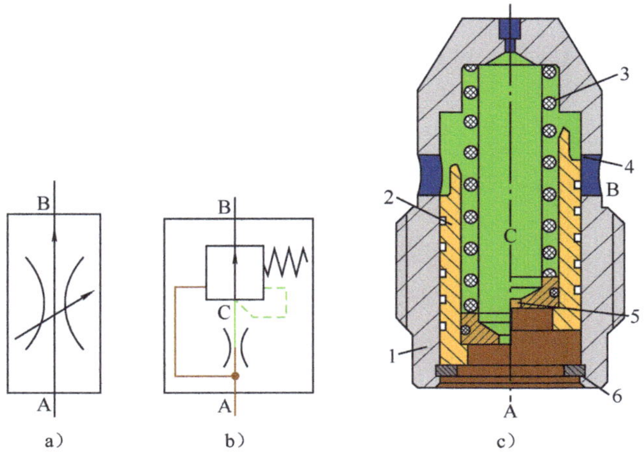

图 4-10 节流口不可调埋入型二通流量阀

a）简化符号 b）详细符号 c）剖视图

A—进口 B—出口 C—中腔

1—阀体 2—阀芯 3—弹簧 4—定压差口 5—流量感应口 6—挡圈

1. 被测件分析

图 4-10 所示的阀，其液流通道由一个流量感应口（又称固定节流口）5 与一个定压差口（又称压力补偿口、可变节流口）4 串联而成。定压差口 4 的开度由阀芯 2 的位置决定。

此阀有以下三种工况。

（1）工况 I：进出压差过低

当阀进口 A 与中腔 C 间的压差$\Delta p_{AC}=p_A-p_C$低于弹簧 3 的预紧压力，即阀的最低工作压差Δp_{min}时，阀芯 2 停在下极限位，如图 4-10c 左半边所示，定压差口 4 全开，没有调节作用。整个阀犹如两个固定节流口串联而成的节流阀，没有保持流量恒定的功能。

（2）工况 II：正常工作压差

当压差Δp_{AC}高于Δp_{min}时，推动阀芯 2 上升，压缩弹簧 3，直至弹簧压力与压差Δp_{AC}平衡，如图 4-10c 右半边所示。定压差口 4 部分关闭，可以起消耗压力、保持流量感应口 5 两端压差Δp_{AC}恒定的作用。这样，通过的流量基本不受阀进出口间压差Δp_{AB}影响，维持恒定。

但是，一方面，随着Δp_{AB}的增加，阀芯 2 上移，会压缩弹簧，使弹簧压力有所增加，因此，趋向于增加力平衡时的压差Δp_{AC}，导致通过流量有所增加。另一方面，定压差口 4 关小，导致该处的油液流速增加，液动力增加，趋向于降低实际Δp_{AC}，这又可能导致流量降低。所以，在此区域内流量也不是绝对恒定。

在此区域内，如果Δp_{AB}从上升变为下降，阀芯 2 可能会由于与阀体之间的摩擦力（取决于配合间隙与形位偏差），不立即下降，这样，通过的流量会下降，不保持恒定，即有滞回现象。具体多大，必须通过测试才能知道。

（3）工况 III：压差过大

Δp_{AB}很大，阀芯 2 上升到上极限位，定压差口 4 已经关至最小，已不能再起保持Δp_{AC}恒定的作用了。此时，流量通过阀芯 2 与阀体 1 之间的间隙流出，如通过一固定节流口。

2. 测试结果预估

根据以上分析，估计此阀实际上的压差-流量特性曲线应该大致如图 4-11 所示。

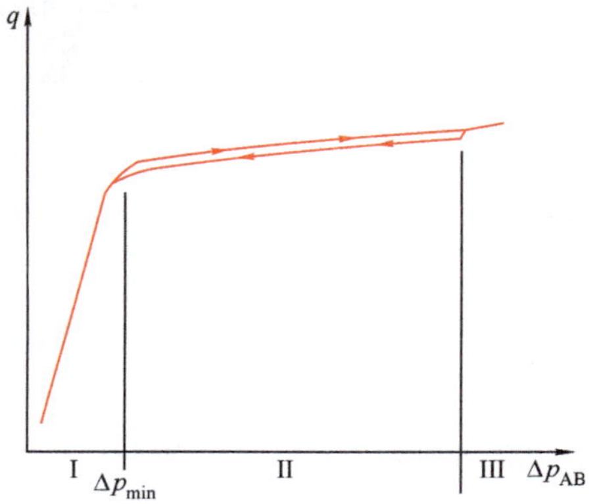

图 4-11 二通流量阀的压差-流量特性曲线

3. 测试回路分析

JB/T 10366—2014《液压调速阀》建议采用图 4-12 所示回路。

要注意以下几点。

1）对比图 4-12a 和 b，可以看出两图左部基本一致，图 4-12b 右部的节流阀 6-2、液控单向阀 8 及控制部分是为测瞬态响应而设置的，测压差-流量特性时可以省略。

图 4-12b 中的件 10 应该是加热器，**而 JB/T 10366—2014 画成了冷却器。**见图 4-12a 中件 12。

2）换向阀 7 是为测带单向阀型的反向压差用的，在这里也可以省略。

3）此回路采用了变量泵作为动力源，泵的输出流量可以改变，比较节能。但二通流量阀通常是工作在液压源恒压工况下的，为此，有两种做法。

——此泵采用恒压变量泵。

——若非恒压变量泵，则泵输出流量应高于二通流量阀的设定流量，利用溢流阀 2 来恒压。所以，也可以干脆采用定量泵（见图 4-13）

4）节流阀 6-1 是用于模拟负载的。测试时，开口缓慢地从最小开到最大，即模拟负载逐渐减小，则被测阀两端压差逐渐增加。

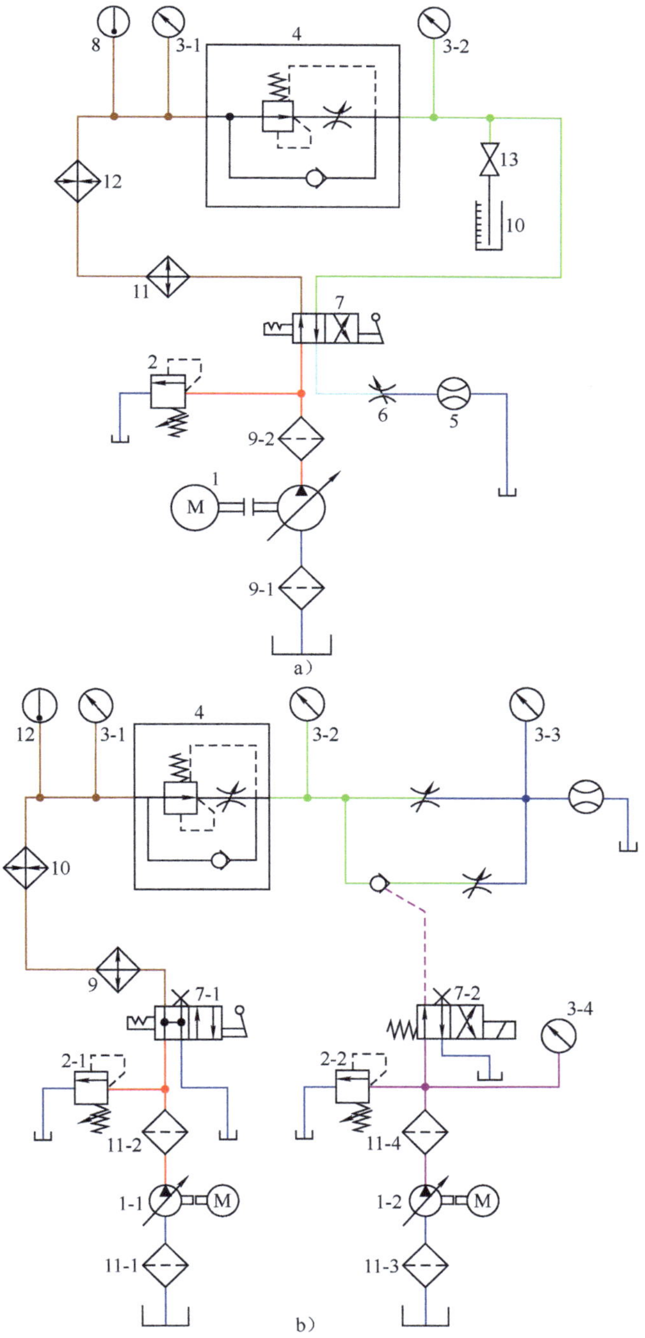

图 4-12　二通流量阀测试回路（JB/T 10366—2014）

a）出厂试验回路（见图 B.1）　b）型式试验回路（见图 B.2）

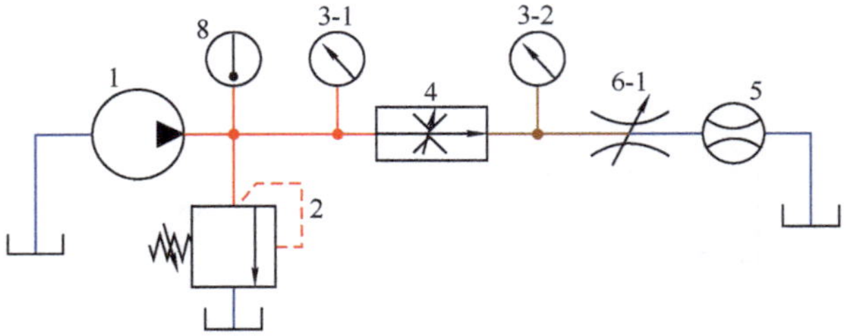

图 4-13　二通流量阀替代试验回路

考虑到可能有滞回，还应该把开口再缓慢关小。甚至，反复多次。

4.5　溢流阀压力-流量特性的测试分析

溢流阀的稳态特性主要通过压力-流量特性来反映，指的是，进口压力（控制压力）随通过流量变化而（不）变化的特性。也被称为稳态压力-流量特性（GB/T 8105—1987《压力控制阀试验方法》）、等压力特性（JB/T 10374—2014《液压溢流阀》），过去很多教科书中也称其为启闭特性、溢流特性。

溢流阀有多种类型，如球阀型、锥阀型、滑阀型、差动型、增强阻尼型、先导式、压力保险型、带反向单向阀型、双向溢流型、可外控型、气控比例型、电控开关型、电控比例型等（详见本章延伸阅读文献[1]第 2 章“溢流阀”），本节以一个直动式（见图 4-14）为例。

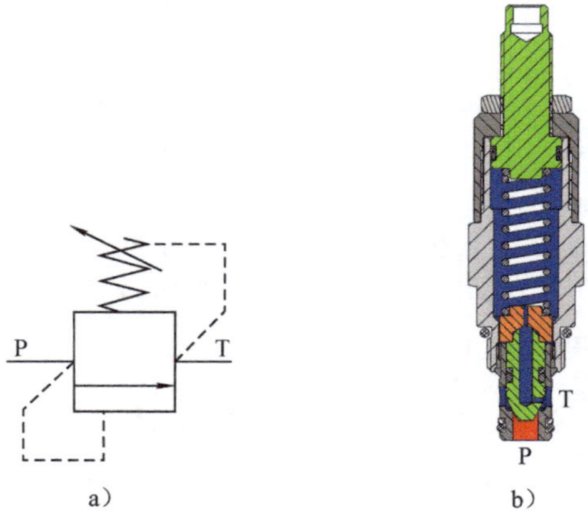

图 4-14　直动式溢流阀
a）图形符号　b）剖视图
P—进口　T—出口

1. 被测件分析

溢流阀的基本功能有以下两种。

一是作为安全阀，限制系统最高压力，以避免系统中的元件及管道损坏；避免原动机，如电动机、柴油机或汽油机，由于负载过大而停车。在这些工况中，溢流阀是常闭的。

二是作为恒压阀（也称定压阀），把全系统或部分系统的压力限制在一个特定的水平，这时，溢流阀是常开的。

溢流阀有以下一些性能参数。

（1）开启压力

在进口压力逐渐上升，出口刚出现流量时的压力，就是开启压力。

（2）闭合压力

在溢流阀已开启后，再逐渐降低进口压力，出口流量基本消失时的压力，就是闭合压力。闭合压力通常比开启压力小一些，大约为开启压力的 75%～90%。

用作安全阀时，一般希望闭合压力尽可能与开启压力接近。

（3）控制压力

溢流阀开启后，进口处的实际压力即控制压力。控制压力可能随着通过的流量变化而变化。

用作恒压阀时，一般希望控制压力的变化尽可能小。

（4）全流量

溢流阀的开口随流量的增大而增大，是有一定限制的。到了一定的开度后，开口不再增大，成为一个固定节流口。阀口刚开到最大时的流量被称为全流量。不同控制压力下的全流量是不同的。全流量曲线（见图 4-15）反映了该阀在最大开口时的压力损失状况，从而可以看出在通过某一流量 q_n 时的最低控制压力 p_n。

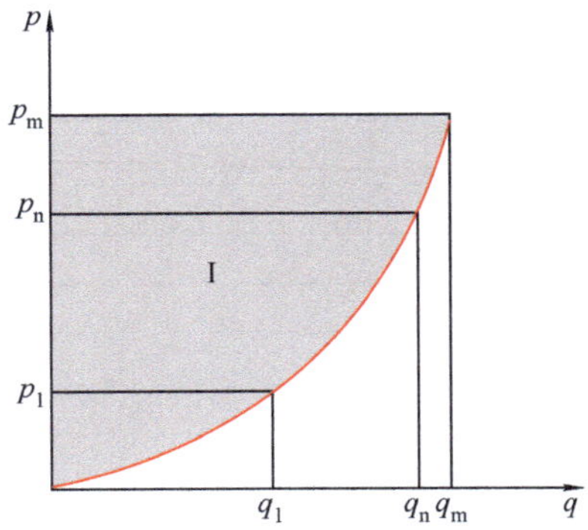

图 4-15　全流量示意图

p—控制压力　p_n—某一流量 q_n 时的最低控制压力　I—压力可控区

（5）滞回

溢流阀的阀芯与阀套之间不可避免有摩擦，有些产品利用密封圈的摩擦力来减少阀芯振动，这些都会导致阀芯在工作中的粘滞现象。这反映在阀的压力-流量曲线上，在流量增加时和流量减少时的曲线不重合，有滞回。

2. 测试结果预估

根据以上分析，溢流阀的压力-流量特性曲线应该大致如图 4-16 所示，可分为 4 个区域。

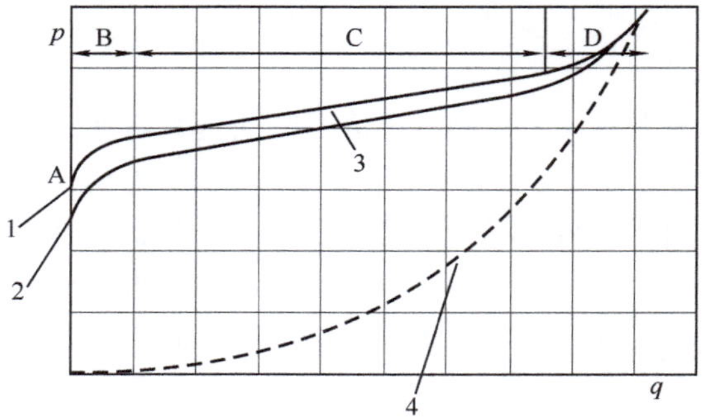

图 4-16 压力-流量特性分析（伊顿）

1—开启压力 2—闭合压力 3—滞回 4—全流量曲线

区域 A：1 是开启压力，2 是闭合压力。

区域 B 反映初始开启特性，受阀芯工作面的结构、角度、液动力等因素影响。

区域 C 为溢流阀的一般工作区，曲线的上升斜率主要受弹簧刚度、液动力与摩擦力的影响。

区域 D 为全流量区，开口已是最大，溢流阀成了一个固定节流口。

图 4-17 为一个溢流阀的实测曲线。

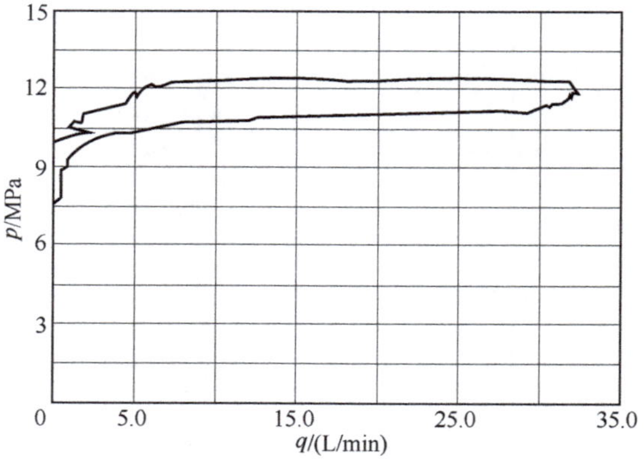

图 4-17 一个溢流阀的压力-流量特性实测曲线（伊顿）

3. 试验回路分析

图 4-18 是 JB/T 10374—2014《液压溢流阀》推荐的试验回路。

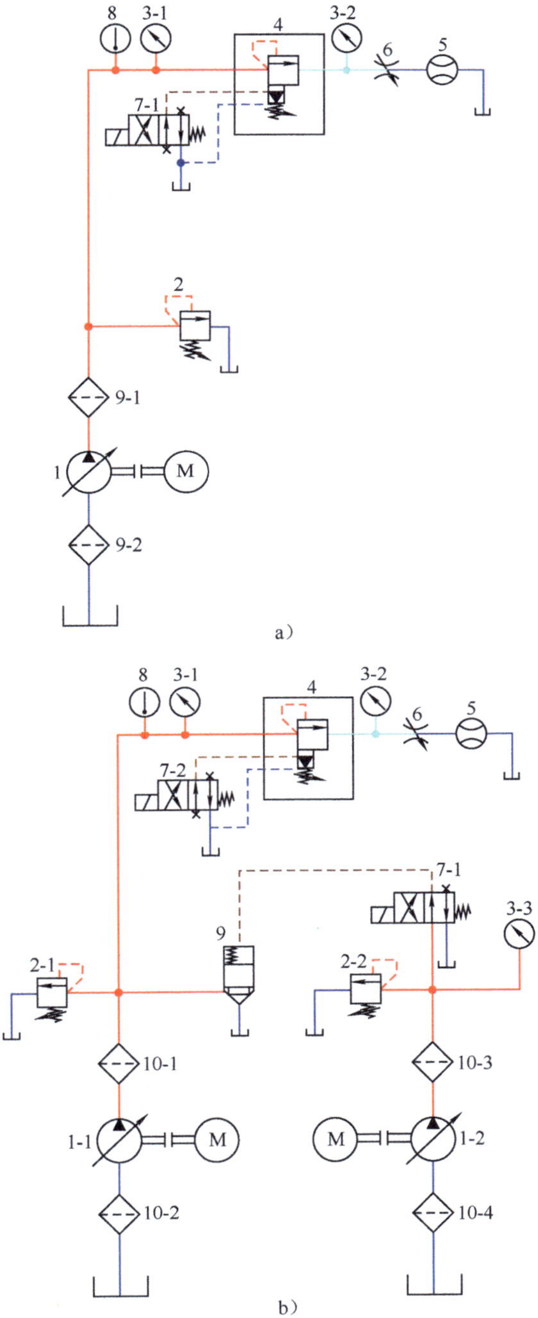

图 4-18　溢流阀试验回路（JB/T 10374—2013）

a）出厂试验回路（图 B.1）　b）型式试验回路（图 B.2）

需要注意以下几点。

1）图 4-18b 中，阀 9 及其控制部分是为测试瞬态响应特性而设置的，测稳态特性时可省略。

2）阀 7 是为测试外控卸荷溢流阀而设置的，实际上用二位二通阀就够了。测普通非外控型时不需要。

3）阀 2 仅起安全作用，设定值应高于被测阀 4 的开启压力至少 2MPa，否则可能带来干扰。

4）要确定开启压力与闭合压力，需要很小的流量。如果用变量泵调节有困难，也可以采用加旁路阀的方法来调节（见图 4-19）。

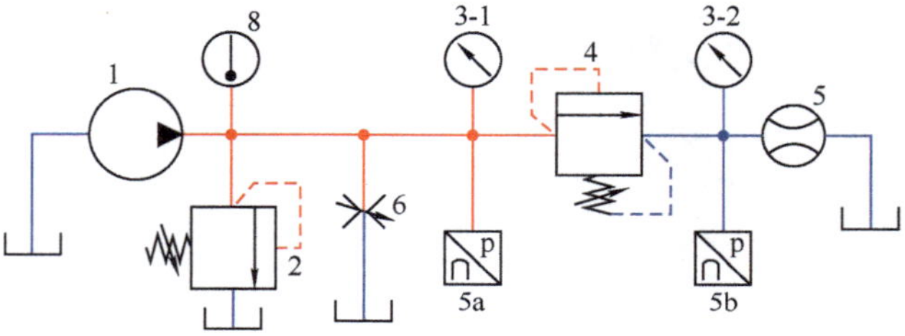

图 4-19 溢流阀特性的测试回路

4.6 电调制换向节流阀节流特性的测试分析

1．正名

电调制阀（electrically modulated valves）——根据输入电信号提供一定程度成比例的连续变化的输出的阀。这是相对电控开关型阀而言的。含常说的电比例阀与伺服阀。

电调制阀的一些名称术语由于来自国外，多人各自翻译，很不统一，有些直译似是而非，容易引起误解。因此，必须首先为几个概念正名。

（1）换向节流阀

1）directional control valve 的翻译

在国内液压行业中经常使用“三大类阀”的提法：压力阀、流量阀、方向阀。其中，“方向阀”包含了“换向阀”和“单向阀”。其实，在欧美都不使用“三大类阀”这一提法，而是把液压阀分为压力阀、流量阀、换向阀和单向阀这四大类，根本没有一个对应于中文术语中“方向阀”那么一个包含单向阀和换向阀的术语。在 ISO 5598:1985《流体传动系统及元件　术语》中，directional control valve（§4.1）和 non-return valve 单向阀（§4.2）也是并列的。所以，等同于 ISO 5598:1985 的 GB/T 17446 的 1998 版根据字面意思将 directional control valve 直译为方向阀，是不妥的，2012版将 directional-control valve 改译作换向阀（3.2.208）。因此，修改采用 ISO 10770-1:1998《Hydraulic fluid power-Electrically modulated hydraulic control valves- Part 1:Test methods for four-port **directional** flow-control valves》的 GB/T 15623.1—2003《液压传动　电调制液压控制阀 第 1 部分 四通方向流量控制阀试验方法》，在修订时也应改译为换向流量控制阀。

2）国内液压行业习惯称带内部压力补偿装置的流量控制阀为流量阀，如二通流量阀（调速阀）、三通流量阀；而称不带内部压力补偿（定压差）装置的为节流阀。因此，可换向的不带内部压力补偿的流量控制阀，称为换向节流阀，比较妥当，可以完整确切地反映其功能。本书以下简称其为换节阀。

换节阀中最常见的是三位四通阀。P、T、A、B口间有各自的通道（见图4-20、图4-21）。在阀芯中位时，各通道的开口或为正遮盖、负遮盖、或为零遮盖，从而有不同的特性。

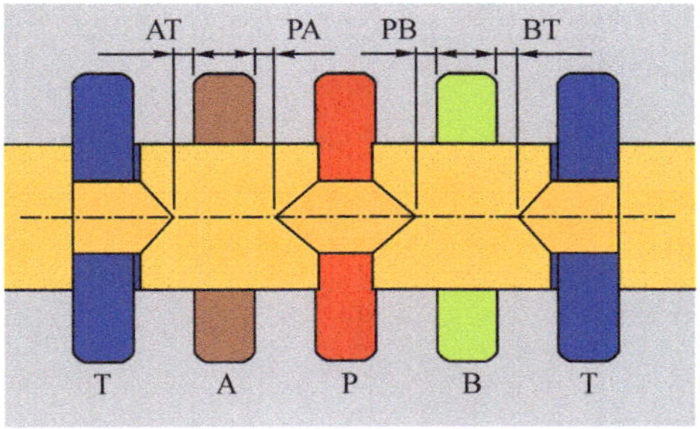

图4-20　三位四通换节阀剖面示意（中位时四通口皆为正遮盖）

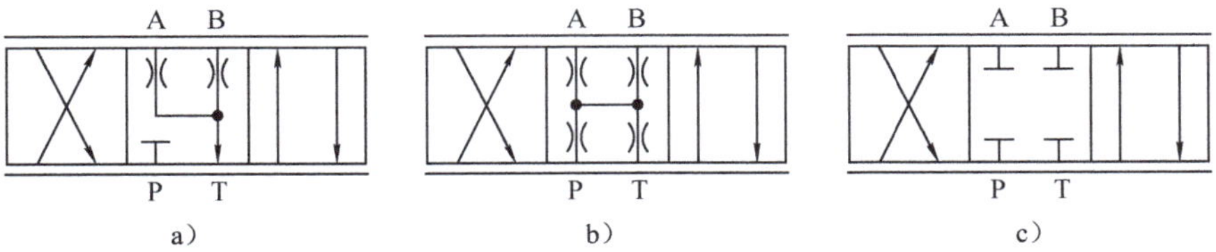

图4-21　三位四通换节阀的图形符号

a）中位时AT、BT口负遮盖　b）四通口皆负遮盖　c）四通口皆正遮盖

（2）电调制阀的分类与名称

为了使液压系统能快速高精度地电控，早在1940年就研发出了伺服阀。“伺服”的含义是“随动”，隐含着必定有反馈环节。由于制造成本高，对使用环境要求高，伺服阀的应用一直局限于航空、冶金等少数行业。20世纪70年代出现了电比例阀——使用了在开关电磁铁基础上改进而得的比例电磁铁的阀，制造成本和对使用环境的要求均较低，获得了广泛的应用。但不含反馈的电比例阀的控制精度较低、瞬态响应特性较差，因此又出现了带反馈的电比例阀，也被称为电比例

伺服阀、比例伺服阀、工业伺服阀等。

GB/T 17446—2012《流体传动系统及元件 术语》（等同 ISO 5598:2008）作了如下定义。

1）比例控制阀（proportional control valve）——“电气调制的连续控制阀，其死区大于或等于阀芯行程的 3%”（3.2.576）。

2）伺服阀（servo-valve）——“死区小于阀芯行程 3%的电调制连续控制阀”（3.2.654）。

3）比例阀（proportional valve）——“其输出量与控制输入量成比例的阀”（3.2.577）。据此定义，国内惯称的多路阀也可称为比例阀；而且，几乎所有电调制的阀，包括不使用比例电磁铁的伺服阀也都属于比例阀，这与国内目前习惯不符。

本书把不使用比例电磁铁，但其输出量与控制输入量成比例的电调制阀称为伺服阀；而把使用比例电磁铁的阀，无论是否含反馈，都称为电比例阀（表 4-1）。这样，与标准及习惯都不冲突。

表 4-1 电调制阀分类与称呼

控制元件	含反馈环节	不含反馈环节
喷嘴挡板	伺服阀	—
力矩马达滑阀 动圈滑阀		
射流管		
比例电磁铁	电比例阀 —电比例流量控制阀 电比例换节阀 电比例流量阀 —电比例压力阀	

2. 测试项目分析

电调制阀目前尚无行业标准。可供参考的是修改采用 ISO 10770 的 GB/T 15623《液压传动电调制液压控制阀》。

GB/T 15623 的第 1 部分《四通方向流量控制阀试验方法》目前为 2003 版，修改采用 ISO 10770-1:1998（本节以下简称现行标准）。ISO 10770-1 的最新版本为 2009-10-1 公布的第二版（本节以下简称新版标准）。

（1）稳态特性

现行标准建议测试电调制流量控制阀的以下稳态特性（8.1.1）。

1）耐压特性（proof pressure）。

2）内泄漏（internal leakage）特性。
3）输出流量-负载压差特性（新版标准未再提及）。
4）输出流量-阀压降（outputflow versus valve pressure drop）特性。
5）极限功率（limiting power）特性。
6）输出流量-油液温度（outputflow versus fluid temperature）特性。
7）压差-油液温度特性（新版标准未再提及）。
8）压力增益-输入信号（pressuregain versus inputsignal）特性。
9）压力-零漂（pressure null shift）。
10）故障功能保护性能（fail-safe function）。
11）节流特性（详细内容如下）。

（2）节流特性（稳态性能之一）

当然，电调制阀最受关心的特性还是输入量（电流或电压）与输出量（如压力、流量、位移、转角等）之间的关系。所以，除了上述这些之外，现行标准还建议测试“恒定压降下输出流量-输入信号”特性（见图 4-22）和节流调节特性（见图 4-23）。**注意：图 4-23 中 A～T 和 P～B 是作者调换位置而得，GB/T 15623 错了，读者看标准时应留意。**

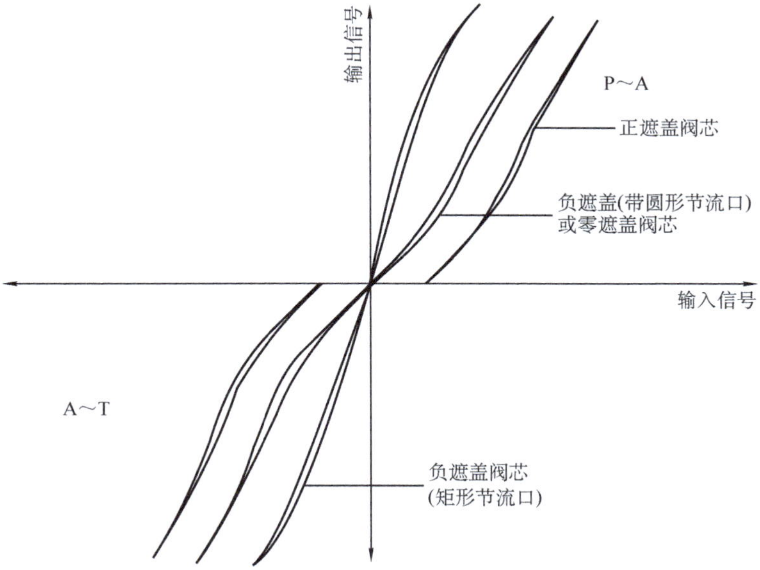

图 4-22　恒定压降下输出流量-输入信号特性曲线（现行标准 图 6）

而新版标准则把两者合并为“metering output flow versus input signal at constant valve pressure drop 恒定压降下输入信号调节输出流量”特性（8.1.1），简称“metering 节流”（8.1.4）特性（见图 4-24）。

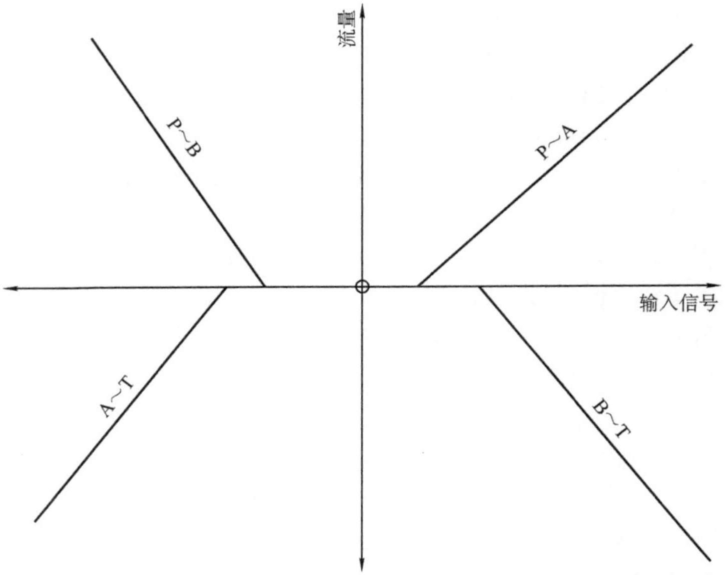

图 4-23 节流调节特性曲线（现行标准 图 8）

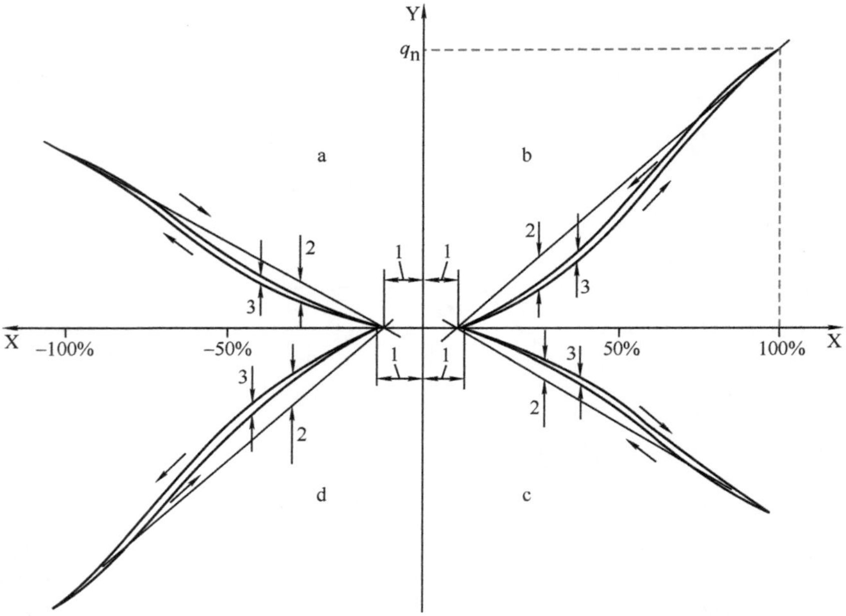

图 4-24 节流特性曲线（新版标准 Figure 4—Metering test）

X—额定输入信号 Y—流量 1—死区 2—非线性 3—滞环

a—P→B b—P→A c—B→T d—A→T q_n—额定流量

（图中红色虚线为作者所加）

理想的节流特性曲线是一条经过坐标原点的直线，但由于阀存在滞环非线性等现象，因此，实际节流特性曲线呈迴环状，且零位附近的流量增益可能偏离其名义值。

从节流特性曲线（参见图 4-24）可以确定以下这些性能指标。

1）额定流量（rated flow）——输入额定信号（电压或电流）时的额定流量 q_n，对应于控制特性曲线中的极大值点。

2）流量增益（flow gain）——流量与输入信号之比。理想的电调制换节阀的节流特性应该近似为直线，其斜率就是流量增益。它的值越大，阀对流量的控制就越灵敏。

3）流量（非）线性度（flow linearity）

$$\text{非线性度}=\frac{\text{名义控制特性曲线和名义控制增益线之间的最大偏差量}}{\text{输入电信号额定值与起始电信号的差值}}$$

名义控制特性曲线——节流特性曲线中心点的连线。

名义控制增益线——从名义控制特性曲线上最小控制输出点开始，利用端点法、平均选点法或最小二乘法等，得到的一条与该曲线偏差最小的直线。

虽然英文名的直译是线性度，但根据定义，称为非线性度更确切些。下述不对称度也是这样。

4）流量滞环（flow hysteresis）。滞环反映了比例电磁铁和力矩马达的磁滞、运动部件的游隙和摩擦、弹性元件的弹性滞环等因素对元件稳态控制特性的影响程度。

滞环对伺服系统的稳定性有不利的影响。

5）流量（不）对称度（flow symmetry）——在两个方向上名义流量增益的（不）一致程度，用两个方向上名义流量增益之差与较大流量增益之比来表示。

6）流量极性（flow polarity）。

7）阀芯遮盖状况（spool lap condition）。输出级的遮盖状况在零位区域对流量增益起主要影响。遮盖分零遮盖、正遮盖和负遮盖三种情况。

滑阀的正遮盖、静摩擦力等引起死区——不能使流量产生变化的输入信号的最大范围或宽度。

8）阈值（threshold），又称分辨率——使流量发生变化所需的输入信号的最小变化值（见图 4-25）与额定信号之比，反映了阀对电信号反映的灵敏度。

因为是节流阀，所以，通过的流量也取决于节流通道的压降。现行标准没有明确规定这个压降，只是建议（8.1.4.3.1）“视具体情况，阀的总压降设定在 1MPa（10bar）、7MPa（70bar）或最高供油压力的 1/3。”新版标准定义得较明确一些（8.1.4.4.1）：“控制节流通道的压降为 0.5MPa（5bar）或 3.5MPa（35bar）”。

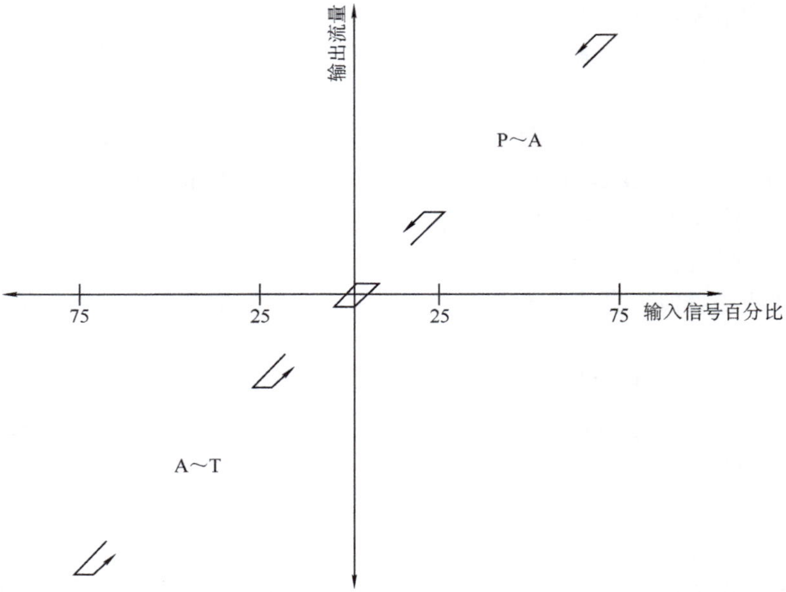

图 4-25 阈值特性曲线（现行标准 图 7）

进一步可参考本章延伸阅读文献[3]、[4]。

3. 试验回路分析

现行标准推荐的试验回路如图 4-26 所示。

以下几点要注意。

1）加载阀 13 模拟负载，在测试节流特性时应该全开，最好拆除。在新版标准中已没有此阀（见图 4-27）。

2）开始测试前，设定阀 2 至预定的压降值，且应保证整个测试过程中表 14 处的压力变化不超过 2%。为此，阀 2 的压差流量比或调压偏差要小。

3）测试每一个通口的特性前，改变截止阀 S1～S9 的状态，以保证流量计所测到的就是流经该通口的流量。例如，测通口 P→A 时，应开启 S1、S3、S9，关闭其余截止阀。

4）取相应的压力传感器的测量值监控压降。例如，测通口 P→A 时，应取 6 和 8 的测量值。

5）如果阀带有控制器的话，阀的控制器参数的调定对测试结果有相当的影响，特别是流量增益。

4. 带位移电反馈的直动式电比例换节阀测试实例（见图 4-28）

（1）结构与功能

比例电磁铁 3 直接推动阀芯 6，电磁力由输入电流决定。

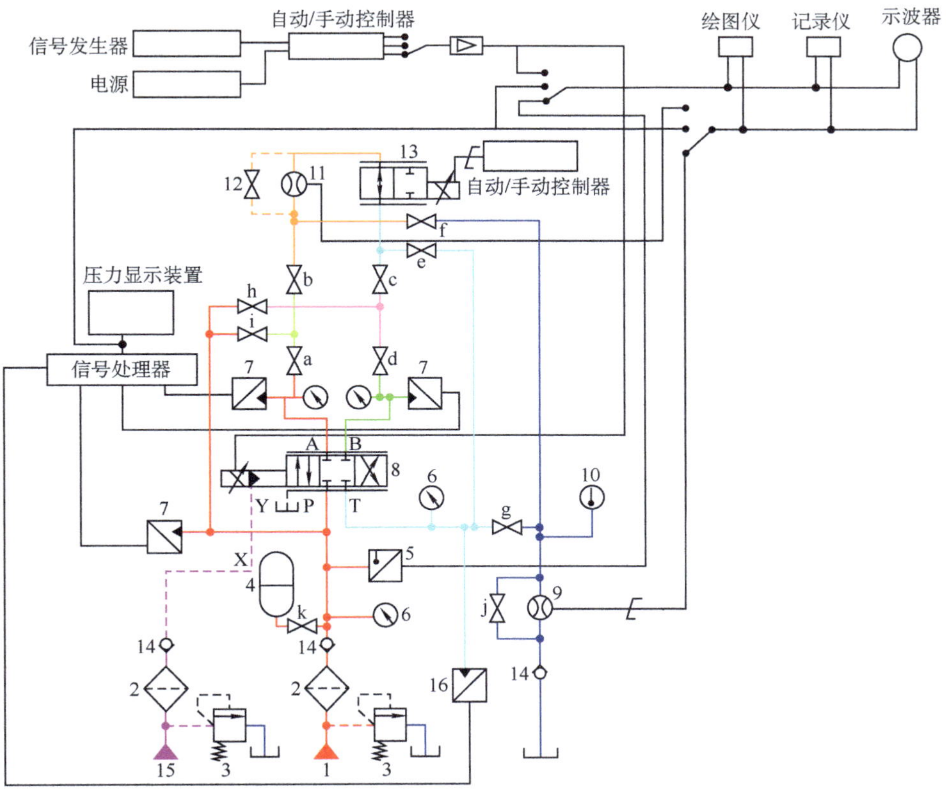

图 4-26　典型的稳态试验回路（现行标准 图 1）

7—压力传感器或压差传感器　8—被试阀　12—备用旁通截止阀　13—加载阀
15—压力先导油源（省略了每个液压人都应该知道的序号说明）

稳态时，电磁力与弹簧力及液动力平衡。

阀芯实际位移由位移传感器 4 检测，反馈给控制器，相应调整输入电流，使阀芯位移与输入控制器的电压信号成比例。

滑阀阀口的实际轴向开度等于阀芯位移减去阀口遮盖量，从而起节流作用。但实际开口面积与轴向开度不一定成正比，这主要取决于阀芯开口处的通流槽形。

直动式，由于比例电磁铁推力十分有限，只能用在流量不大的场合。在大流量的场合多用先导式。

（2）测试结果

图 4-29 所示为一该类型阀节流特性的实测，压差为 1MPa。

测试结果表明，这个阀具有正遮盖。从局部放大图（见图 4-29b）中可以看出曲线存在微小的滞环。计算机处理测试结果显示滞环为 0.57%，不对称度为 3.5%，零位死区为 15%。

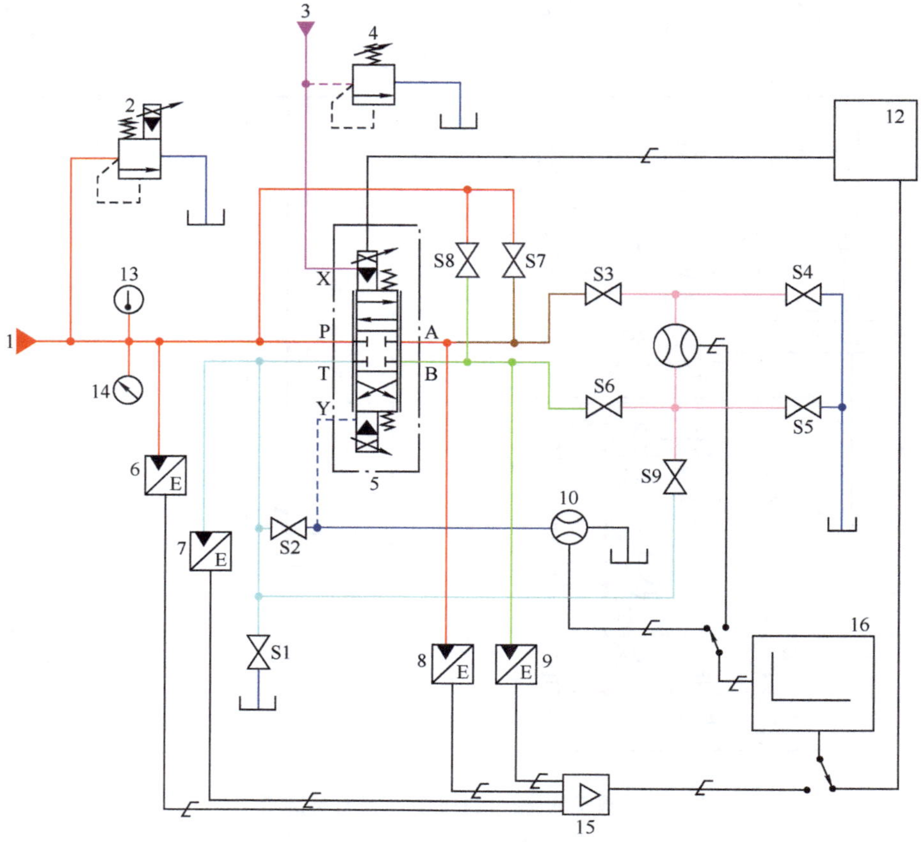

图 4-27 试验回路（新版标准 Figure 1）

5—被试阀 6～9—压力传感器 12—信号发生器 15—信号收集器

16—记录仪（省略了每个液压人都应该知道的序号说明）

5．伺服阀

双喷嘴-挡板伺服阀（见图 4-30）用对称的干式力矩马达双气隙驱动的双喷嘴-挡板阀作为先导级，四通滑阀作为功率级，阀芯位置由一个悬臂弹簧杆实现反馈。输入信号为电流。

伺服阀的空载流量特性也就是节流特性。图 4-31 所示为一该类型伺服阀的节流特性实测曲线。

该阀主级为滑阀，阀芯位置可以连续无级调整，除阀芯位置外无其他反馈，所以，从功能来说，这个伺服阀也是一个换节阀，只是比电比例型更精确，更灵敏而已。从测试曲线可以看出，几乎是零遮盖，也具有较好的线性。

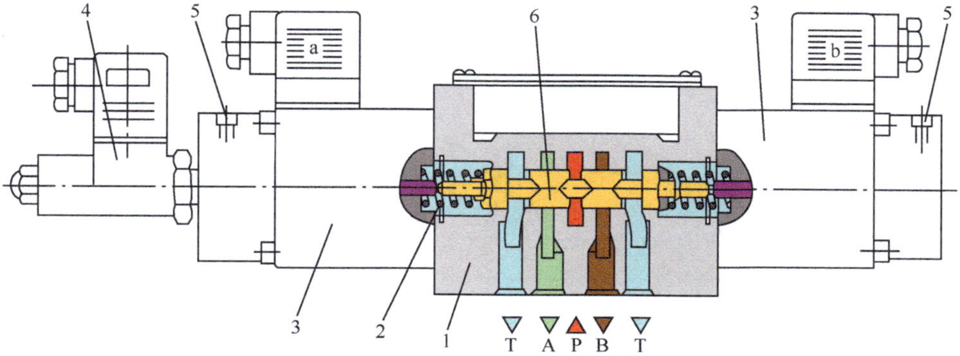

a）

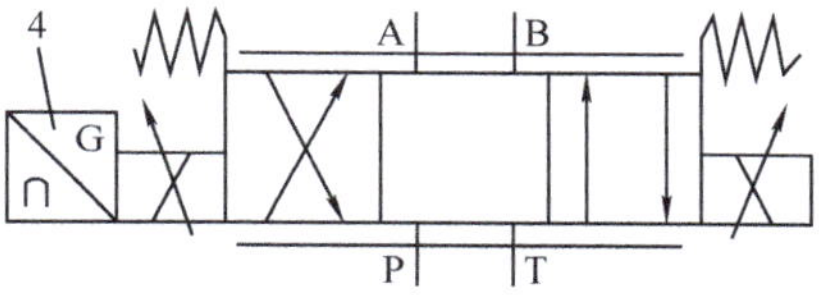

b）

图 4-28　带位移电反馈的直动式电比例换节阀（力士乐 4WRE6）

a）剖面图　b）图形符号

1—阀体　2—复位弹簧　3—比例电磁铁　4—位移传感器　5—端盖　6—阀芯

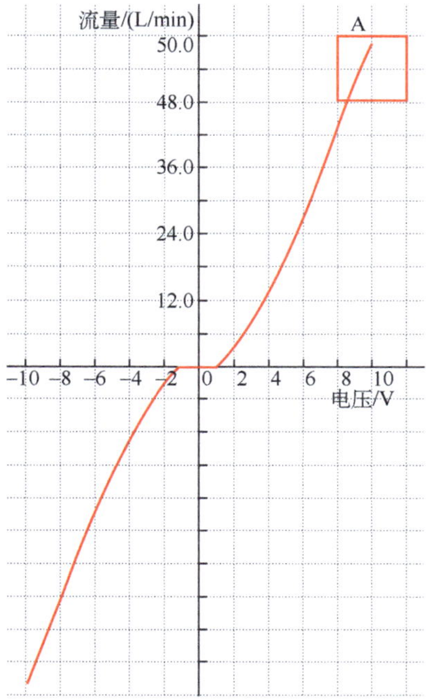

a）

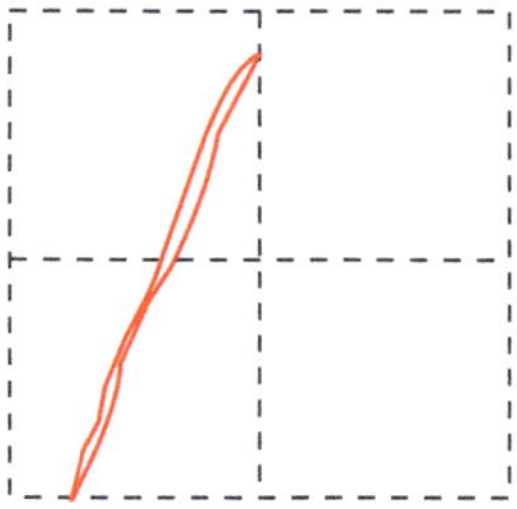

b）

图 4-29　一个带反馈的电比例换节阀的节流特性曲线（上海诺玛 RT4WREE6）

a）实测曲线　b）区域 A 局部放大图

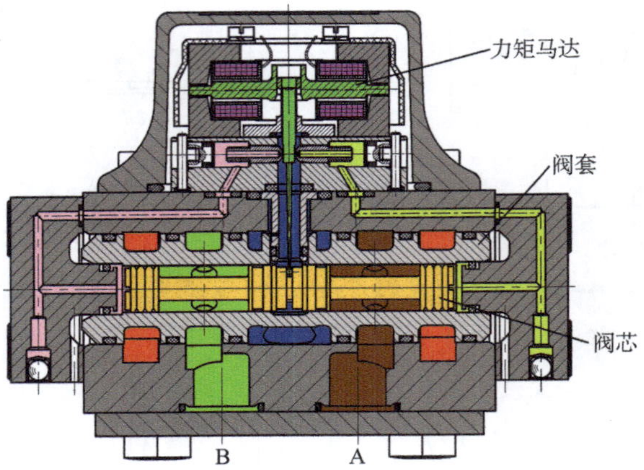

图 4-30　一个双喷嘴挡板式伺服阀

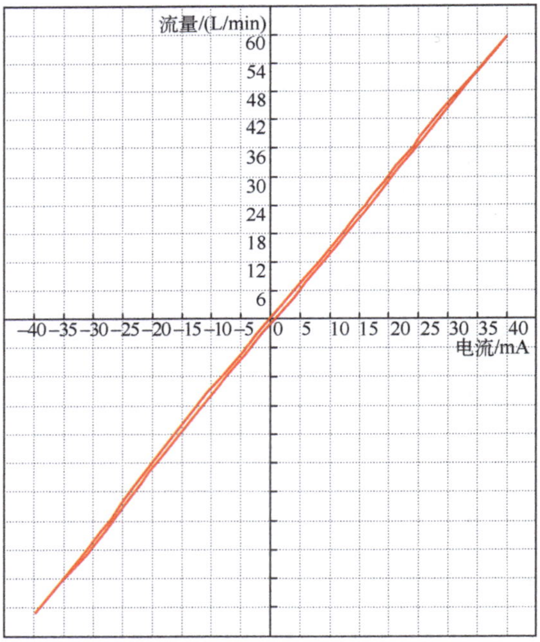

图 4-31　一个伺服阀的节流特性实测曲线（上海诺玛 RT7625M-3004）（测试压力 21MPa）

4.7　电比例溢流阀压力-输入信号特性的测试分析

电比例压力阀，利用比例电磁铁代替普通压力阀的调压弹簧，产生大致正比于输入电信号的控制力，从而实现连续可调的压力值。

电比例压力阀有多种类型，最常见的是电比例溢流阀和电比例减压阀两大类，还可分为直动式、先导式、带压力电反馈、位移电反馈等，本节以一个带位移电反馈有弹簧型的直动式电比例溢流阀（见图 4-32）为例进行分析。

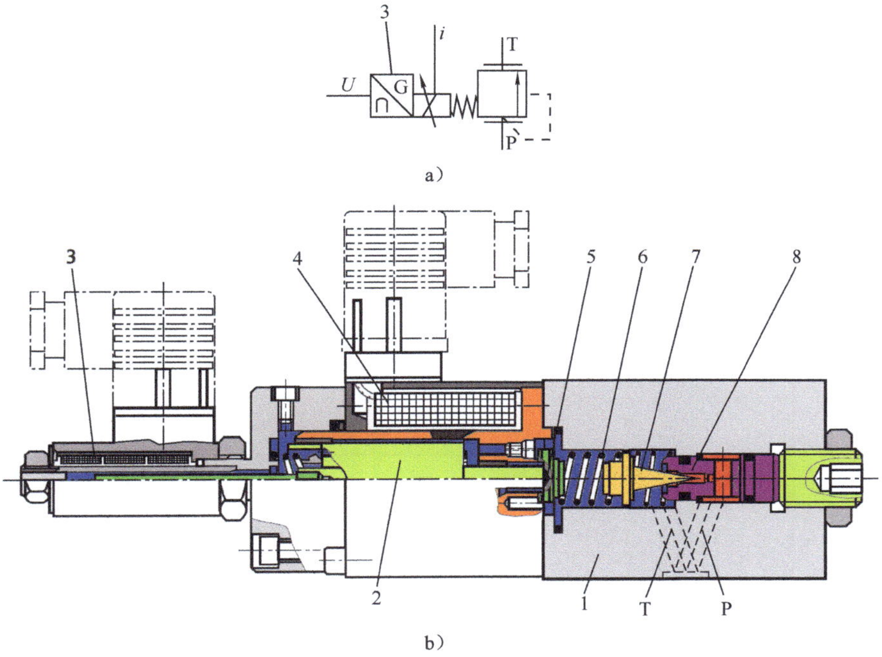

图 4-32　带位移电反馈的直动式电比例溢流阀（力士乐 DBETR）

a）图形符号　b）剖视图

P—进口　T—出口　1—阀体　2—衔铁　3—位移传感器　4—比例电磁铁

5—弹簧座　6—传力弹簧　7—阀芯　8—阀座

1．被测件分析

（1）应用

直动式电比例溢流阀大致有三种应用方式。

1）单独作为压力控制元件，直接用于液压系统。由于可控流量仅有 1～3L/min，因此这种应用很少见。

2）用作先导式溢流阀或减压阀的先导级，控制主级的启闭。

3）用于电比例泵，控制排量机构。

（2）工作原理

控制器收到输入电压后，输出电流给比例电磁铁的线圈，比例电磁 4 产生电磁力，衔铁 2 克服摩擦力推动弹簧座 5，使传力弹簧 6 处预压缩状态，弹簧预紧力把阀芯 7 压向阀座 8。此时，弹簧预紧力 = 电磁力 – 摩擦力。

P 口压力超过弹簧预紧压力后，推开阀芯 7，溢流。

在输入反向信号后，由于衔铁受到的摩擦力反向，弹簧预紧力 = 电磁力 + 摩擦力。所以，如果没有反馈，就会造成相当滞环（见图 4-33）。

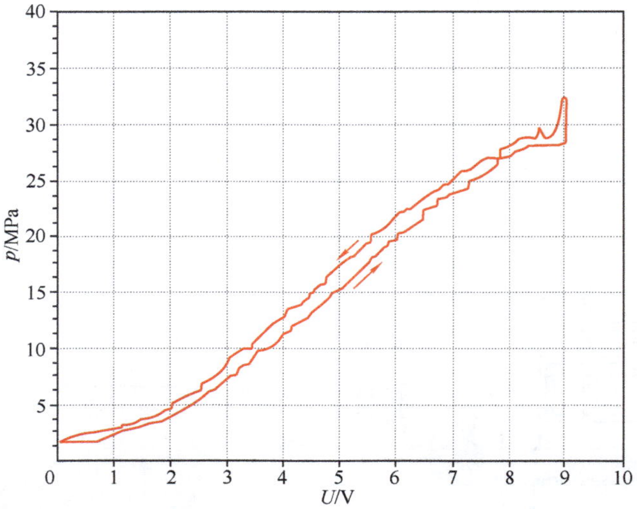

图 4-33　一个不带反馈的电比例溢流阀的控制压力-输入电压信号特性实测曲线

但在图 4-32 所示的阀中，弹簧座 5 的位置由位移传感器 3 检测，反馈给控制器，控制器可以根据输入电压信号，相应调整输出线圈的电流，使弹簧座 5 的位置与输入控制器的电压信号成比例。这样，就可以减小滞环，提高重复性。

2. 测试项目分析

电比例溢流阀目前尚无 JB 行业标准，可供参考的有一个修改采用 ISO 10770—3:2007 的 GB/T 15623.3—2012《液压传动电调制液压控制阀第 3 部分 压力控制阀试验方法》。

（1）稳态特性

该标准建议测试电调制压力控制阀的以下稳态特性（8.1.1）。

1）耐压特性。

2）内泄漏特性。

3）恒定流量下压力-输入信号特性。

4）压力-流量特性。

5）压力-油温特性。

（2）压力-输入信号特性

从压力-输入信号特性中可以确定线性误差、滞环、死区和阈值等性能指标（见

图 4-34）。这些性能指标的含义可参见 4.6 节。

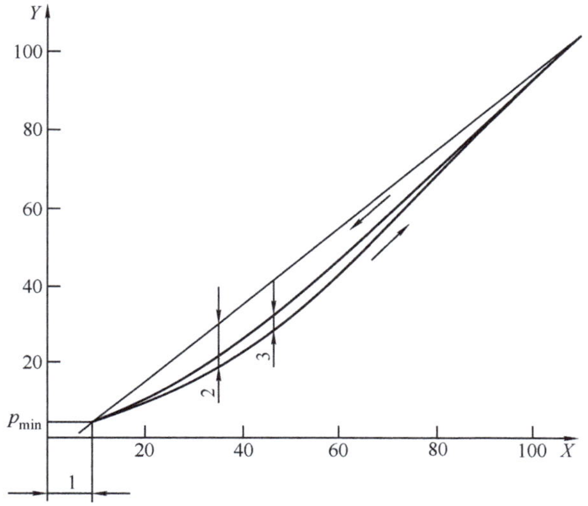

图 4-34　压力-输入信号特性曲线（GB/T 15623.3—2012 图 5）

X—输入信号（用百分数表示）　Y—压力（用百分数表示）

1—死区　2—线性误差　3—滞环　p_{min}—最低控制压力

3. 测试结果预估

图 4-35 为力士乐提供的电比例溢流阀的控制压力-输入电压特性曲线。

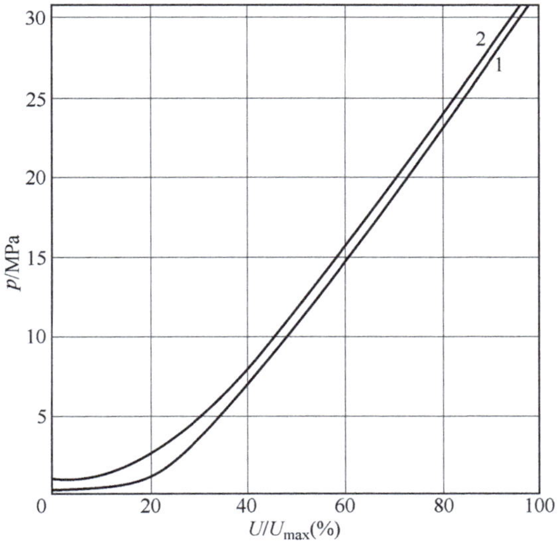

图 4-35　一个电比例溢流阀的控制压力-输入电压特性（力士乐 DBETR RD29166_2007-02）

1—流量 1.0L/min　2—流量 2.0L/min

据介绍，利用反馈校正，滞环可以从 4%降到 1%，重复性降到 0.5%，非线性度降到 1.5%以下，产品特性的离散度从 10%降到 3%。

4．试验回路分析

GB/T 15623.3—2012 建议采用图 4-36 所示的试验回路。

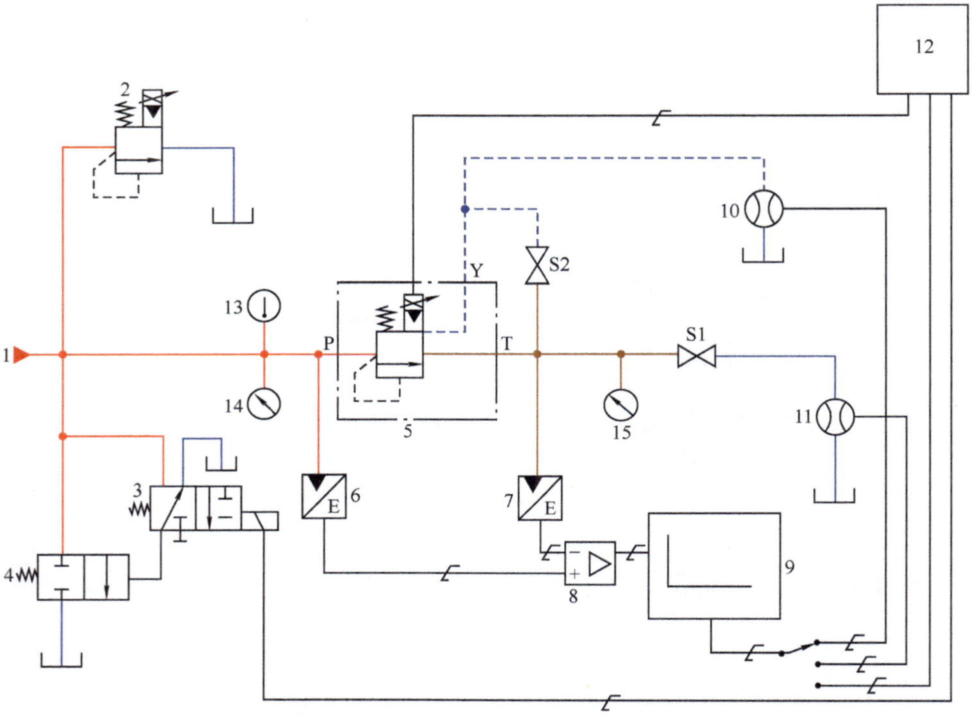

图 4-36 电调制溢流阀试验回路（GB/T 15623.3—2012 图 1）

2—系统溢流阀 3—卸荷阀的先导阀 4—卸荷阀 5—被测阀 6、7—压力传感器 8—差动放大器 9—数据采集 12—信号发生器 P—进油口 T—回油口 Y—先导泄油口（省略了每个液压人都应该知道的序号说明）

使用图 4-36 所示回路时要注意以下几点。

1）卸荷阀 4 及其先导阀 3 构成被测阀进口加载系统，仅为测试电比例溢流阀的瞬态特性而设置，测稳态特性时可省略。

2）截止阀 S1 必须全开。被测阀出口仅有流量计 11，液阻很小。因此，压力传感器 7 可以放弃。

3）流量计 10、截止阀 S2 是测外控先导式阀用的，可以放弃。

4）测试时，信号发生器输出斜坡信号给被测阀，利用压力传感器 6 记录控制压力的变化。

5）在图 4-32 中未画出控制器。而控制器参数的调定对测试结果有影响，特别是压力增益。

6）溢流阀 2 仅起安全保护作用，设定值应高于最高测试压力至少 2MPa，整个测试过程中应该保持关闭。

延伸阅读文献

[1]　张海平. 液压螺纹插装阀[M]. 北京：机械工业出版社，2011.

[2]　张海平. 液压速度控制技术[M]. 北京：机械工业出版社，2014.

[3]　吴根茂. 新编实用电液电比例技术[M]. 杭州：浙江大学出版社，2006.

[4]　王春行. 液压控制系统[M]. 北京：机械工业出版社，2011.

第 5 章　泵马达液压缸稳态特性的测试分析

液压阀是液压能量的控制器，而泵、马达、液压缸则与之不同，是能量转换器：泵把原动机的机械能转换为液压能，马达、液压缸把液压能转换为机械能。

既然是转换器，那么转换效率，理所当然就是第一位关心的。同时，由于损失的功率主要都转化为热量，常对油液、密封圈等带来负面的影响。从这一点出发，也要关心，究竟会损失多少功率，怎么损失的。

泵、马达的能量转换效率，一般称为总效率（total efficiency）。而评价液压缸，则一般采用负载效率（Load efficiency）。

5.1　液压泵效率的测试分析

1. 被测件分析

液压泵可以从多种角度分类，如

（1）结构

根据结构，可分为齿轮泵、叶片泵、螺杆泵、柱塞泵，等等。

（2）排量

根据排量，可分为定量泵与变量泵。

（3）应用回路

根据应用的回路，可分为用于开式回路与用于闭式回路。

（4）泄油口

根据泄油口，可分为无需泄油口和必须另设泄油口：多数泵都无需单独的泄油口（见图 5-1a），而柱塞泵一般都需要几乎无压力的泄油口（见图 5-1b），以排泄漏到壳体中的油液。

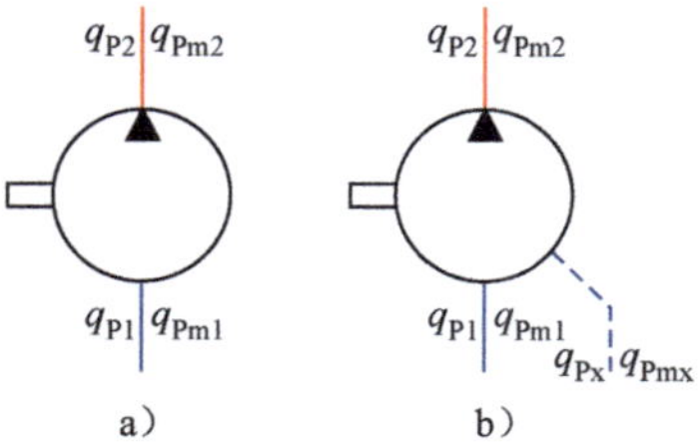

图 5-1　泵的泄油口

a）无泄油口　b）另设泄油口

q_{Pm}—质量流量

1）对于无泄油口的泵而言，进出泵的质量流量是相同的，即

$$q_{\mathrm{Pm1}} = q_{\mathrm{Pm2}}$$

但，由于液压油是可压缩的，压力增高时，体积缩小。当压力从 0 增加到 20MPa 时，体积大致减小 2%～3%。因此，进出泵的体积流量总是

$$q_{\mathrm{P2}} < q_{\mathrm{P1}}$$

2）对于另设泄油口的泵而言，实际流出的质量流量

$$q_{\mathrm{Pm2}} = q_{\mathrm{Pm1}} - q_{\mathrm{Pmx}}$$

但因为泄油口的质量流量 q_{Pmx} 一般可能占进口质量流量 q_{Pm1} 的百分之几到百分之十几。考虑到液压油的可压缩性，体积流量更是

$$q_{\mathrm{P2}} < q_{\mathrm{P1}}$$

所以，计算效率时必须考虑流量在多高压力下测得的，必要时要加修正。

2. 测试标准分析

涉及液压泵稳态特性测试的标准有 GB/T 17491—2011《液压泵、马达和整体传动装置　稳态性能的试验及表达方法》（修改采用 ISO 4409:2007）、GB/T 7936—2012《液压泵和马达　空载排量测定方法》（修改采用 ISO 8426:2008）和一些行业标准（JB）（见表 5-1）。

表 5-1　液压泵的稳态性能测试项目

<table>
<tr><th>元件名</th><th>标准号</th><th>版本</th><th colspan="8">稳态性能测试项目</th></tr>
<tr><td>液压泵</td><td>GB/T 17491</td><td>2011</td><td colspan="8">稳态性能的试验及表达方法</td></tr>
<tr><td>液压泵</td><td>GB/T 7936</td><td>2012</td><td colspan="8">空载排量测定方法</td></tr>
<tr><td>齿轮泵</td><td>JB/T 7041</td><td>2006</td><td rowspan="3">排量验证</td><td rowspan="3">容积效率、总效率</td><td rowspan="2">压力振摆</td><td rowspan="3">自吸性能</td><td rowspan="3">噪声</td><td rowspan="3">低温、高温</td><td rowspan="3">密封性能</td><td>—</td></tr>
<tr><td>叶片泵</td><td>JB/T 7039</td><td>2006</td><td>输出流量仅变量泵</td></tr>
<tr><td>轴向柱塞泵</td><td>JB/T 7043</td><td>2006</td><td>—</td><td>变量特性</td></tr>
</table>

注意：表中所列的自吸性能，虽然是以压力（进口负压）为单位，但这个负压并非泵的特性，而是由外部条件，例如油箱中液面高度、吸油管液阻等造成的。该指标实际反映的是进口负压对泵的实际排量的影响。

（1）总效率

泵的总效率 η_{Pt} 是液体通过泵时所获得的液压功率 P_{Po} 与输入的机械功率 P_{Pi} 之比

$$\eta_{\mathrm{Pt}} = P_{\mathrm{Po}}/P_{\mathrm{Pi}}$$

因为，输入的机械功率 P_{Pi} 是转速 n_{P} 与转矩 T_{P} 之积

$$P_{Pi} = 2\pi n_P T_P$$

而液体通过泵时所获得的液压功率

$$P_{Po} = q_{P2}p_{P2} - q_{P1}p_{P1}$$

式中 p_{P1}、p_{P2}——进口与出口的压力；

q_{P1}、q_{P2}——流入与流出的流量。

所以，泵的总效率

$$\eta_{Pt} = \frac{q_{P2}p_{P2} - q_{P1}p_{P1}}{2\pi n_P T_P} \quad (5\text{-}1)$$

（2）容积效率

泵的总效率 η_{Pt} 由两部分组成：液压机械效率 η_{Pm} 和容积效率 η_{Pv}

$$\eta_{Pt} = \eta_{Pm}\eta_{Pv}$$

液压机械效率 η_{Pm} 反映了在泵里存在着的液体阻力和机械摩擦力。

容积效率 η_{Pv} 则反映了由于存在内泄漏，从泵流出的流量受出口压力影响的情况，也就是实际流量 q_{P2} 与理论流量之比。因为理论流量，也就是在没有内泄漏时，泵的转速 n_P 与理论排量，也称空载排量（derived capacity）V_{P0} 之积。所以

$$\eta_{Pv} = \frac{q_{P2}}{\eta_P V_{P0}} \quad (5\text{-}2)$$

因为，对于泵而言，可以提供的流量，也是必须十分关心的指标。所以，一般，总效率 η_{Pt} 和容积效率 η_{Pv} 并列为泵的稳态特性中最重要的指标。

效率不能直接测得。但如果能测出转矩 T_P、转速 n_P、流入流出的流量 q_{P1}、q_{P2}、进出口的压力 p_{P1}、p_{P2} 和空载排量 V_{P0} 的话，就可以根据式（5-1）和（5-2）算出总效率 η_{Pt} 和容积效率 η_{Pv}。

（3）空载排量

1）JB/T 7041—2006《液压齿轮泵》没有明确定义空载排量，只定义了空载压力是“不超过额定压力 5%或 0.5MPa 的输出压力”，公称排量（nominal capacity）是“液压泵几何排量公称值”，还要求“空载排量应在公称排量的 95%～110%范围内”。

JB/T 7039—2006《液压叶片泵》和 JB/T 7043—2006《液压轴向柱塞泵》都明确定义了空载排量为“在空载压力下测得的排量”，而所说的“空载压力”是“不超过额定压力 5%或 0.5MPa 的输出压力。”

此定义理论上不够明确。假定泵的额定压力为 30MPa，5%就是 1.5MPa，那么输出压力究竟是不超过 1.5MPa 还是不超过 0.5MPa 呢？如果改为“不超过额定压力 5%和 0.5MPa 的小值”，就很明确了。

2）另外，这些标准没有规定测定空载排量时泵进口的压力，其实，进口的压

力也会对空载排量带来影响，尤其是带有泄油口的泵。所以，此定义不适用于用于闭式回路的泵，因为，在闭式回路中，泵进口压力常较高。

GB/T 17491—2011《液压泵、马达和整体传动装置　稳态性能的试验及表达方法》（修改采用 ISO 4409:2007）定义的空载排量是，“泵或马达轴每转压出或吸入流体的体积，在规定的试验条件下以不同转速时的测量结果而算得的。”

GB/T 7936—2012《液压泵和马达　空载排量测定方法》（修改采用 ISO 8426:2008）定义，空载排量是“泵（马达）的出（进）口与进（出）口的压差为零时每转排出的液体体积。”同时还规定“该值由泵或马达在规定的试验条件下，用在不同的出口压力（泵）或进口压力（马达）下的测量数据（在消除了明显的随机误差后，用最小二乘法）计算得出。”

根据实际经验，泵的排量，由于内泄漏的缘故，在不同进出口压力时是不同的，所以，GB/T 7936—2012 的提法更全面些。

3. 测试结果预估

（1）效率随出口压力变化状况

1）随着出口压力升高，容积效率 η_{Pv} 会呈下降趋势，因为，泄漏一般都随压力增加而增加。

2）随着压力升高，液压机械效率 η_{Pm} 会呈增长态势。这是因为，随着压力升高，总功率会随之增加，而泵中的摩擦力主要都是液体摩擦，不随压力增加。

3）随着压力升高，总效率 η_{Pt} 会是先增加，随后，由于容积效率 η_{Pv} 的下降多于液压机械效率 η_{Pm} 的上升而呈下降态势。

所以，泵的效率随出口压力变化状况大致应如图 5-2 所示。

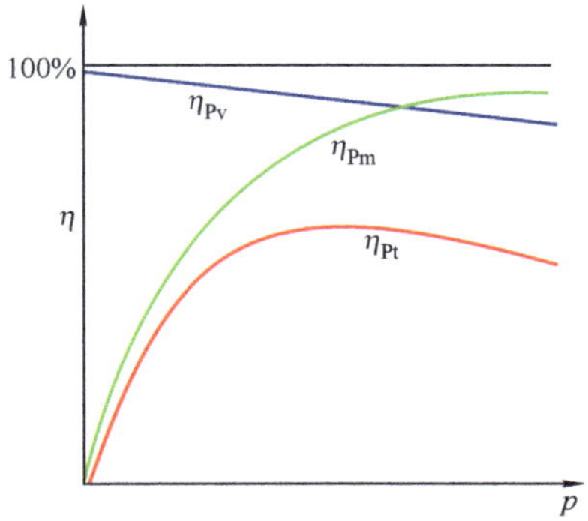

图 5-2　泵的效率随出口压力变化状况

（2）等效率曲线

泵的等效率曲线图（见图 5-3）对选择最佳节能工作区具有指导意义。但等效率曲线不能直接测出，而需要事后通过计算机程序插值处理才能得到。

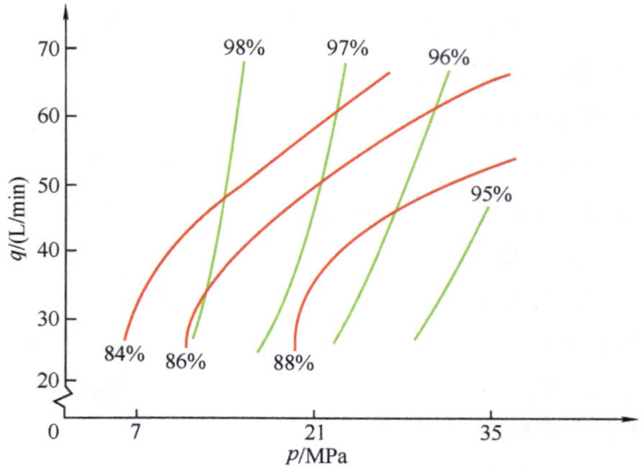

图 5-3　一个泵的等效率曲线图

——容积效率曲线　——总效率曲线

4．测试回路分析

GB/T 7936—2012 建议采用图 5-4 所示的测试回路。这里需要注意以下几点。

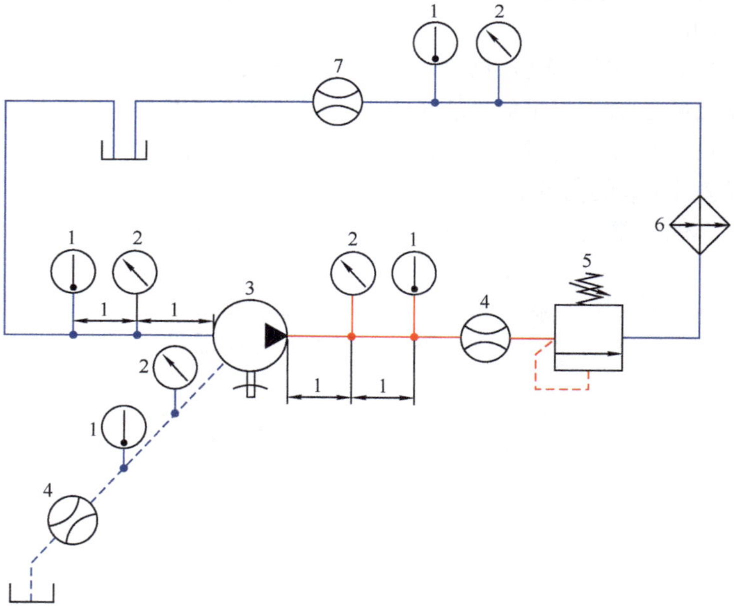

图 5-4　测试回路（GB/T 7936—2012 图 1）

6—温度调节器

1）流量计 4 必须能耐高压。

2）转矩转速仪未画，这是测效率必要的，应该也只能装在泵驱动轴。

3）驱动被试泵的电动机也未画，一般需要采用转速可调的。

4）根据该图的说明，4、7 为累积式流量计（integrating flow meter）。但如果真采用如椭圆齿轮流量计那样几分钟才出一个数据的累积式流量计的话，整个测试过程将拖延很长时间。其实，这里完全可以采用普通非累积式的齿轮流量计或涡轮流量计。

5．加载方法分析

图 5-4 的回路用溢流阀加载。优点在于，溢流阀受油温影响小。但若溢流阀性能不佳或被试泵有显著的流量脉动，系统容易产生振动。

如果用节流阀代替溢流阀加载（见图 5-5a），简单可靠。但节流口的液阻受温度影响，可能引起加载压力变化。

以上这两种方法会使油液严重发热，因此，只适用于中小功率泵的试验，且冷却装置必须有足够的冷却能力。

要减少油液发热，可以采用马达加载，把液压能转化成机械能。然后

1）利用水力测功机对马达加载（见图 5-5b），使能量（热能）进入水力测功机的循环冷却水中。

2）利用发电机对马达加载（见图 5-5c），利用电阻消耗能量。

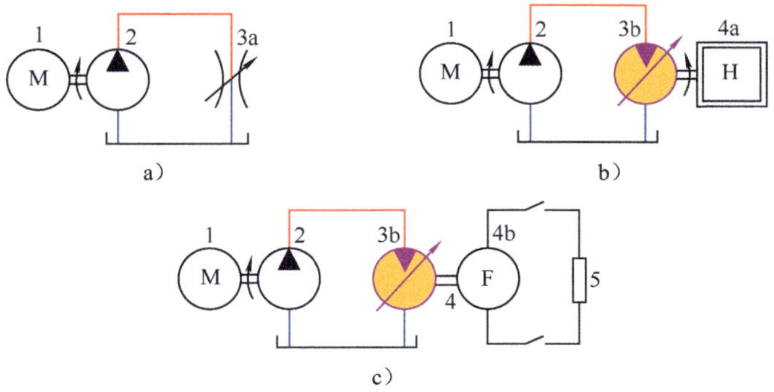

图 5-5　一些泵测试用的加载方式

a）节流阀加载　b）水力测功机加载　c）发电机加载

1—电动机　2—被测泵　3a—加载节流阀　3b—加载马达　4a—水力测功机　4b—发电机　5—耗能电阻

以上这些方法均不回收能量。回收能量的测试方法见第 7 章。

5.2　液压泵变量特性的测试分析

现在，特别是柱塞泵，有很多种变量功能，需要通过测试来验证。

很重要的是，对于综合性的变量功能，应先分别逐一测试，最后再综合测试。

1．恒压特性的测试

变量泵的恒压特性（见图 5-6a）指的是，泵的变量机构，可以根据出口压力

p 调节排量 V_P：如果 p 偏离设定值 p_S 的话，就改变排量，从而改变输出的流量 q，以期维持一个相对恒定的出口压力（见图 5-6b 中红色的特性曲线）。

但实际上，恒压泵本质上只是限压泵：如果负载较小，V_P 增到最大，流量达到 q_{Pmax} 后，p 还达不到 p_S 的话，就不可能再维持恒压工况，而转为最大排量工况（见图 5-6b 中的绿色特性曲线）。

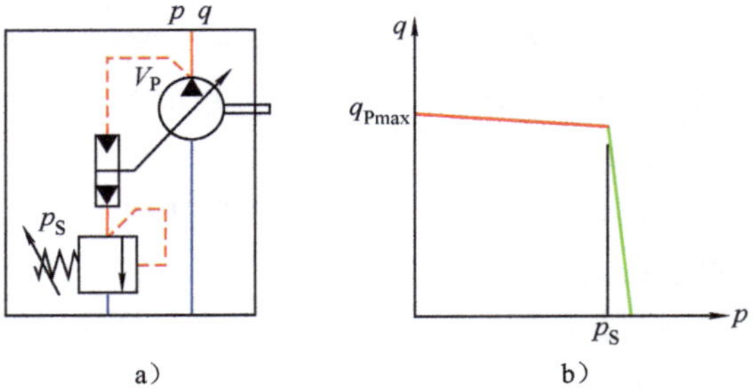

图 5-6　恒压特性

a）GB/T 786.1—2009 推荐的图形符号　b）特性曲线示意

——恒压工况　——最大排量工况

而恒压特性则由最大流量与最小流量时的压差Δp 来衡量（见图 5-7）。例如，力士乐保证，Δp≤0.3MPa。

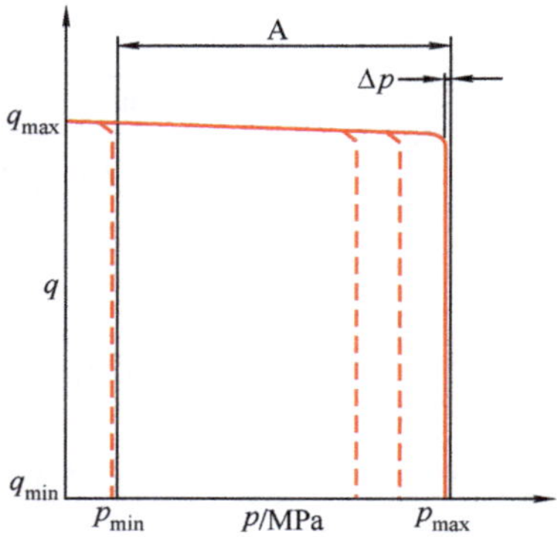

图 5-7　力士乐提供的恒压特性曲线（根据 RD92060_2014-04）

A—调压范围

为了测试恒压特性，可以在泵出口，通过节流阀（或溢流阀），缓慢加载（见图 5-8a），利用液压万用表或 X-Y 记录仪，获得相应的 p-q 变化曲线（见图 5-8b），从而确定Δp。加载应该从最小到最大，再从最大回到最小，以检查是否存在滞回，数值多大。

通常，应该在不同的设定压力时进行测试（参见图 5-8b）。JB/T 7043—2006

《液压轴向柱塞泵》建议在 1/3、2/3 及额定压力时测试。

2. 恒功率特性的测试

变量泵的恒功率特性指的是，当出口压力 p 改变时，排量相应改变，从而输出流量 q 改变，使输出功率保持恒定（见图 5-9b），从而使输入功率接近恒定，以充分利用原动机的能力。也被称为恒转矩功能（详见本章延伸阅读文献[1]3.2 “液压源的工况”）。

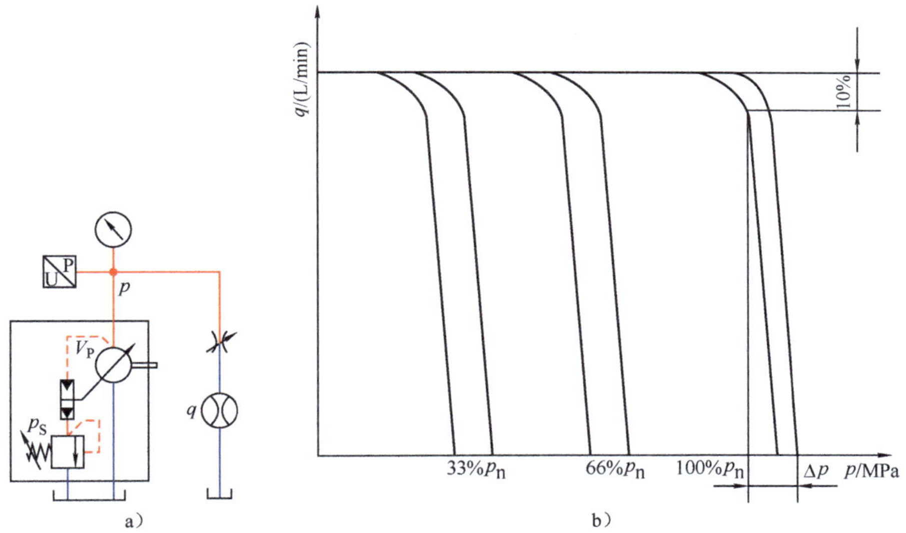

图 5-8　恒压特性的测试

a）测试回路　b）ΔP 的确定（根据 JB/T 7043—2006）　额定压力 p_n

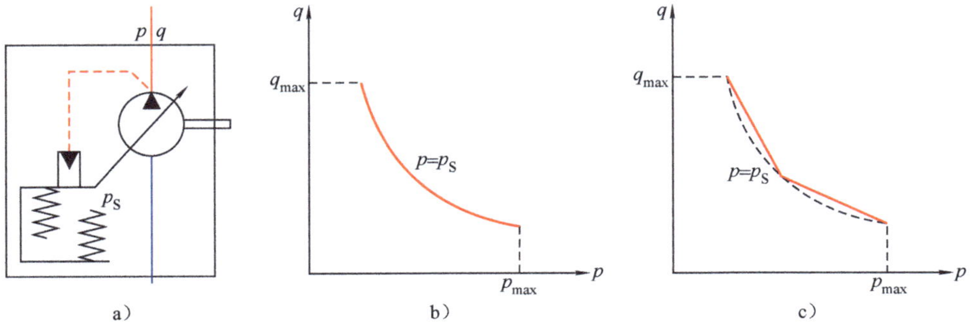

图 5-9　恒功率特性

a）图形符号　b）双曲线型特性 c）折线型特性

有些变量机构，采用两根弹簧来实现此功能，特性曲线是折线（见图 5-9c）。

恒功率特性可以利用类似图 5-8a 的回路来测试。

有些恒功率变量机构组合了限压功能（见图 5-10），也可以利用类似图 5-8a

的回路来测试。

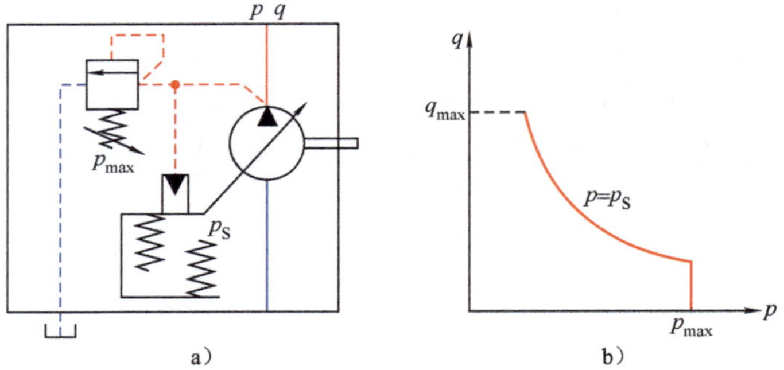

图 5-10 恒功率限压组合特性

a）图形符号 b）特性曲线

3. 恒压差特性的测试

变量泵的恒压差特性指的是，排量可以随控制压力 p_{LS} 改变，力图保持泵出口压力 p_P 比 p_{LS} 高一个恒定值Δp_P（见图 5-11）。

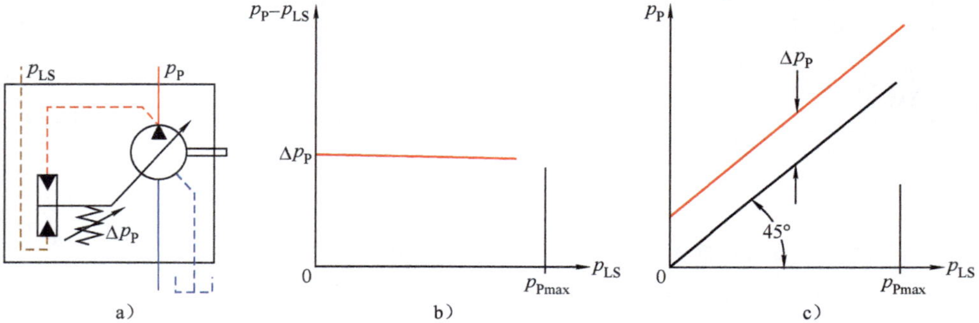

图 5-11 恒压差特性

a）图形符号 b）控制压力-压差特性 c）控制压力-出口压力特性

具有恒压差特性的变量泵，通常被用于恒流量输出：可以弥补泵的内泄漏，保持输出流量不随负载变化。特别是在多个执行器需求流量时，此特性被负载敏感回路普遍使用（详见本章延伸阅读文献[1]第 10 章“单泵多执行器系统的负载敏感回路”），所以，这种泵又被称负载敏感泵。为考察这一特性，可以在图 5-12a 所示的泵出口安装一个固定节流孔。其后，再使用一个节流阀模拟负载，直接测试输出流量 q 相对控制压力 p_{LS} 的变化。

由于此时变量机构在 p_{LS} 变化的整个范围中移动都很小，所以，应该使用不同大小的固定节流孔，考察不同输出流量时的特性。

因为实际输出流量与测试时所使用的固定节流孔有关，所以，在测试结果上应标注所使用的固定节流孔孔径、油液粘度等参数。

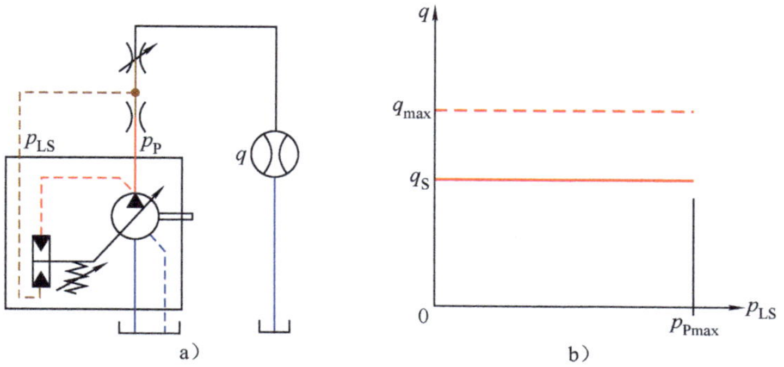

图 5-12　恒压差特性的测试

a）测试回路原理　b）测试结果预估

4. 恒压差+恒功率+限压组合特性的测试

在工程机械中应用的恒压差变量泵，为了充分使用发动机的功率，常常还结合了恒功率与限压功能（见图 5-13a）。

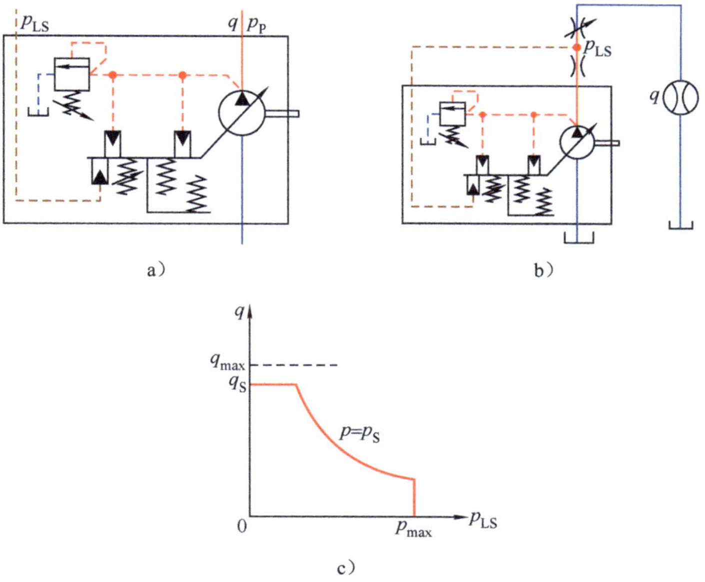

图 5-13　恒压差+恒功率+限压组合特性

a）图形符号　b）测试回路　c）测试结果预估

使用类似图 5-12a 所示回路（见图 5-13b），也可以测试这种变量泵的变量特性（见图 5-13c）。可以把节流阀从最大开始逐渐关小，模拟负载从零开始逐渐增加，最先表现出的是恒流量特性 q_S。到负载压力 p_{LS} 达到一定程度，输出功率 P 达到预设定的功率 P_S 时，变量特性转变为维持恒功率，直至预设定的最高工作压

力 p_{max}。

5.3 液压马达效率的测试分析

1. 不同类型的马达

液压马达可以从多种角度分类，如

（1）根据结构

可分为齿轮马达、摆线马达、叶片马达、柱塞马达等等。

（2）根据排量

可分为定量马达与变量马达。

（3）根据应用的回路

可分为用于开式回路与用于闭式回路。

（4）根据泄油口

可分为无泄油口和有泄油口（见图 5-14）。多数类型的马达都没有单独的泄油口，而柱塞马达一般都需要有单独的泄油口。

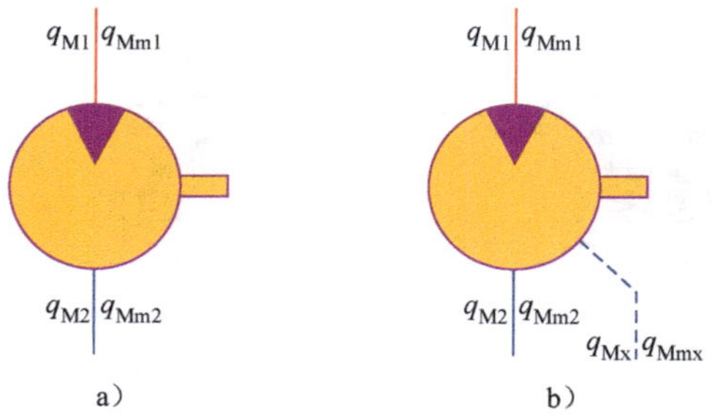

图 5-14　马达的泄油口

a）无泄油口　b）有泄油口

q_{Mm}—质量流量

1）对于无泄油口的马达而言，进出马达的质量流量是相同的，即

$$q_{Mm1} = q_{Mm2}$$

但，马达出口的压力一般都低于进口，考虑到液压油的可压缩性，因此，体积流量一般

$$q_{M2} > q_{M1}$$

2）而对于有泄油口的马达而言，因为实际流出的质量流量

$$q_{Mm2} = q_{Mm1} - q_{Mmx}$$

而考虑到液压油的可压缩性时，进出口处的体积流量 q_{M1}、q_{M2} 孰多孰少，就很难简单断言。因为目前的技术水平，在绝大多数情况下，泄油量大于压缩量，因此

就会出现

$$q_{M2} < q_{M1}$$

2. 马达测试标准

涉及液压马达稳态特性测试的标准有

——GB/T 17491—2011《液压泵、马达和整体传动装置 稳态性能的试验及表达方法》(修改采用 ISO 4409:2007)、

——GB/T 7936—2012《液压泵和马达 空载排量测定方法》(修改采用 ISO 8426:2008)、

——GB/T 20421.1—2006《液压马达特性的测定》(等同采用 ISO 4392:2002)和一些行业标准(JB)。建议的测试项目如表 5-2 所示。

表 5-2 JB 建议的马达型式试验稳态特性测试项目

<table>
<tr><th>元件名</th><th>标准号</th><th>版本</th><th colspan="8">稳态特性试验项目</th></tr>
<tr><td>马达</td><td>JB/T 10829</td><td>2008</td><td rowspan="3">排量</td><td rowspan="3">容积效率
总效率</td><td rowspan="2">起动效率</td><td rowspan="3">低速
性能</td><td rowspan="3">外渗
漏</td><td rowspan="3">低温
高温</td><td>噪声</td><td>变量特性</td></tr>
<tr><td>摆线马达</td><td>JB/T 10206</td><td>2010</td><td>—</td><td>—</td></tr>
<tr><td>低速大转矩马达</td><td>JB/T 8728</td><td>2010</td><td>起动扭矩</td><td>噪声</td><td>—</td></tr>
</table>

注:总效率 η_{Mt} 和容积效率 η_{Mv} 是最重要的指标。

3. 效率计算的分析

(1) 总效率

马达的总效率 η_{Mt} 是实际输出的机械功率 P_{Mo} 与输入的液压功率 P_{Mi} 之比

$$\eta_{Mt} = P_{Mo}/P_{Mi}$$

因为,输入马达的液压功率 P_{Mi} 是液压油流入时具有的液压功率 $q_{M1}p_{M1}$ 与流出时具有的液压功率 $q_{M2}p_{M2}$ 之差,即

$$P_{Mi} = q_{M1}p_{M1} - q_{M2}p_{M2}$$

而输出的机械功率 P_{Mo} 则是在输出轴上测得的转矩 T_M 与转速 n_M 之积,即

$$P_{Mo} = 2\pi n_M T_M$$

所以,马达的总效率

$$\eta_{Mt} = \frac{2\pi n_M T_M}{q_{M1}p_{M1} - q_{M2}p_{M2}} \tag{5-3}$$

(2) 容积效率

马达的总效率 η_{Mt} 可以分成两个部分:容积效率 η_{Mv} 和液压机械效率 η_{Mm}

$$\eta_{Mt} = \eta_{Mv}\eta_{Mm}$$

容积效率 η_{Mv} 反映了由于存在内泄漏,马达的实际转速受转矩影响的情况,也就是实际转速 n_M 与理论转速之比。而理论转速,也即是进入马达的流量 q_{M1} 与理

论排量，也称空载排量（derived capacity）V_0之商。所以

$$\eta_{Mv}=\frac{n_M}{q_{M1}/V_0}=\frac{n_M V_0}{q_{M1}} \tag{5-4}$$

效率不能直接测得。但如果能测得马达输出的转矩 T_M、转速 n_M、进出口处的流量 q_{M1}、q_{M2}、压力 p_{M1}、p_{M2} 和空载排量 V_0 的话，就可以根据式（5-3）和（5-4）相应算出。

（3）液压机械效率计算式的错误

GB/T 17491—2011《液压泵、马达和整体传动装置　稳态性能的试验及表达方法》关于马达液压机械效率（见图 5-15）的计算式中有个错误。

3.18

马达液压机械效率 η_{hm}^{M}　motor hydro-mechanical efficiency

马达轴转矩与马达理论转矩之比。

$$\eta_{hm}^{M}=\frac{T}{T_{th}}=\frac{2\pi\cdot n\cdot T}{(p_{1,e}-p_{2,e})V_i^M} \cdots\cdots\cdots\cdots\cdots (12)$$

图 5-15　GB/T 17491—2011 关于马达液压机械效率

分子 $2\pi nT$ 中的 n 是不该有的。加了 n，就是功率，而非转矩，分子和分母的量纲就不同了。此错误源自 ISO4409:2007 的起草人员。

该标准第 16 页上的计算式（A.6）同样错了。

（4）输入液压功率计算式的错误

JB/T 10829—2008《液压马达》在 7.4.1 节“数据处理”中输入液压功率的计算式（见图 5-16）也有欠妥之处。

总效率：$$\eta_t=\frac{2\pi n_e T_2}{1000(p_{1,e}q_{V1,e}-p_{2,e}q_{V2,e})}\times 100\%$$

$$=\frac{2\pi n_e T_2}{1000[p_{1,e}(q_{V2,e}+q_{Vd,e})-p_{2,e}q_{V2,e})}\times 100\% \cdots\cdots\cdots\cdots (2)$$

输入液压功率：$$P_{1,n}=\frac{p_{1,e}\times q_{V1,e}}{60}=\frac{p_{1,e}(q_{V2,e}+q_{Vd,e})}{60}\ (\text{kW}) \cdots\cdots (3)$$

图 5-16　JB/T 10829—2008 关于输入液压功率的计算式

输入液压功率应该是液压油流入与流出马达时具有的功率之差。

只有在没有背压时，输入液压功率才等于液压油流入马达时具有的功率。

而马达用在闭式回路中一般都有背压，即使用在开式回路中，一般也都带些

背压，以增加运动稳定性。在有背压时，液压油流出马达时具有的功率就不能忽视。该标准在计算总效率时（见图 5-16 中式（2）），考虑了扣除此功率，但在计算输入液压功率时（见图 5-16 中式（3）），却忘了扣除。

JB/T 10829—2008 标准在推荐的测试回路（见图 5-17）中安排了节流阀 3，其目的也就是为了建立背压，但却未规定背压该如何选取。这会对测试结果带来相当的影响。

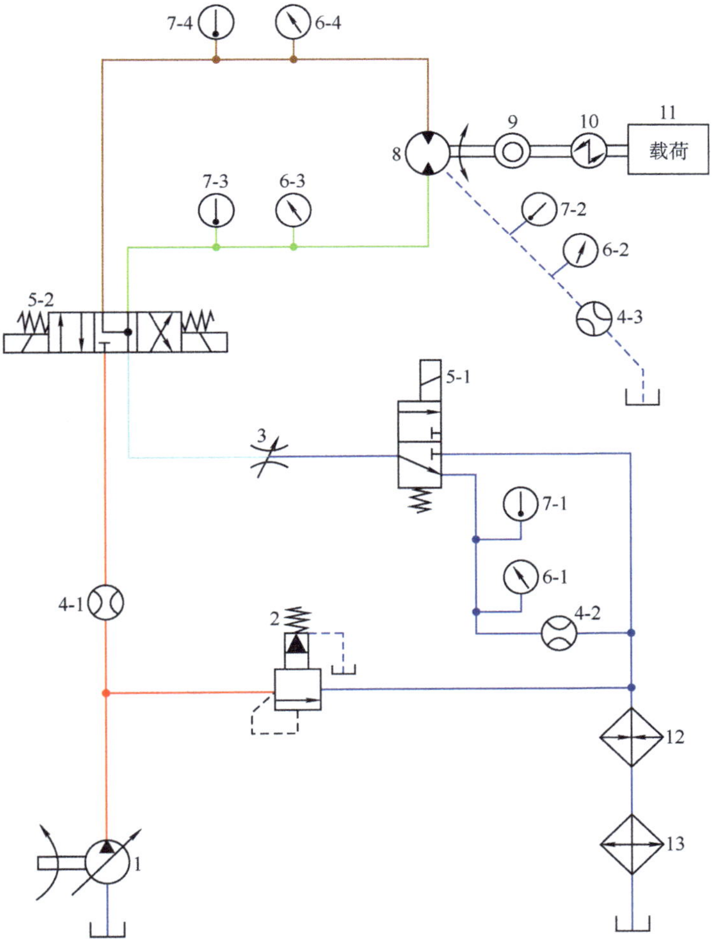

图 5-17　JB/T 10829—2008 建议的测试回路（图 A.1）

4．测试回路分析

GB/T 17491—2011 建议的测试回路如图 5-18 所示，采用了溢流阀 4 来加背压。

被试件 1 为一双向马达，但该回路只能测单向。如欲以一个回路测双向，须参照 JB/T 10829—2008 建议的回路（见图 5-17）加入换向阀。

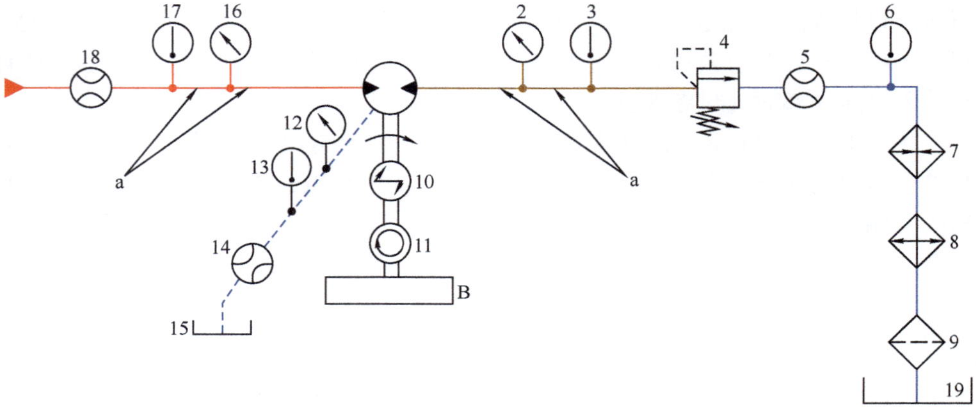

图 5-18　GB/T 17491—2011 建议的测试回路（图 3）

a—管子长度，见标准

5．加载方法

测马达必须加载。采用什么方法加载，上述标准都未作规定。

（1）泵加载

在马达轴上连接一泵，再对泵输出的压力油用节流阀或溢流阀加载（见图 5-19）。其优缺点见 5.1 节。

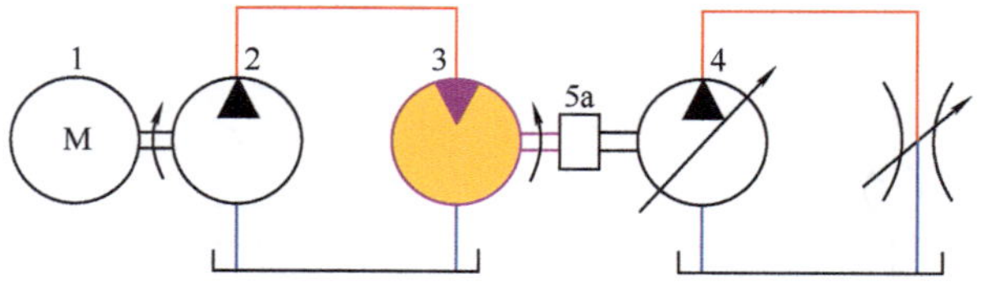

图 5-19　马达测试用节流阀加载

1—电动机　2—供油泵　3—被测马达　4—加载泵　5a—转速转矩仪

（2）其他加载方式

利用水力测功机（见图 5-20a）或发电机（见图 5-20b）加载。

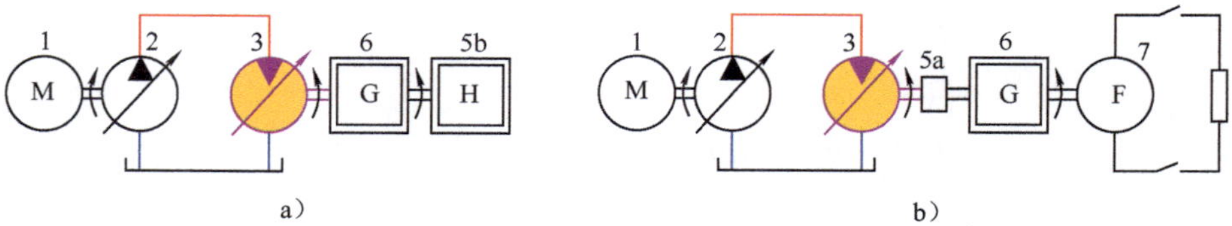

图 5-20　一些马达测试用的加载方式

a）水力测功机加载　b）发电机加载

1—电动机　2—供油泵　3—被测马达　5a—转速转矩仪　5b—水力测功机　6—增速机　7—发电机

在测低速时，如果转速低于测功机或发电机的工作范围，就需要增速机 6。

6. 测试结果表述

1）GB/T 17491—2011 在其 6.3 节“马达试验”中建议，马达试验的结果应绘制成曲线，针对不同的有效输入压力表达以下各项与转速 n 的关系：

a）容积效率。

b）总效率。

c）有效输入流量。

d）输出转矩。

e）液压机械效率。

具体形式如何，该标准并未给出。可以大致采用类似图 5-21 所示的形式。

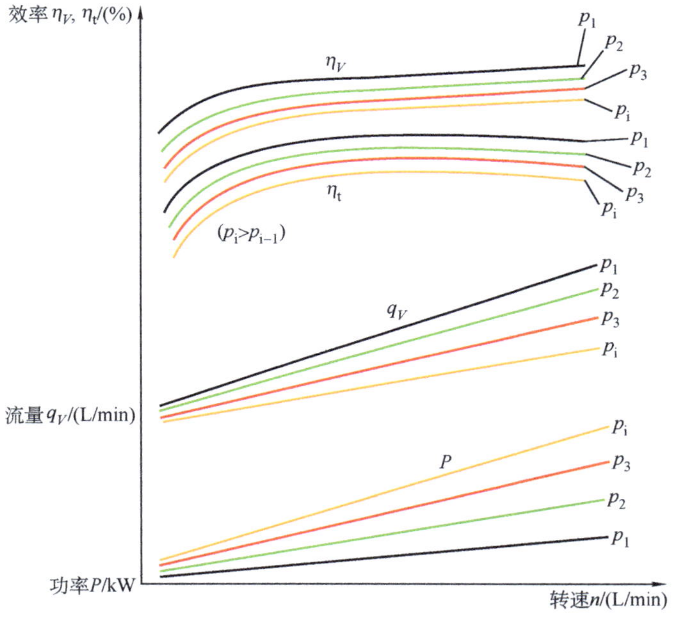

图 5-21　试验结果曲线（JB/T 7043—2006《液压轴向柱塞泵》图 A.3）

2）JB/T 10829—2008《液压马达》（表 8-2d）建议绘制马达的综合特性曲线图，并给出示例，如图 5-22a 所示。此图中，在特性曲线旁再标注转速（n_1、n_2、…）或压力（p_1、p_2、…），有些不妥，因为坐标已是转速与压力。

建议如图 5-22b 所示，在进出口压差随转速变化的各曲线旁给出测试时相应的恒定转矩值（T_1、T_2、…），而在转速随进出口压差变化的各曲线旁给出相应的恒定流量值（q_1、q_2、…）。

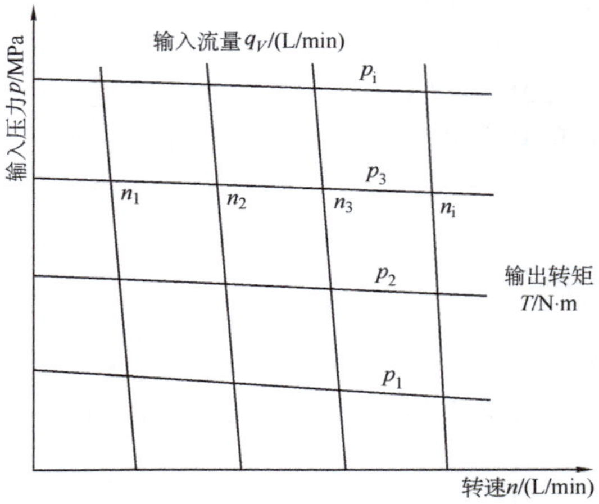

a）

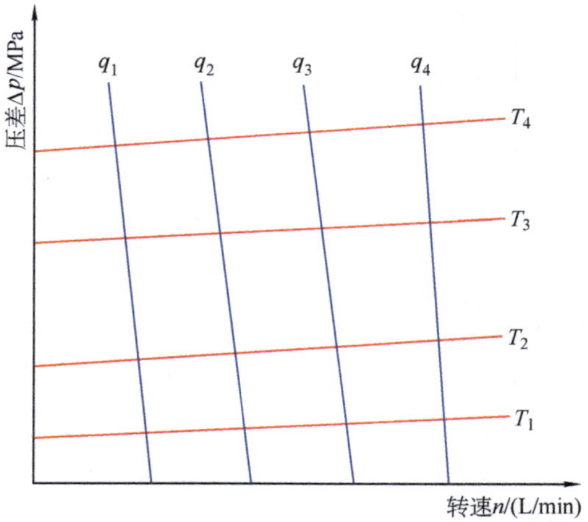

b）

图 5-22 马达的综合特性曲线

a）JB/T 10829—2008 图 A.3 b）建议

Δp—进出口压差 n—转速 q—流量 T—转矩

——在某一恒定转矩（T_1、T_2、…）时压差随转速变化的曲线

——在某一恒定流量（q_1、q_2、…）时转速随压差变化的曲线

3）如果能够根据测试结果，利用计算机程序处理出马达的等效率曲线（见图5-23），对于选择马达的最佳工作点是极为有益的。

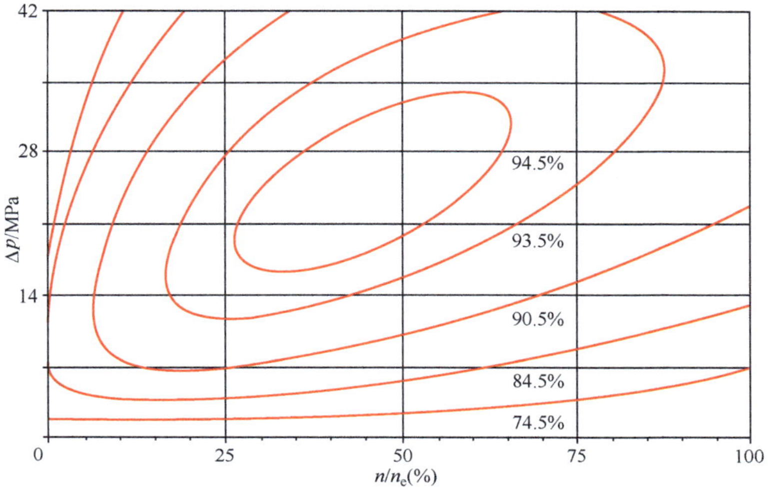

图 5-23　一个马达的等效率曲线

n_e——额定转速

5.4　液压缸负载效率的测试分析

GB/T 15622—2005《液压缸试验方法》（修改采用 ISO10100:2001）建议了液压缸的试验项目（表 5-3）。

表 5-3　液压缸的试验项目

出厂试验项目					型式试验附加项目		
起动压力	耐压	内泄漏	外泄漏	缓冲	负载效率	高温	耐久性

JB/T 10205—2010《液压缸》还附加建议了相应的性能指标要求。

负载效率是“液压缸的实际输出力与理论输出力的比值”。

目前的技术水平，液压缸的负载效率已可达到 95%，甚至 99%以上，所以，需要仔细分析影响测试准确性的因素，尤其是在要比较两个液压缸的差距时。

1. 理论输出力分析

GB/T 15622—2005 建议了一个负载效率的计算式（见图 5-24）。

6.7　负载效率试验

将测力计安装在被试液压缸的活塞杆上，使被试液压缸保持匀速运动，按下式计算出在不同压力下的负载效率

$$\eta = \frac{W}{p \cdot A} \times 100\%$$

图 5-24　GB/T 15622—2005 建议的负载效率计算式

以下两点必须注意。

（1）背压的影响

该计算式把理论输出力取为 pA，这只适用于无背压的缸或无背压的工况。在标准建议的测试回路（见图 5-25）中设置了单向节流阀 7、18，就是为了加背压用的。忽略背压的话，会给计算理论输出力带来很大的系统误差。

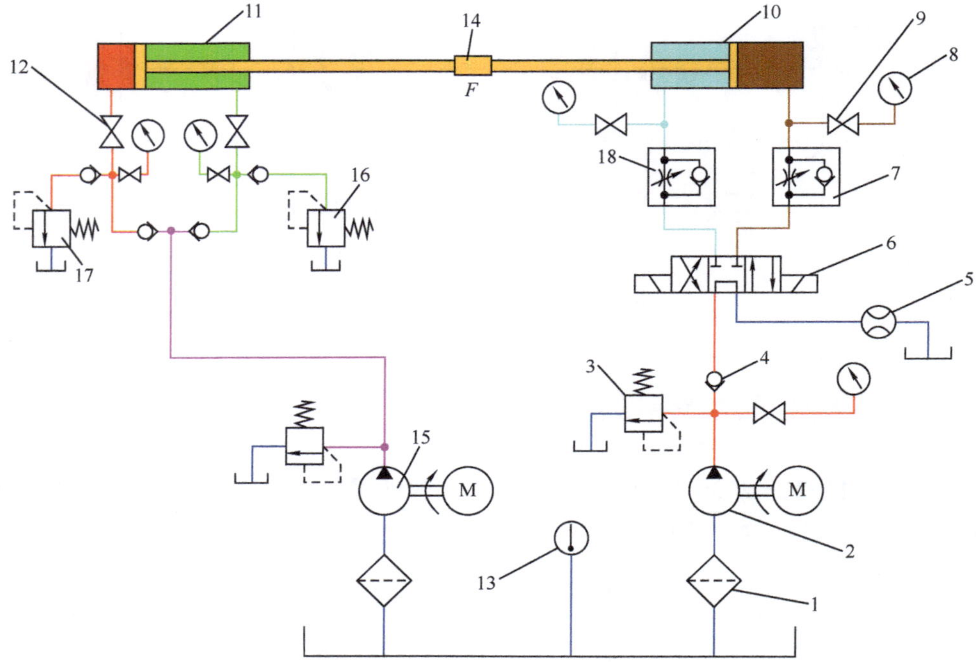

图 5-25 液压缸型式试验回路图（GB/T 15622—2005 图 4）

2—驱动泵 10—被试缸 11—加载缸 14—测力器 15—补油泵 16、17—加载阀 7、18—背压阀（此图保留了原图的序号，补充了序号 14～18 和 F，省略了每个液压人都应该知道的序号说明）

例如，在图 5-26 所示的差动缸，在活塞杆伸出时的理论输出力应该是 $p_A A_A - p_B A_B$。

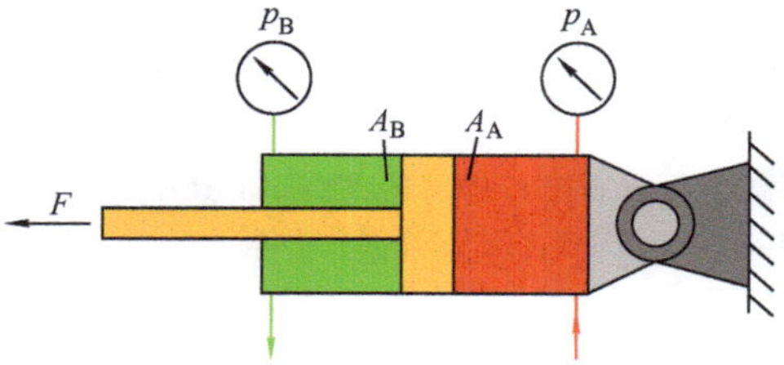

图 5-26 背压的影响

（2）测压点的影响

如果测压点不是如图 5-26 所示，单独直接连在液压缸的两腔，而是如图 5-27 所示，设置在进出油口外，则测出的压力与实际作用于活塞的压力肯定还有一个差。这个差取决于进出油口的内径与通过的流量，有时可能会达到工作压力的 5% 以上。

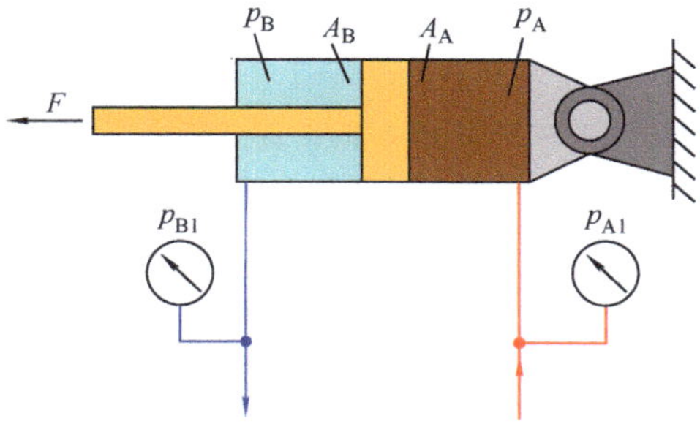

图 5-27　测压点的影响

这时，真正作用在活塞上的力是

$$p_A A_A - p_B A_B = (p_{A1} - \Delta p_A)A_A - (p_{B1} + \Delta p_B)A_B$$

式中　$\Delta p_A = p_{A1} - p_A$；

$\Delta p_B = p_B - p_{B1}$。

2. 实际输出力

上述标准还建议了测试装置如图 5-28 所示。

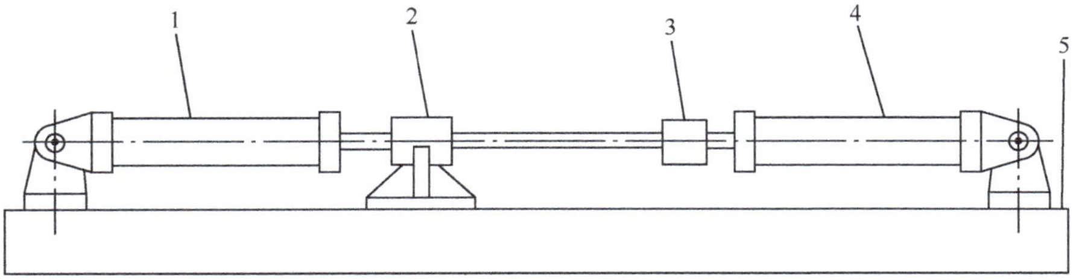

图 5-28　水平加载试验装置（GB/T 15622—2005 图 1）

1—加载缸　2—轴承支座　3—接头　4—被试缸　5—试验台架

注意：图 5-28 中接头 3 应该是测力器（拉压力传感器），才能得到实际输出力。

对于加工和装配都正常的液压缸，影响实际输出力 F（见图 5-29）的是：

——活塞密封圈 1、活塞导向环 2 与缸筒之间的摩擦力。

——活塞杆密封圈 3、活塞杆导向环 4、防尘圈 5 与活塞杆之间的摩擦力。

影响这些摩擦力的，除了加工装配因素以外，还有以下与测试相关的因素。

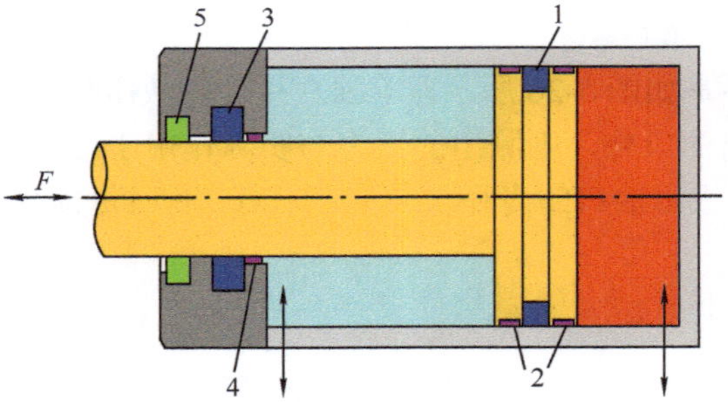

图 5-29　液压缸的密封与导向示意

1—活塞密封圈　2—活塞导向环　3—活塞杆密封圈　4—活塞杆导向环　5—防尘圈

（1）工作压力

有些密封圈的摩擦力随着工作压力的增加而明显增加，有些则不那么明显（见图 5-30、图 5-31）。

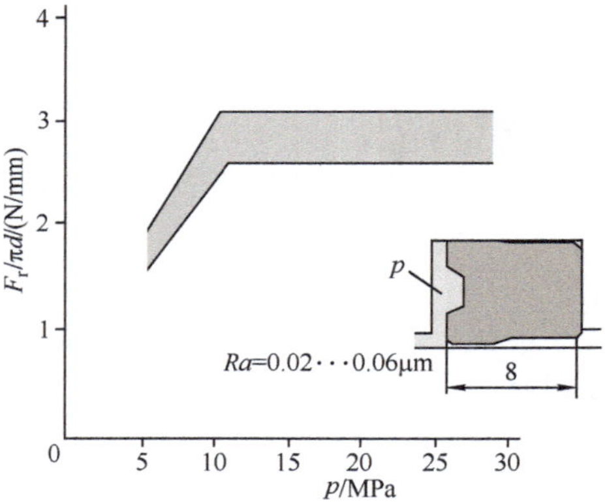

图 5-30　一个密封圈的摩擦力随压力而变[2]

F_r——摩擦力

（2）运动速度

JB/T 10205—2010 仅规定测试时应匀速，未规定具体速度值。在密封圈正常，基本没有泄漏时，摩擦力基本属于干摩擦，一般不随速度而变。但还是有些密封圈的阻力随速度而有所变化（见图 5-32）。

有些密封圈，在使用过一段时间后，由于磨损，与密封表面的接触面积增大后，摩擦力的情况就会明显变化（见图 5-33）：静止和低速时的摩擦力显著上升，而高速时的摩擦力则显著下降。

（3）背压

有些密封圈在单向受压与双向受压时的摩擦力也有显著差别。

（4）油液粘度

导向环与接触表面之间发生的一般是液体摩擦，受油液粘度影响。

（5）测试位置

密封所带来的摩擦力和密封圈与其接触零件表面的粗糙度有关，还和径向受压状况有关。活塞杆可能由于加工偏差，形状及外径不一致；缸筒也可能由于加工偏差，特别是两端的焊接变形，造成内径不一致。这些因素都可能导致：在不同的位置，摩擦力不同。

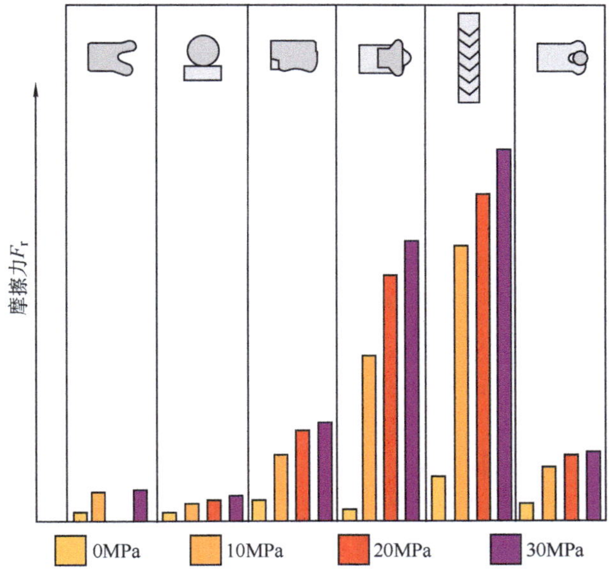

图 5-31 不同类型密封圈在不同压力下的摩擦力[3]

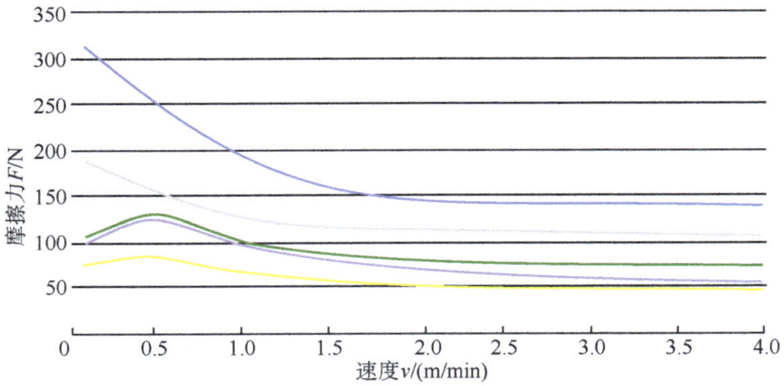

图 5-32 一些不同类型的密封圈在不同速度时的摩擦力

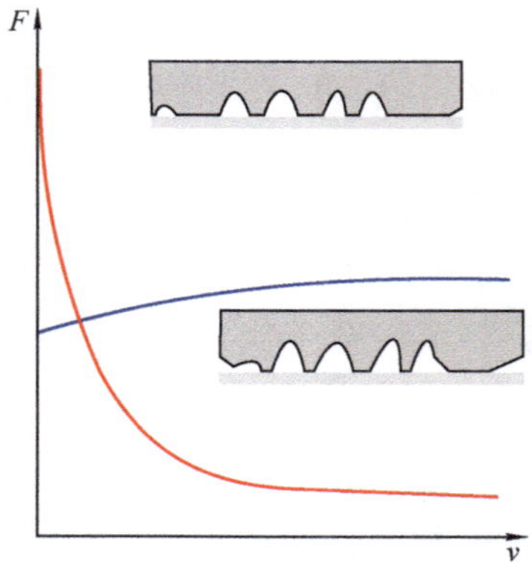

图 5-33 新旧密封圈在不同速度时的摩擦力[2]

——新密封圈 ——磨损了的密封圈

3. 测试与结果表述

根据以上分析，可以看到，密封圈的摩擦力可能受到背压、油液标号、测试温度、测试流量、运动速度及测试位置等多种因素影响，会影响测试结果的再现性和可比性。因此，测试时应该记录这些因素，并在测试报告上标明。

测试时，每次只能改变一个参数，保持其他参数恒定。例如（参见图 5-25），逐渐增加加载阀 17（或 16）的开启压力，使实际输出力 F 逐渐增加；保持 q 不变，背压阀 18（或 7）不变，则背压不变。

特别是要保持匀速，以避免活塞、活塞杆等运动部分的惯量带来的影响。

如果缸的行程足够长的话，则有可能利用液压万用表，一次测试后处理得到大致如图 5-34a 的曲线。否则，需要多次测量，根据测试点拟合出曲线（见图 5-34b）。图中 p 应是驱动压力，因为一般这是影响最大的因素。如果发觉背压不同时的负载效率明显不同，则可如图 5-34c 表述。

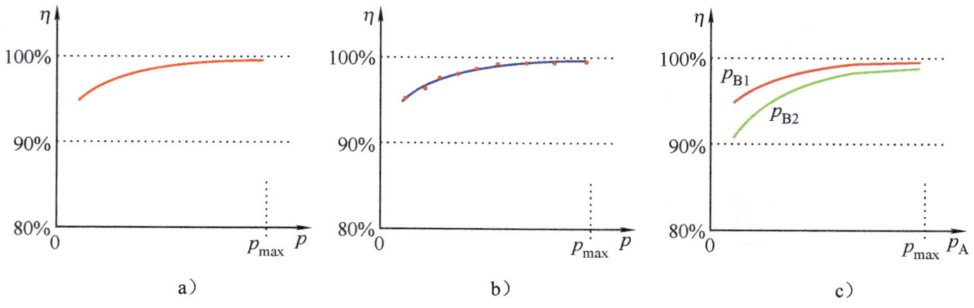

图 5-34 负载效率特性曲线

a）直接测试曲线 b）测试点拟合曲线 c）不同背压时的测试曲线

5.5　液压缸泄漏量的测试分析

本节以一焊接型差动缸（见图 5-35）为例。

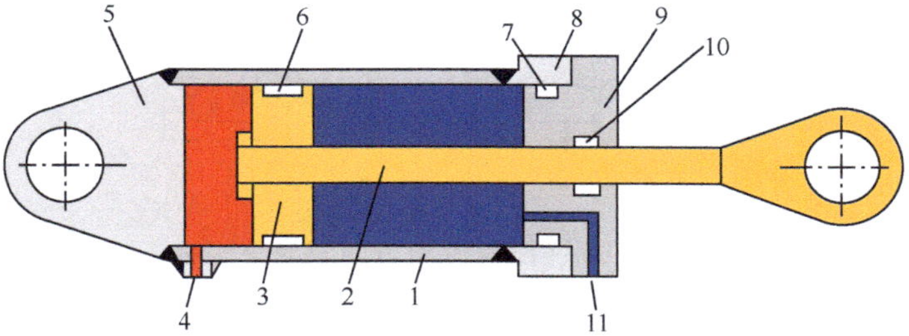

图 5-35　一个焊接型差动缸结构示意图

1—缸筒　2—活塞杆　3—活塞　4—焊接油口　5—后耳环　6—活塞密封　7—端盖密封　8—法兰　9—端盖　10—活塞杆密封　11—非焊接油口

液压缸的泄漏分为外泄漏和内泄漏。

1. 外泄漏分析

外泄漏会污染环境，因此必须要严加控制，是型式试验和出厂试验都必检项目。

外泄漏可能发生的部位有焊接处、端盖密封处和活塞杆密封处。

焊接处和端盖密封处，即使在 1.5 倍耐压试验和耐久性试验时，都不允许有任何外泄漏。出厂试验时可以按图 5-36，加载一定时间，肉眼观察确定。由于在泄漏量极少时不易看出来，一般预先在这些部位喷上少量白色涂料。

活塞杆密封处在静止时也不应该有任何泄漏。只是由于活塞杆必须往返运动，带出一些油液几乎不可绝对避免，而且对密封圈有利。所以，行业标准（JB）规定，允许在换向 5 万次后出现不成滴的渗漏。

2. 内泄漏分析

内泄漏发生在活塞腔与活塞杆腔之间，越过活塞密封。

内泄漏虽然没有直接污染环境之虞，但会带来能量损失，降低效率，更为严重的是可能会大大缩短活塞密封寿命。因此，一般也是要严加控制的，除非一些特殊液压缸，如采用金属环密封的伺服缸。

（1）影响泄漏量的因素分析

1）密封槽加工偏差，造成间隙过大。

2）缸筒加工偏差、焊接变形，可能造成不同位置的泄漏量不同。

3）压力对泄漏的影响是，不同的密封圈在压力作用下变形不同，泄漏量不同，有的密封圈由于在较低的压力下变形较小，泄漏量甚至可能大于高压时。

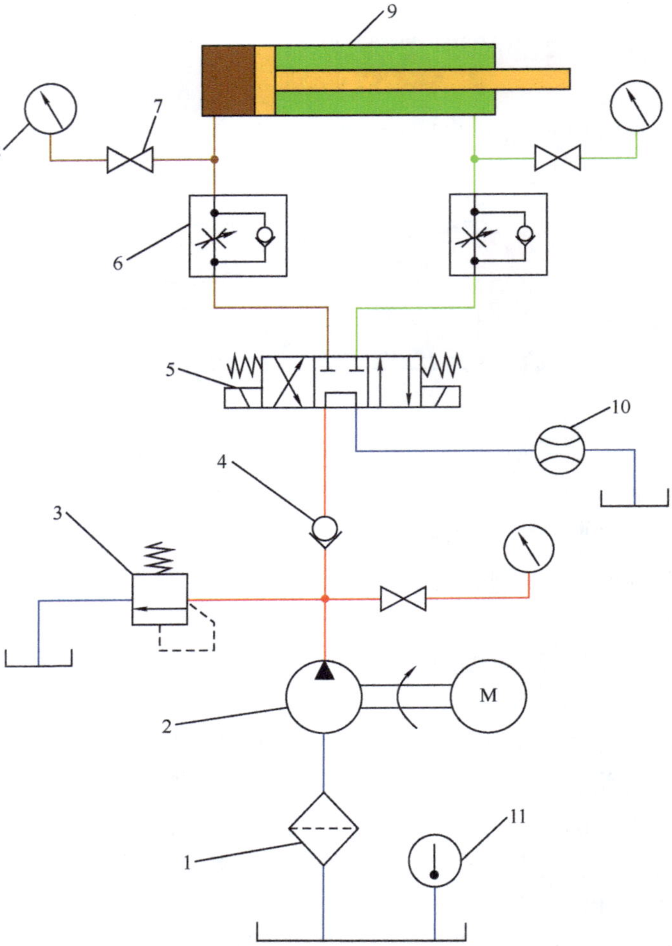

图 5-36 液压缸出厂试验回路图（GB/T 15622—2005 图 3）

（2）测试方法分析

按照 JB/T 10205—2010 的要求，随活塞直径不同，液压缸的内泄漏量应分别小于 4.2～0.03mL/min，适用的微流量计市场上很少见。可以参照以下方法进行。

1）使用图 5-37 所示回路，堵塞一腔的出口，对另一腔加压。

如果有内泄漏，则活塞杆会缓慢伸出。根据一定时间内的伸出量及活塞面积，即可折算出泄漏量。

使用此方法时，不管压力源接哪一腔，压力总是有杆腔高于无杆腔，所以只能用于测试从有杆腔到无杆腔的泄漏，而且两腔都有压力，压力差为

$$p_B - p_A = p_B\left(1-\frac{A_B}{A_A}\right) = p_A\left(\frac{A_A}{A_B}-1\right)$$

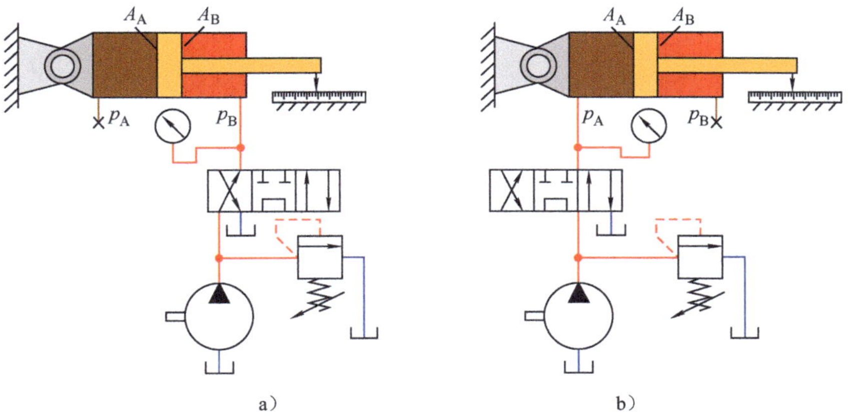

图 5-37 内泄漏测试回路（一）

a）压力源接有杆腔 b）压力源接无杆腔

但实际应用中也常会有一腔压力为零的工况。

2）使用图 5-38 所示回路可测试一腔压力为零时的内泄漏。

缸的进出油口朝上，固定缸和活塞杆。把一特制的带接头的量杯安装到一腔的油口处。对另一腔加压。

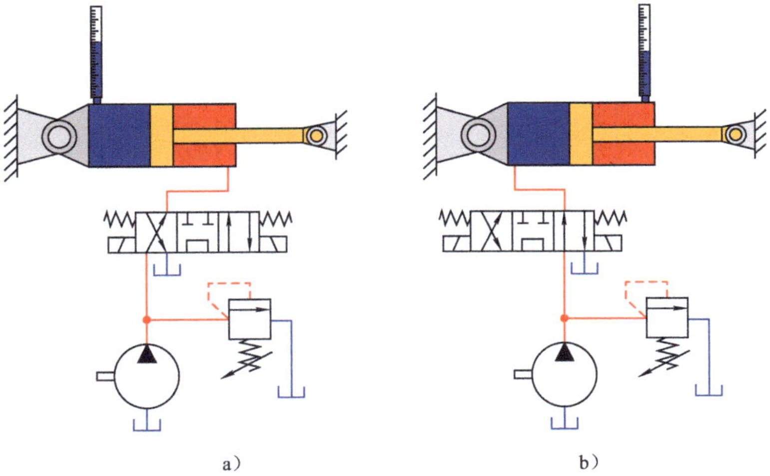

图 5-38 内泄漏测试回路（二）

a）压力源接有杆腔 b）压力源接无杆腔

如果量杯中的液面缓慢上升，说明有内泄漏。据此即可计算出泄漏量。

因为泄漏量与压差密切相关，所以，一定要记录测试时两腔的压力，还要注意测试时活塞所在的位置。

延伸阅读文献

[1] 张海平. 液压速度控制技术[M]. 北京：机械工业出版社，2014.

[2] Prof. Dr. Heinz Konrad Müller，Dr. Bernard S. Nau. [E/OL]www. fachwissen-dichtungstechnik. de, Kapital 5 Hydraulikdichtungen.

[3] Univ. -Prof. Dr. -Ing. Murrenhoff. Grundlagen der Ölhydraulik[M]. 5.Auflage. IFAS, RWTHAachen. Aachen: Shaker Verlag, 2007.

第 6 章　液压元件瞬态特性的测试分析

6.1　概述

元件、系统的瞬态特性变化用频响（频率响应）特性或时间响应（阶跃响应）特性来表征。高线性度高灵敏的伺服阀，一般用频响特性。而普通液压元件的非线性很强，且有很多本质非线性，用频响特性来表征非常牵强，所以常用其阶跃响应特性来表征。普通电比例阀则兼用频响与阶跃特性来表征。

采用阶跃响应，也即加一个阶跃性的信号（干扰），例如指令或负载突然改变，观察被测件的响应。要注意以下几点。

1．控制阀的切换时间

由于液压元件试验台中常采用液阻模拟负载，所以，常利用控制阀（换向阀、开关阀、液控单向阀等）的切换来改变液流通道，从而迅速改变液阻。但是，由于控制阀阀芯的移动速度有限，通道开口的变化需要一定时间，所以形成的液阻变化不是那么阶跃，而是一个斜坡。因此，控制阀的切换时间应尽可能地短，一般希望只有被测件响应时间的十分之一以下，以减少对测试结果的影响。

一般而言，锥阀型阀的切换时间短于滑阀型，液控型的短于直接电磁型。

2．压力变化速度

因为液阻改变是通过压力改变来影响被测件的，而一个充满液压油的容腔内压力的变化速度 $\mathrm{d}p/\mathrm{d}t$ 取决于该容腔的体积 V、进出该容腔的流量差 q 和油液的弹性模量 E，大致有以下关系。

$$\frac{\mathrm{d}p}{\mathrm{d}t}=E\frac{q}{V} \tag{6-1}$$

通常希望压力变化的速度尽可能地高，最好是被测件响应速度的十倍以上，以减少对测试结果的影响。因此，V 要尽可能小，q、E 要大，为此，油液中空气含量要尽可能小，同时最好处于预压状态。

以上这两点，就对瞬态特性测试回路提出了特别的要求。

3．关于测量阀芯、变量机构的位置变化

液压元件的瞬态响应特性，原理上，也可以通过测量液压元件中的相应部件，如阀芯、变量机构的位置的变化来获得，但是实际上，这往往意味着，要对被测件动手术，除了那些自身已带有位置传感器的元件以外。所以，这一般仅在研究

部门进行。大多数场合还是测量其实际控制参数，如溢流阀进口的压力、流量阀和变量泵出口的流量等的变化。因为，最终关心的也是这些量，而非阀芯的移动速度或位置。

6.2 溢流阀瞬态特性的测试分析

本节以一先导式溢流阀（见图 6-1）为例。

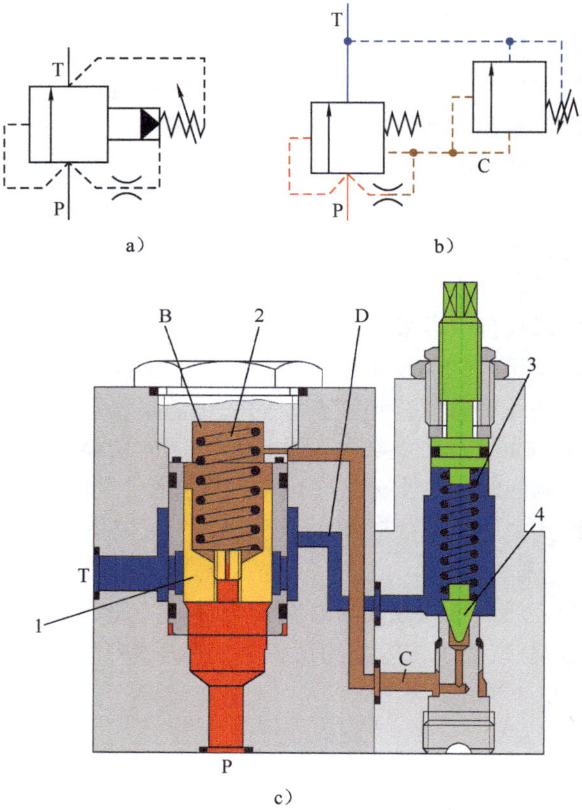

图 6-1 先导式溢流阀

a）简化符号 b）详细符号 c）剖视图

P—进口 T—出口 C—先导阀进口 B—主阀芯背压腔 D—溢流通道

1—主阀芯 2—主弹簧 3—先导弹簧 4—先导阀芯

1. 被测件分析

（1）关闭状态

液压油从 P 口进入，经过主阀芯 1 上的阻尼小孔进入主阀芯背压腔 B，然后作用于先导阀芯 4。如果先导阀没有开启，没有液流通过主阀芯 1 上的阻尼小孔的话，则主阀芯 1 两侧压力相同，主阀芯 1 被主弹簧 2 压在阀座上，P→T 不通。

（2）开启过程

1）当 P 口压力升高，超过先导弹簧 3 的预紧压力时，先导阀芯 4 被推开，开始有先导液流经通道 D 从 T 口流出。

2）当这一先导液流足够大，通过阻尼小孔造成的压差大于主弹簧的预紧压力时，主阀芯 1 才被推开，压力油从 T 口溢出。

因为：

——先导阀芯需要一定的时间才能运动到需要的位置，造成足够的先导液流。

——主阀芯也需要一定的时间，才能运动到需要的位置，形成足够大的开口。

所以，在此期间，P 口压力会继续上升，造成瞬间的压力超调。经过一些振荡，才稳定在某个压力水平上。

2. 测试结果预估

压力超调大致为溢流阀的响应时间与 P 口压力的上升速度之乘积。

P 口压力的上升速度大致如式（6-1）所描述。假定输入流量为 100L/min，在溢流阀开启前，输出的流量为零，溢流阀 P 口容腔的容积为 2L，矿物油的弹性模量取为 700MPa，则该容腔的压力上升速度为

$$100\text{L/min} \times 700\text{MPa}/2\ \text{L} \approx 0.6\text{MPa/ms}。$$

溢流阀的响应时间一般约为 2～10ms。先导式的响应时间较长，若按 10ms 估算的话，则压力超调可能会有 6MPa。

根据以上分析，如果 P 口压力突然升高，可能出现压力超调，类似图 6-2 所示。

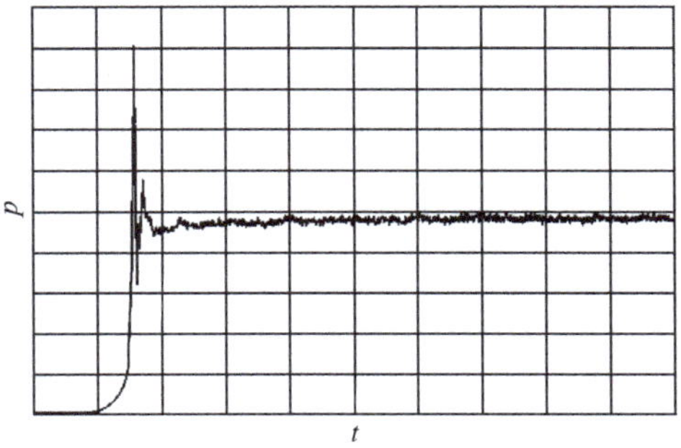

图 6-2　先导式溢流阀瞬态预估

3. 测试回路分析

JB/T 10374—2013《液压溢流阀》建议采用图 6-3 所示回路来测试溢流阀的瞬态性能。

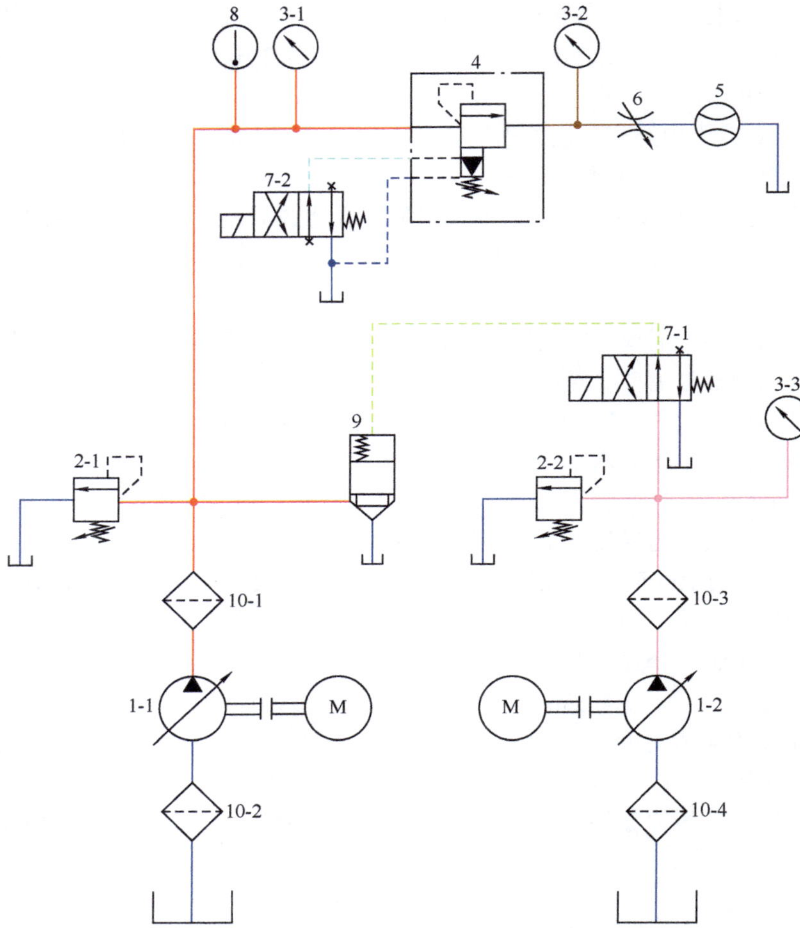

图 6-3 溢流阀型式试验回路（JB/T 10374—2013 图 B.2）

如果辅助泵 1-2 的流量较大，溢流阀 2-2 的设定压力较高，则液控阀 9 可以在较电磁阀 7-1 短的时间内关闭。同时，如果由泵 1-1、溢流阀 2-1、阀 9 与被测阀 4 所界定的容腔很小的话，容腔中压力的上升可以比较接近阶跃。

因为，对系统中各元件直接造成危害的是压力超调，而非阀的响应时间，所以，如果实际系统中受控的容腔很大，控制阀的切换时间较长，压力上升的速度不快，即使使用普通溢流阀引起的超调也不大的话，就无须选用高响应速度的溢流阀了。

6.3 二通流量阀瞬态特性的测试分析

本节以一节流口可调型螺纹插装式流量阀（见图 6-4）为例规划测试。

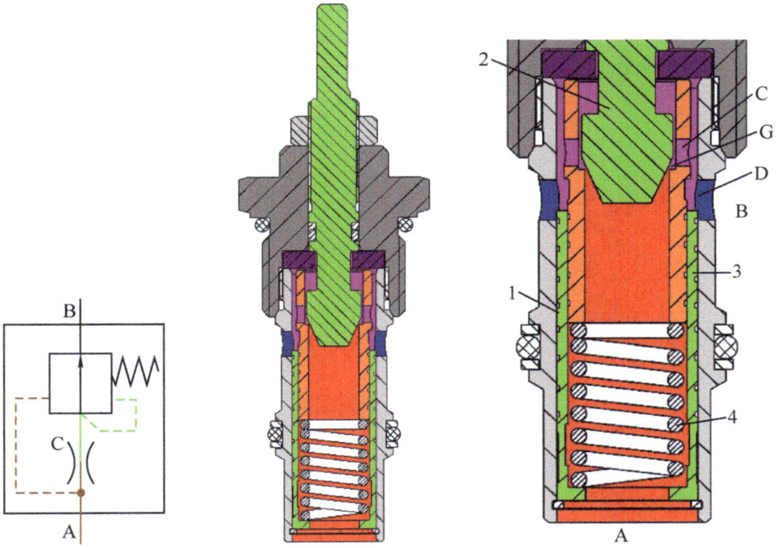

a）　　b）　　c）

图 6-4　螺纹插装式二通流量阀

a）图形符号　b）剖视图　c）局部放大图

A—进口　B—出口　C—中间腔　G—流量感应口　D—定压差口

1—阀芯　2—阀杆　3—阀套　4—弹簧

1. 被测件分析

该阀的液流通道由流量感应口 G 与定压差口 D 串联而成。流量感应口 G 是阀杆 2 和阀套 3 间形成的开口。定压差口 D 的开度由阀芯 1 的位置决定。阀芯 1 的位置由阀芯两侧的压差$\Delta p_{AC}=p_A-p_C$与弹簧压力平衡决定。在平衡时，$\Delta p_{AC}=$ 弹簧压力，是一个基本恒定的值。这个恒定的压差与流量感应口 B 共同决定了，通过的流量也是基本恒定，不受进出口压力影响的。

在$\Delta p_{AB}=p_A-p_B$较小时，阀芯 1 由于弹簧 4 的作用停在较低的位置，定压差口 D 开度较大。

在Δp_{AB}突然增加时，阀芯 1 由于惯性，需要一段时间，才能到达Δp_{AC}与弹簧压力平衡的位置。在这段时间中，定压差口 D 还较大，因此，通过流量会有一个突跳。直到定压差口 D 关小后，流量才会恢复到设定值。

2. 测试结果预估

根据以上分析，预估测试结果应大致如图 6-5 所示。因为阀芯惯量不大，因此，响应时间可能只有几十 ms。

3. 测试回路分析

JB/T 10366—2014《液压调速阀》建议了两种方法测试二通流量阀的瞬态特性

（见图 6-6）。

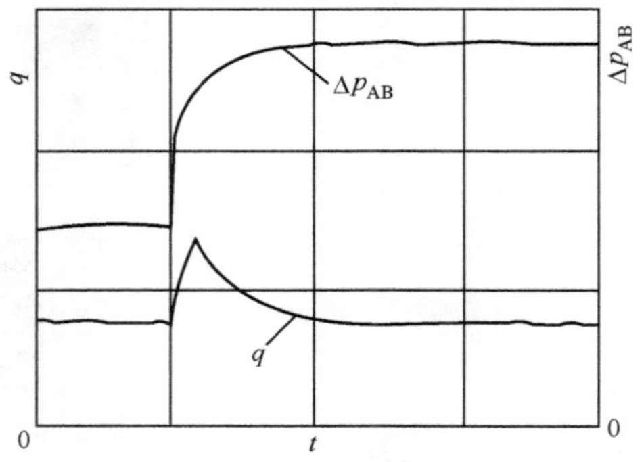

图 6-5　二通流量阀的瞬态预估

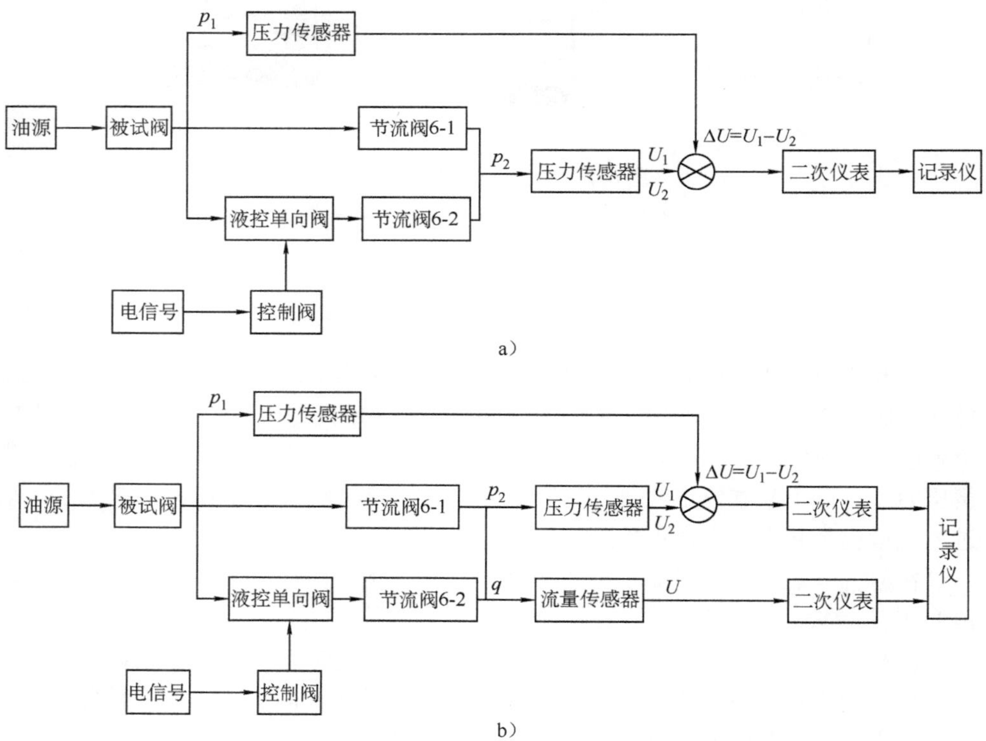

图 6-6　瞬态特性测试系统方框图（JB/T 10366—2014 图 B.8 建议的测试系统）
（节流阀 6-1、6-2 见图 4-12b）
a）第一种方法——间接法　b）第二种方法——直接法

根据图 6-6 来看，第一种，间接法：测试两个压力，根据压差计算出流量。第二种：直接测试流量，这就要求有高频响的流量传感器；同时还测量压力，根据压力来校核流量的相位准确性。直接法测试回路大致如图 6-7 所示。采用耐压、响应较快的涡轮流量传感器，同时也可以根据 p_B 的变化检测流量传感器的响应。

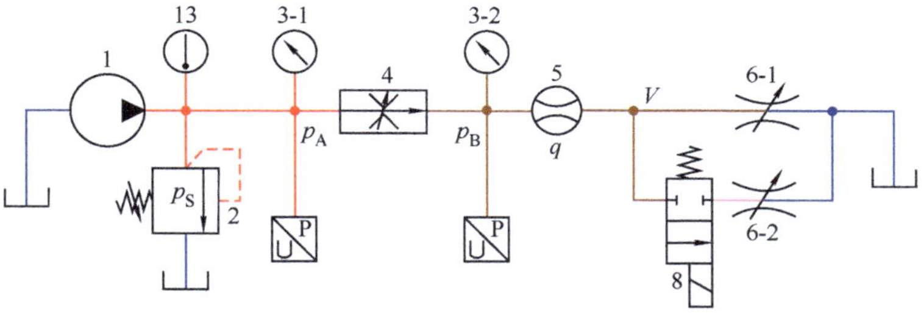

图 6-7　直接法测试回路

定量泵 1 提供的流量必须超过被测阀 4 的设定流量，多余流量从溢流阀 2 流出。这时，被测阀 4 的进口压力 p_A 就是溢流阀的实际控制压力，基本保持恒定。

在开始测试时，电磁阀 8 处于失电断路状态，通过被测阀 4 的流量只能通过节流阀 6-1 流出，压降较高，因此，被测阀 4 的出口压力 p_B 较高，$\Delta p_{AB}=p_A-p_B$ 较低。

当电磁阀 8 通电通路后，从被测阀 4 流出的流量同时还能通过节流阀 6-2 流出，因此，被测阀 4 的出口压力 p_B 降低，Δp_{AB} 升高。

记录流量传感器 5 和压力传感器 3-1、3-2 输出的信号，就可得到被测阀 4 在该回路工况下的瞬态特性。

容积 V 应该尽量小，从而使加载压力 p_B 变化足够快。

6.4　电磁换向阀工作范围的测试分析

电磁铁驱动的换向阀有一个由压力和流量限定的工作范围（operation limit，shift limit characteristics，switching envelope）。

按照 JB/T 10365—2013《液压电磁换向阀》，工作范围的确定属于稳态试验。但由于其中关键的测试关系到能否换向和复位，即能否从一个工况顺利地转换到另一个工况的问题，期间，多个相关参数都在变化，所以，将其归入本章来讨论。

1. 测试项目分析

电磁换向阀应保证：如果实际工作参数在给出的工作范围（见图 6-8）内，阀芯可以根据需要可靠地从一个工作位置切换到另一个工作位置（换向、复位），并可靠地保持在该位置。如果实际工作参数超过此范围，阀芯的切换速度就可能减慢，甚至根本无法切换到另一工作位置，或者无法保持在需要的工作位置。

这个范围是由以下多个因素限定的。

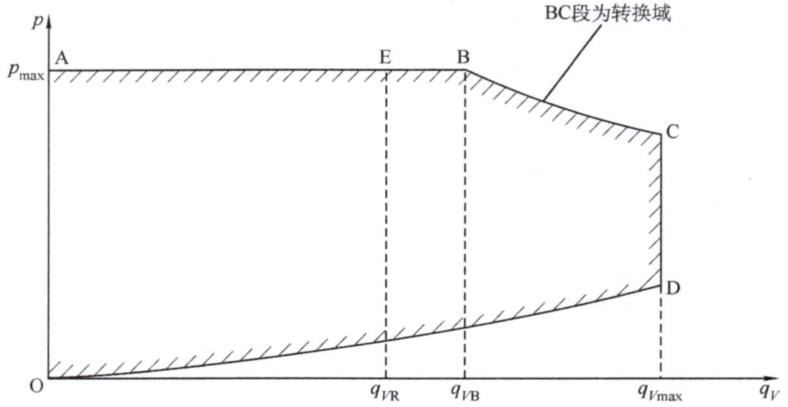

图 6-8 电磁换向阀工作范围图（JB/T 10365—2013 图 B.4）

q_{VR}—额定流量 q_{VB}—转换域 B 点时的流量 q_{Vmax}—最大设定流量

（图中，E 和 p_{max}—最高许用压力，系作者补充）

1）阀的最高许用压力，图 6-8 中 AB 段，这是由组成阀的材料强度决定的，与通过流量基本无关。

2）通道完全开通时的流量-压差特性，图 6-8 中 OD 段，这是由阀的几何尺寸决定的，具体来说，就是通道，特别是开口的尺寸。

3）图 6-8 中 CD 段，标准称之为阀的最大设定流量。其实，称最大测试流量比较妥当，因为换向阀芯在通流位置，原理上形成一个固定的节流口：压差越大，流量越大，没有明确的限制，也无法设定。所以，有些阀没有 CD 段（见图 6-9、图 6-10）。

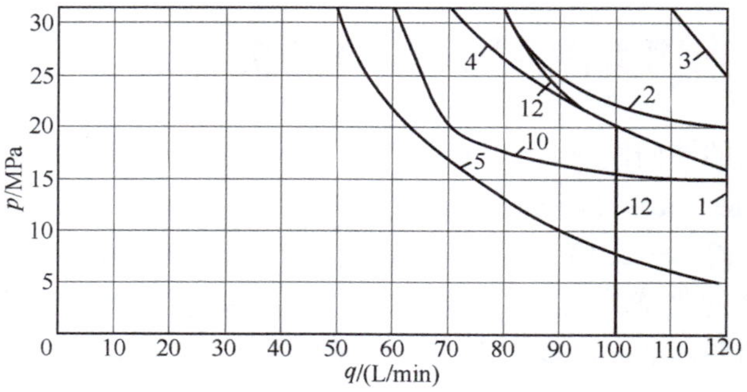

图 6-9 力士乐 WE10 型电磁换向阀的的工作范围（RD23351_2002-03）

（曲线上的数字为不同类型的阀）

但与固定节流口不同的是，电磁换向阀阀芯的位置通常是由弹簧力、电磁力和液压力来保持的，但是会受到液动力的影响。过高的压差和过大的流量引起的液动力，也可能驱使阀芯偏离正常通流位置。因此，有些阀给出了 CD 段。

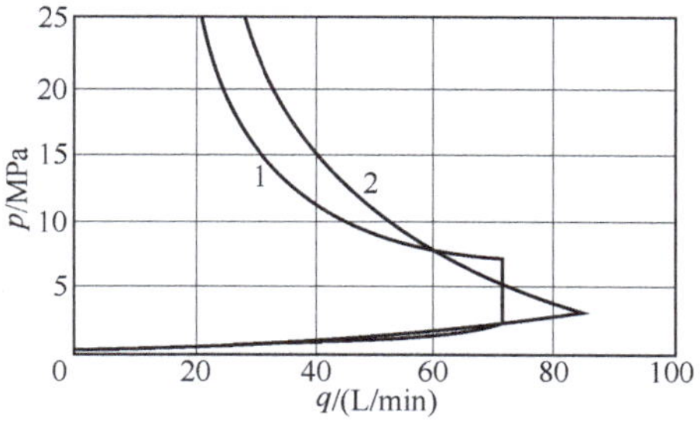

图 6-10　升旭-DTDA 型电磁换向阀的工作范围

4）其实，以上这些限制一般阀也都有。但是，电磁换向阀特别需要测试工作范围，就是因为电磁换向阀常有一段随工作压力与流量而变的 BC 段——转换域。其根源也在于液动力：电磁换向阀的电磁推力有限，在压差与流量都比较大时，克服不了在切换过程中出现的较大的液动力。具体分析如下。

2．液动力分析

（1）阀口的液动力

液流通过一个阀的开口时（见图 6-11），引起的作用于阀芯的稳态液动力 Fy，方向总是趋于关闭阀口，大小取决于开口量 x、通过阀口的流量 q 和开口两侧压力之差 $\Delta p = p_1 - p_2$。可以推导出（详见[1]1.5.5 节“稳态液动力”），在阀口开启过程中：

1）如果 Δp 保持不变，则由于 q 随 x 增加而增加，所以 Fy 大致与 x 成正比。

2）如果 q 保持不变，则因为 Δp 随 x 增大而减小，所以 Fy 大致与 x 成反比。

注意：决定液动力的是开口两侧压力之差，而非某一侧的压力。

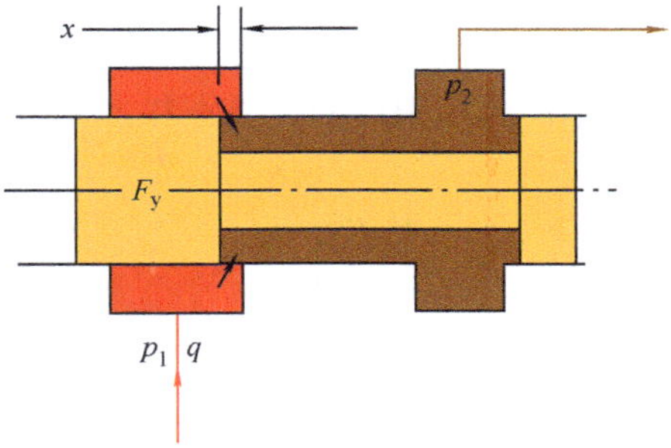

图 6-11　阀口的液动力

（2）在简化的液压系统中的液动力

如果液压系统可以简化为图 6-12a 所示，液压源由一定量泵加一溢流阀组成，负载压力 p_2 不变，则系统有两种工况，各参数的变化大致如图 6-12b 所示。

1）恒压工况。

当开口量 x 较小时，泵排出的部分流量 q_y 必须通过溢流阀溢出，液压源处于恒压工况（见图 6-12b 区域 I），阀进口压力 p_1 近似于溢流阀的设定开启压力 p_S。因此开口两侧压差 $\Delta p = p_1 - p_2$ 基本保持不变，所以，液动力 F_y 大致与 x 成正比，随 x 增加而增大。

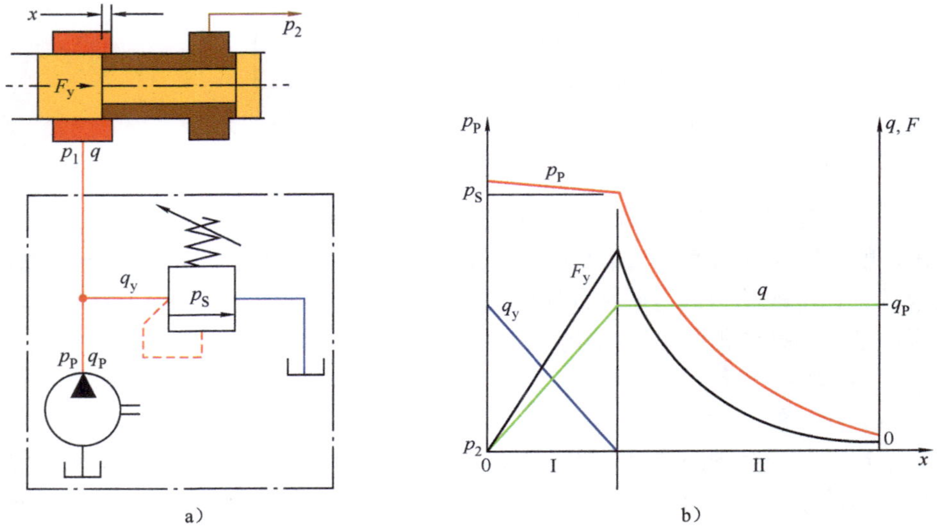

图 6-12　一个简化的液压系统

a）回路示意　b）压力、流量及液动力的变化状况

I—恒压工况　II—恒流量工况

2）恒流量工况。

当 x 大到一定程度后，泵排出的液体不再通过溢流阀溢出，液压源处于恒流量工况（见图 6-12b 区域 II），通过阀口的流量 q 基本保持不变，所以，F_y 与 x 大致成反比，随 x 增加而减小。

在区域 I 和 II 的交界处，Δp 基本还在最高，q 也达到最大，F_y 达到最大值。

3）不同恒压值、恒流量值下的液动力。

因为，压差 $p_S - p_2$ 越大，Fy 越大，所以，在泵的输出流量 q_P 不变、溢流阀的设定开启压力 p_S（或负载压力 p_2）不同时，相应的液动力状况大致如图 6-13a 所示。

而因为，泵的排出流量 q_P 越大，Fy 越大，所以，在 p_S 与 p_2 不变，q_P 不同时，相应的液动力状况大致如图 6-13b 所示。

（3）四通口滑阀切换过程中的力变化状况

图 6-14 示意了一个四通口滑阀在从关闭位向一开启位切换的过程中驱动力与阻力随阀芯行程变化的状况（详见本章延伸阅读文献[1]9.1.3 节“工作范围与测试”）。

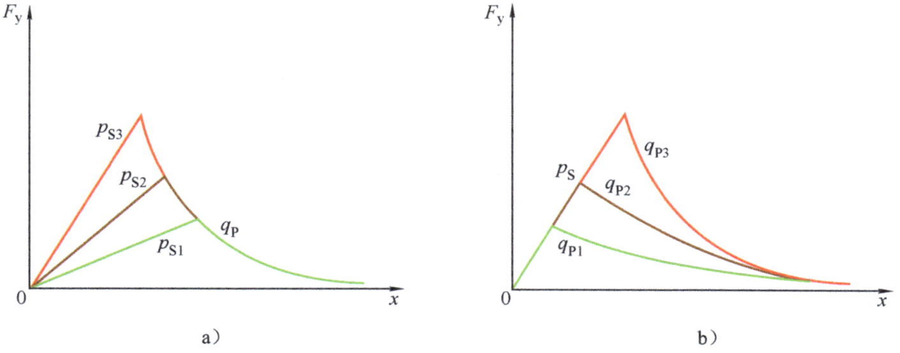

图 6-13　不同设定值时的液动力状况[2]

a）不同恒压值　b）不同恒流量值

p_S—溢流阀的设定开启压力　$p_{S1}<p_{S2}<p_{S3}$　q_P—泵的输出流量 $q_{P1}<q_{P2}<q_{P3}$

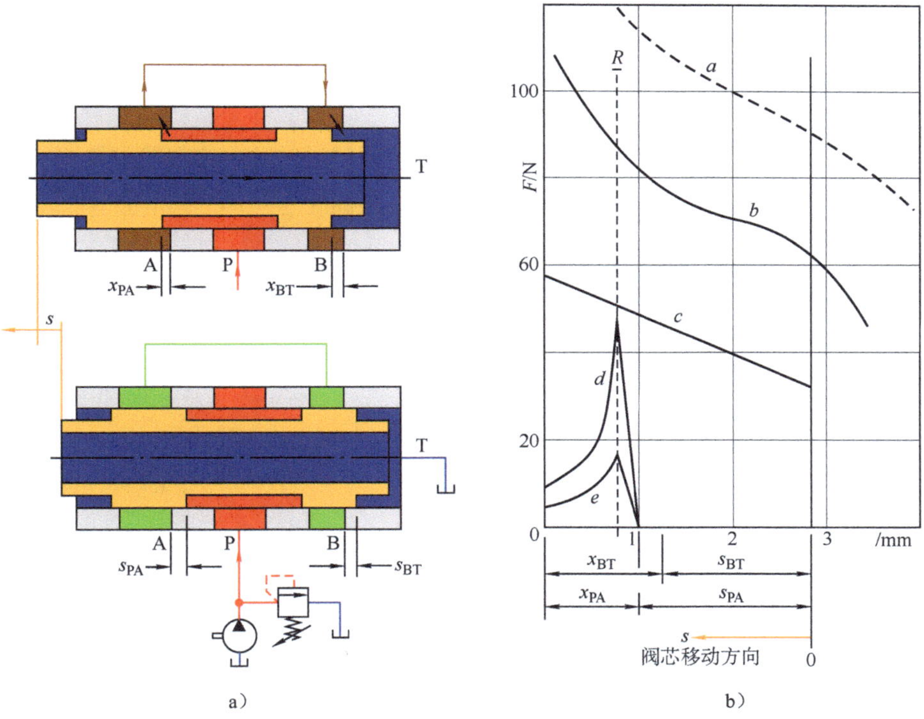

图 6-14　一个四通口滑阀的切换过程

a）阀芯从关闭位移动到开启位　b）各种力变化状况

a—电磁铁在 20℃额定电压时的电磁力　b—85%额定电压时的电磁力　c—弹簧力

d—液流 P→A 引起的液动力　e—液流 B→T 引起的液动力　s—阀芯行程

s_{PA}—阀口 P→A 的遮盖量　s_{BT}—阀口 B→T 的遮盖量　x—开口量　R—阻力最大值

在电磁铁（图中未画出）驱动阀芯向左移动时，随着阀芯行程 s 的增大：

1）电磁铁内的气隙逐渐减小，由外加电压决定的电磁力 a 或 b 逐渐增大。

2）弹簧力 c 从初始的预紧力开始逐渐增加。

3）当 s 超过阀口遮盖量中较大的 s_{PA} 后，开始有液流 P→A 和 B→T 通过。这两股液流分别对阀芯产生了趋向于关闭阀口的液动力 d、e。由于开口量 $x_{PA}<x_{BT}$，因此液动力 $d>e$。

在此例，泵的流量为 60L/min，溢流阀的设定压力为 30MPa，液动力的最大值与弹簧力的合力 R 约为 103N。

由上可知，如果外加电压正常，电磁力 a 可以克服阻力 R，继续推动阀芯。如果电压仅有正常电压的 85%，电磁力 b 就无法克服阻力 R，不能顺利推动阀芯到工作位。

此例中，由于 A 口和 B 口直接相连，因此，溢流阀控制的压力完全落在阀口 P→A 和 B→T 上，压差较大，流速较高，液动力也较大。如果 A、B 口间还有节流口（模拟负载），如图 6-15 所示，则由于此节流口分担了一部分压差，液动力就会小些，就没有模拟出实际应用中可能出现的最严峻工况。

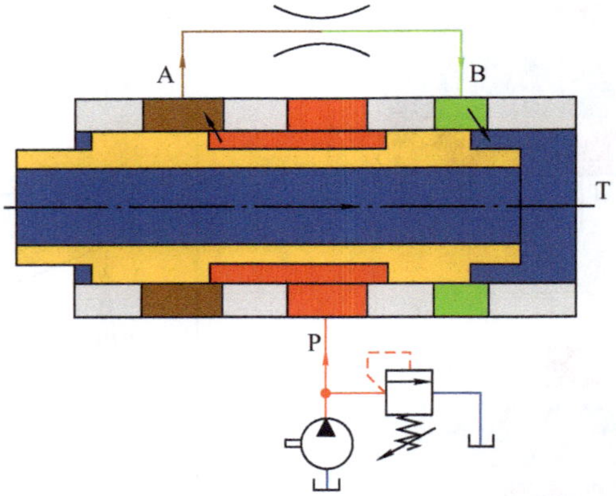

图 6-15　A、B 口间有节流口

3. 测试回路分析与测试过程

（1）测试回路分析

JB/T 10365—2013《液压电磁换向阀》建议的测试回路如图 6-16 所示。

必须注意以下几点。

1）单向阀 10 是为了在流量计 5 不使用的场合下起旁路保护作用设置的，在此试验中必须拆除。

2）单向节流阀 6-1、6-2，特别是产生背压的溢流阀 2-2 分担了部分压差，因此，压力表 3-1 所示的压力，并未全部作用在换向阀的阀口。这样，切换时的液动力会较小，有利于切换。为模拟实际应用中可能出现的最严峻工况，建议去除阀 2-2、6-1 和 6-2。

3）因为蓄能器 7 可能短时间改变通过的流量与作用压力，从而影响测试结果。所以建议去除。

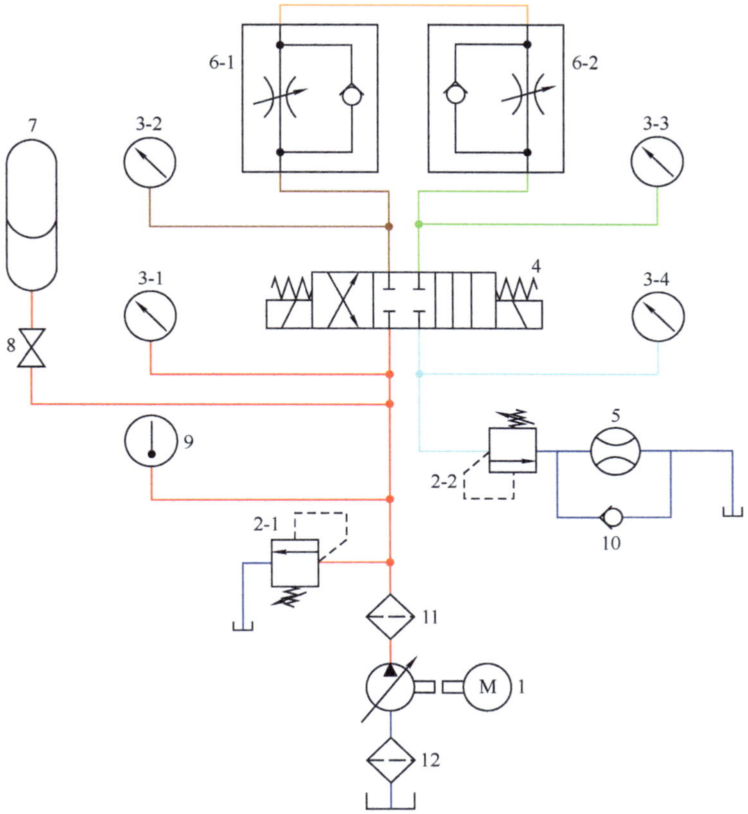

图 6-16　JB/T 10365—2013 建议的测试回路（图 B.1）

（2）测试过程

测试前应先对电磁铁进行连续通电，使其达到最高稳定温度，之后将供电电压降至额定电压的 85%。

在被测阀通道关闭时调节阀 2-1，使表 3-1 的指示压力为被测阀的公称压力 p_{max}。

1）测定 OD 段（见图 6-8）。

将被测阀切换到某通路位置，然后，使通过被测阀的流量从零逐渐增大到大于额定流量 q_{VR} 的某个最大测试流量 q_{Vmax}，记录各流量点所对应的表 3-1 指示的压力，绘出如图 6-8 所示的曲线 OD。

2）寻找 B 点（见图 6-8）。

调节泵的输出流量为 q_{VR}（E 点），重复切换被测阀不少于三次，每次应均能换向和复位（对中）。逐渐增大泵的输出流量，直到流量增大到某一值，被测阀不能可靠地换向和复位为止，这就是 B 点。

3）测定 BC 段（见图 6-8）。

适当降低阀 2-1 的开启压力，逐步增大流量，重复上述试验，找出对应的边界点。

按此试验，直到最大测试流量，或达到 OD 线，这就是 C 点。

根据上述试验中记录的数据，绘出曲线 BC。

液动换向阀，由于很容易通过提高驱动阀芯的液压力来克服液动力，所以工作范围不太成为问题。

6.5 电调制换向节流阀瞬态特性的测试分析

如已在 4.6 节中述及，可供参考的是修改采用 ISO 10770-1:1998 的 GB/T 15623.1—2003《液压传动电调制液压控制阀第 1 部分　四通方向流量控制阀试验方法》（本节以下简称现行标准）。ISO 10770-1 的最新版本为 2009-10-1 公布的第二版（本节以下简称新版标准）。

1. 响应信号与测试回路

要测试节流阀的效果——响应特性，不能直接用测压力的方法获得响应信号。

（1）现行标准

现行标准（8.2.1）建议采用以下方法获取响应信号。

1）采用一个液压缸驱动速度传感器，以获得响应信号，因为活塞运动速度反映了通过节流阀进入液压缸的流量。液压缸必须满足以下要求。

——低摩擦：驱动压力低于 0.3MPa。

——低惯量：与包括困油容积效应在内的频宽要高于最高试验频率的 3 倍。假如一个液压缸，活塞直径 20mm，活塞+活塞杆+速度传感器的运动部分的总质量为 400g，驱动腔+连接管道在一起的容积相当活塞行程 8cm 的容积，利用本书提供的液压估算 2015.xls 中的表 2“缸负载固有频率”，取油液弹性模量为 1000MPa 的话，可以估算出，其固有频率约为 500Hz，可用于最高试验频率不超过 160Hz。

2）如果被测阀带有内置的阀芯位置传感器，而且没有内置压力补偿装置的话，可以采用位置传感器的信号作为响应信号。

3）如果被测阀不带有内置的阀芯位置传感器，而且也没有内置压力补偿装置的话，可以在阀上再安装一个阀芯位置传感器，以获得响应信号，条件是不能影响阀的响应频率。

采用上述三种方法可能会得到不同的结果。所以，试验报告中要注明采用的方法。

现行标准建议的典型动态测试回路如图 6-17 所示。

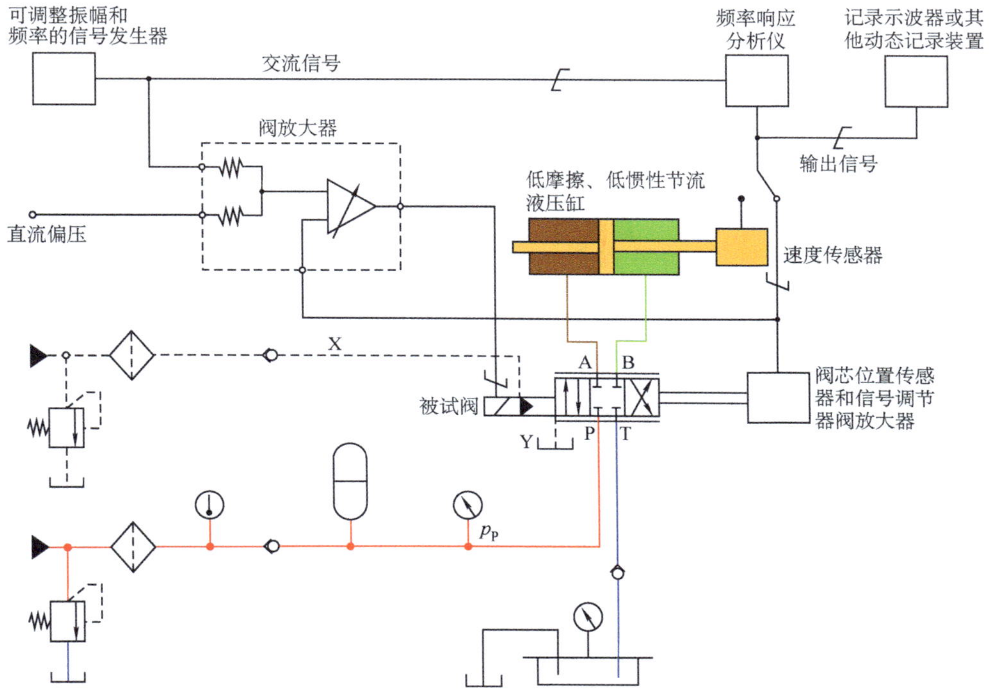

图 6-17　典型的动态试验回路（现行标准　图 2）

必须注意以下几点。

1）在现行标准中，输入阀放大器的“直流偏压”，误写为“交流偏压”。

2）频率响应分析仪仅在测试频响时才需要。

3）如果采用阀芯位置传感器的信号作为输出信号，则液压缸可以拆除，被测阀的 A、B 口直接相连。

4）压力源应采用定量泵或无内部反馈的变量泵（手控、电控等），以避免变量机构带来的影响。

5）阀放大器参数的设定对测试结果会有相当的影响。

（2）新版标准

新版标准则建议采用与稳态试验同样的回路（见图 6-18）。

使用此回路有几点要注意。

1）新版标准补充了，可以使用流量传感器来获得响应信号，并且作为首选，列在液压缸之前，前提是流量传感器的频宽要高于最高试验频率的 3 倍（8.2.1a）。

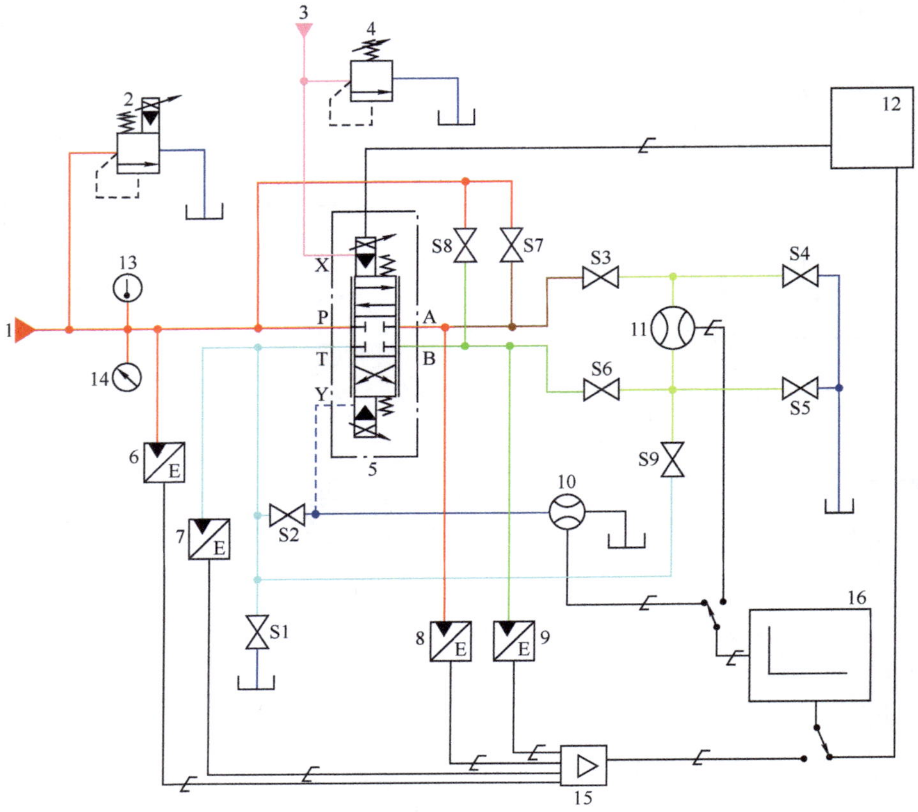

图 6-18　新的动态试验回路（新版标准 Figure 1）

2—电控恒压阀　5—被测阀　6～9—压力传感器　12—信号发生器
15—信号收集器　16—记录仪（省略了每个液压人都应该知道的序号说明）

2）截止阀 S1、S3、S6 应全开，其余全关，利用流量计 11（新版标准文本中误为 10）测流量变化。为了减小容积，提高固有频率，可以把所有的截止阀都拆除。

3）目前的技术水平（频宽），这种可用于电比例换节阀测试的流量传感器并不多见。可以用液压缸替代，但液压缸不适用于试验输入信号带直流偏压的工况。

4）在未给被测阀输入信号时，被测阀处于中位，从压力源来的压力油几乎全部从恒压阀（溢流阀 2）排出。在给被测阀加了输入信号，被测阀部分开启后，部分压力油通过被测阀回油箱，不再通过恒压阀，因此，被测阀进口压力可能会有变化。标准要求，整个测试过程中表 14 处的压力变化不超过 25%。所以，必要时，可以在压力源进口加接蓄能器。

2．阶跃响应

（1）输入信号

考虑到被测阀在不同输入时的响应特性可能不同，标准建议，输入信号采用不同水平的起始与终止状态：0、±10%、±25%、±50%、±75%、±100%等。

（2）结果表述

现行标准建议（8.2.3.1）从响应曲线中取特性指标，如图 6-19 所示。

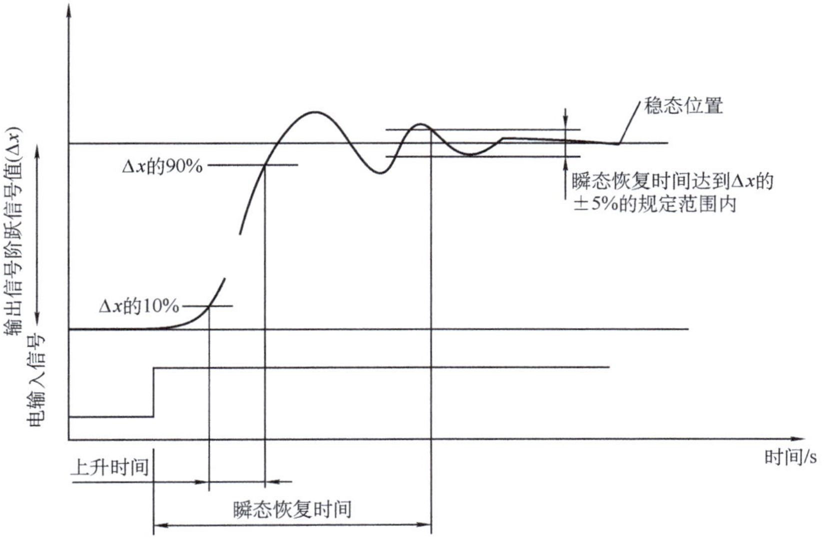

图 6-19　对阶跃输入信号的瞬态响应（现行标准 图 16a）

而新版标准建议的指标则略有不同（见图 6-20）。不再从 10%开始计算上升时间，而是从初始切换开始，称为响应时间。

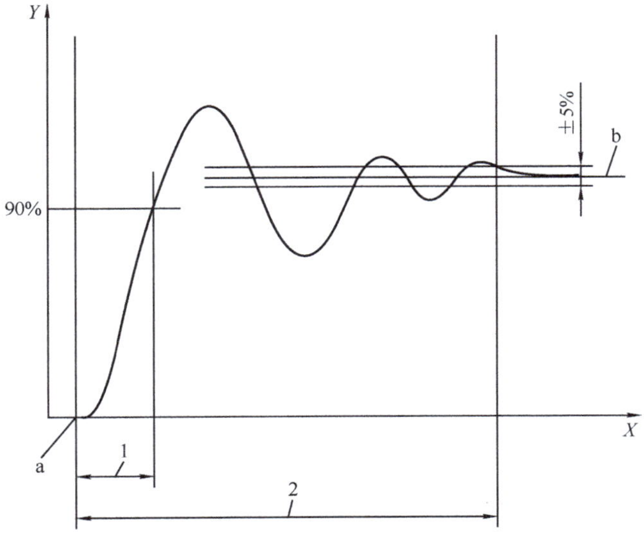

图 6-20　对阶跃输入信号的瞬态响应（新版标准 Figure 12）

X—时间　*Y*—流量或阀芯位置　1—响应时间　2—调整时间　a—初始点　b—稳态

（3）实测曲线

图 6-21 为一带阀芯位置电反馈的电比例换节阀的实测曲线，采用阀芯位置传感器获得响应信号。从中可以看出：略有超调，按新版标准建议的响应时间则约为 46ms，调整时间约为 49ms。而按现行标准的上升时间约为 38ms。

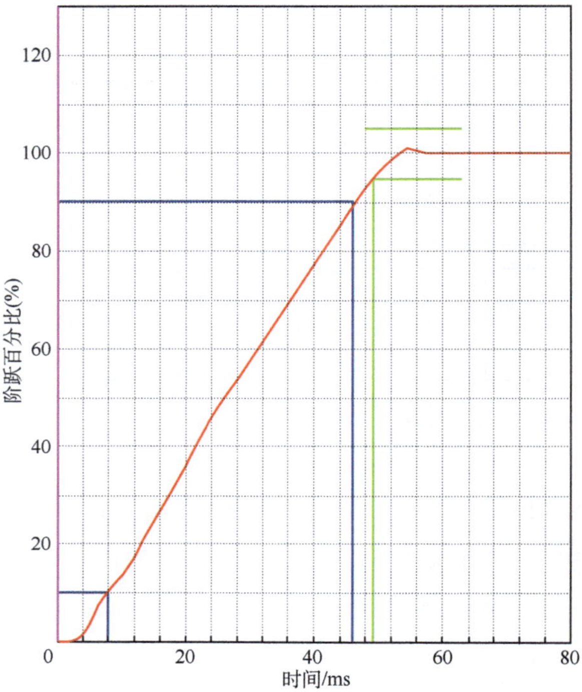

图 6-21　一个电比例换节阀的阶跃响应实测（上海诺玛 RT4WREE6）

3．频率响应

（1）输入信号

1）频率范围

开始点：相位差 90°频率的 5%，或 5Hz，取其中小的一个。

结束点：现行标准建议，幅频比衰减到–15dB；而新版标准则建议，至少到相位差为 180°，或者响应信号的幅度已不能可靠地测出。

2）考虑到被测阀的非线性，标准建议，测试应采用不同幅度的输入信号，而且不仅在零点，之后还应加入+50%或–50%的直流偏压。

（2）结果表述

现行标准建议表述测试结果如图 6-22 所示，而新版标准建议的则略有不同（见图 6-23）。

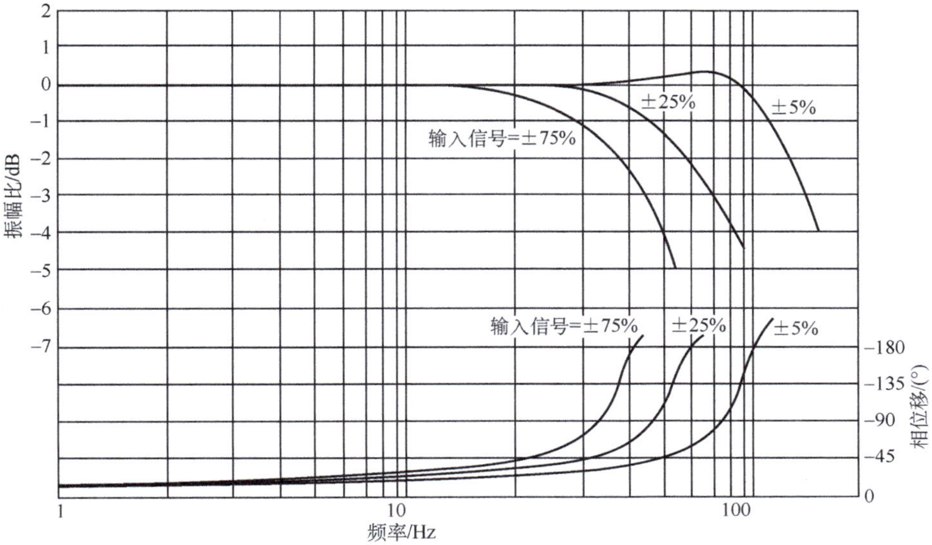

图 6-22 频率响应特性曲线（现行标准 图 15）

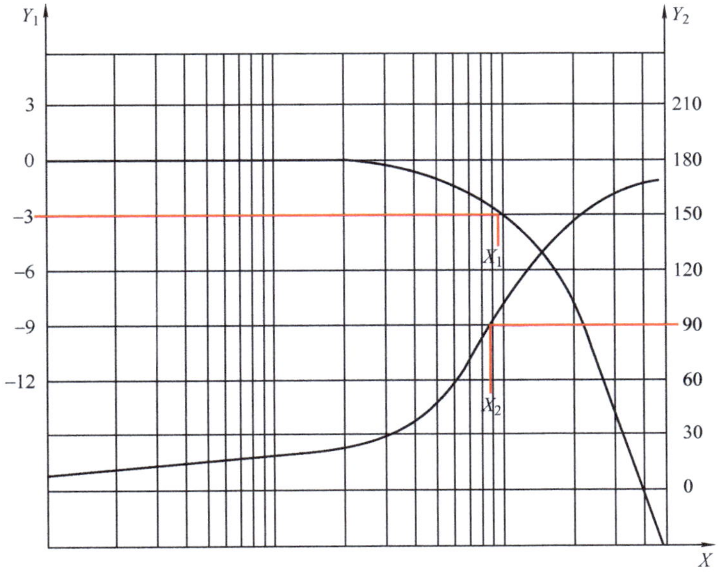

图 6-23 频率响应（新版标准 Figure 14，红色系作者所加）

X—输入信号频率/Hz Y_1—振幅比/dB Y_2—相位移/（°） X_1—幅频宽 X_2—相频宽

从频响曲线中可以看出，在不同输入信号时的振幅比与相位移。一般称振幅比降至–3dB 的频率为幅频宽（X_1），相位差为 90°的频率为相频宽（X_2）。

（3）实测曲线

1）图 6-24 为前述的电比例换节阀的实测曲线，从中可看出

——频宽随着阀口开度的增大而减小。
——在±10%输入信号时，该阀的幅频宽约为 80Hz，相频宽约为 65Hz。

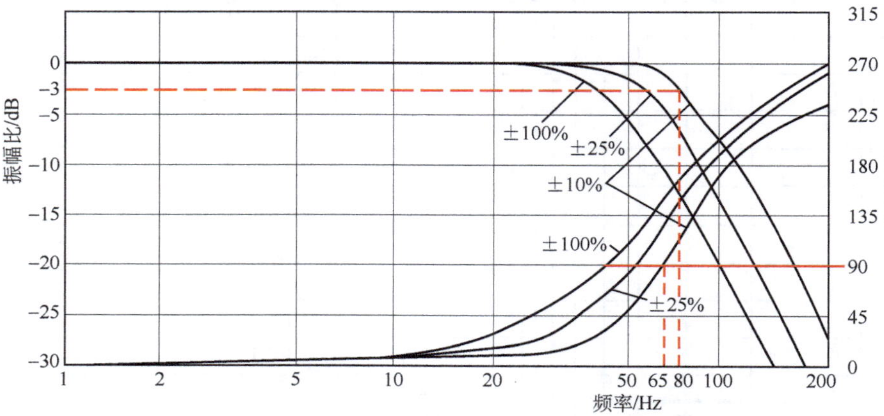

图 6-24 一个比例换节阀的频率响应特性（上海诺玛 RT4WREE6）

2）图 6-25 为一个伺服阀的实测曲线，从中可看出，该阀的幅频宽约为 110Hz，相频宽约为 180Hz。

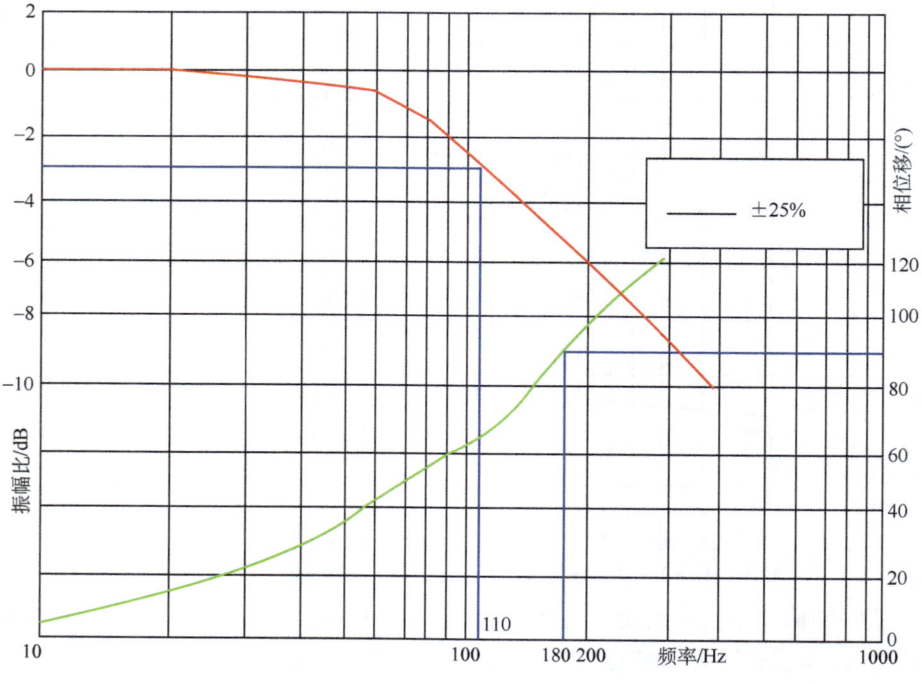

图 6-25 一个电液伺服阀的频响实测曲线（上海诺玛 RT7625M-3004）
（正弦电流 5mA，系统压力 21MPa）

6.6　恒压变量泵瞬态特性的测试分析

1. 被测件分析

恒压变量泵（见图 6-26）的变量机构，可以根据出口压力调节排量：如果出口压力偏离设定值的话，就改变排量，从而改变输出的流量，以期维持一个相对恒定的出口压力。实际上，即使工作在恒压工况（见图 6-26b 绿色曲线），但在负载波动时，由于恒压变量机构需要一定的调节时间，所以，也会出现欠压或压力峰。为此，需要测试其瞬态响应特能。而测试恒压变量泵的瞬态响应特性，实际上是测试泵的恒压变量机构的瞬态响应特性。

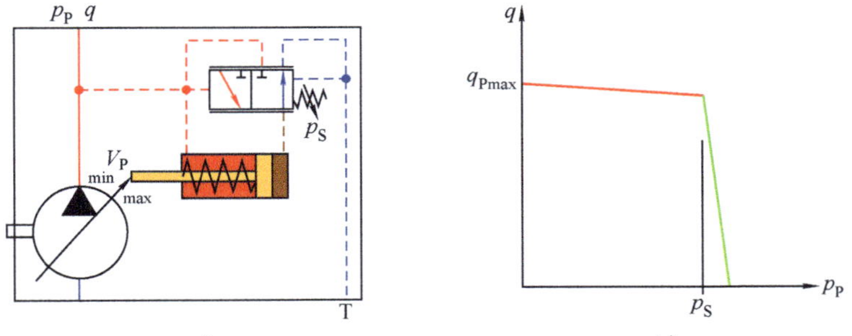

图 6-26　恒压变量泵

a）工作原理图　b）特性曲线示意图

——最大排量工况　——恒压工况

JB/T 7043—2006《液压轴向柱塞泵》未要求测试变量机构的瞬态特性。

2. 测试回路分析

要测试恒压变量机构的瞬态特性，有几种模拟负载的方法。

（1）双节流阀

图 6-27 用两个节流阀 5、6 模拟负载，用二通阀 4 切换负载。

在阀 4 断路时，由于阀 6 开口很小，泵只须排出较少的流量就可以维持泵出口压力 p_P 为泵的设定压力 p_S，因此，泵排量 V_P 较小，为 V_1（见图 6-28），由阀 6 的开口量决定。

在阀 4 开通后，由于阀 5 开口很大，泵必须排出较大的流量才可以维持 p_P 为 p_s，因此，V_P 较大，为 V_2，主要由阀 5 的开口量决定。

在阀 4 刚开通，V_P 还没有达到 V_2 时，p_P 低于 p_S。

切换阀 4，通过压力传感器 1 记录 p_P，就可以观察变量机构的瞬态响应性能。

泵出口腔的容积 V 对 p_P 变化速度有大的影响。V 越大，p_P 变化越慢。

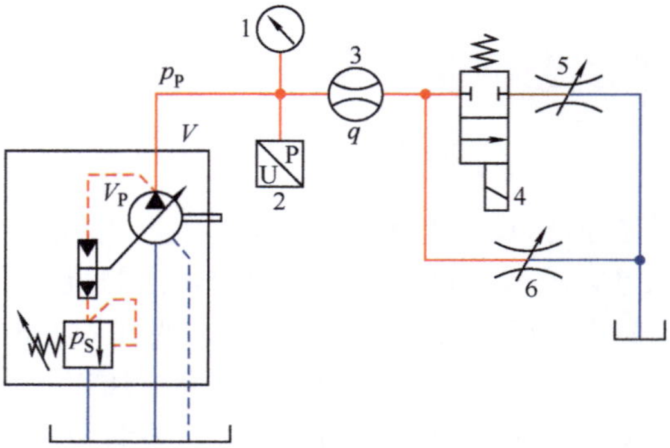

图 6-27　双节流阀模拟负载的测试回路

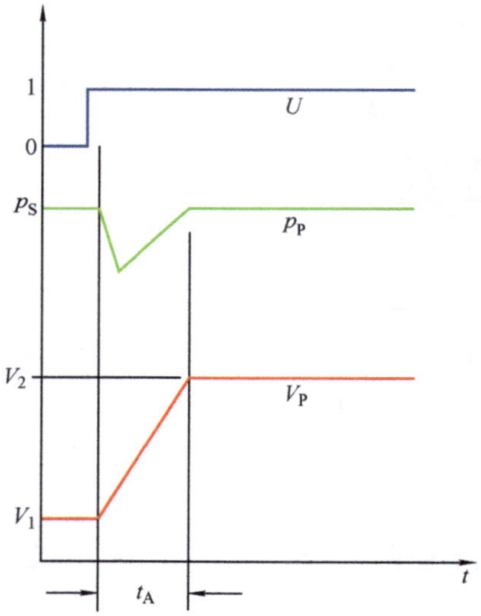

图 6-28　二通阀切换，系统的瞬态响应过程

U—加于二通阀的电压　p_P—泵出口压力　V_P—排量

（2）单节流阀

图 6-29 的回路只用一个节流阀 5 模拟负载。

在阀 4 断路时，由于泵出口被封闭，因此，排量最小，V_P 为 $V_1 = V_{min}$，p_P 为 p_S。有些泵内部没有旁路，没有循环流量，对摩擦副散热很不利，不能长时间停留在这个位置。

阀 4 开通后，V_P 从 V_{min} 变大到 V_2，阀 5 的开口量决定了 V_2。

（3）溢流阀

使用图 4-27、图 4-29 两个回路，可以观察到泵变量机构和系统的瞬态响应，但为了通用可比，还需要进一步统一 V_1、V_2 的大小。

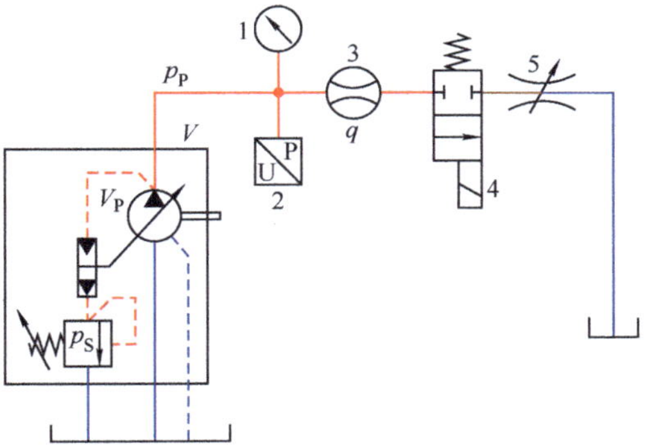

图 6-29　单节流阀模拟负载的测试回路

力士乐采用的测试回路如图 6-30 所示，用一个设定压力为 p_Y（p_Y<p_S）的溢流阀 5 模拟负载，实现 V_P 从 V_{min} 变到 V_{max}。

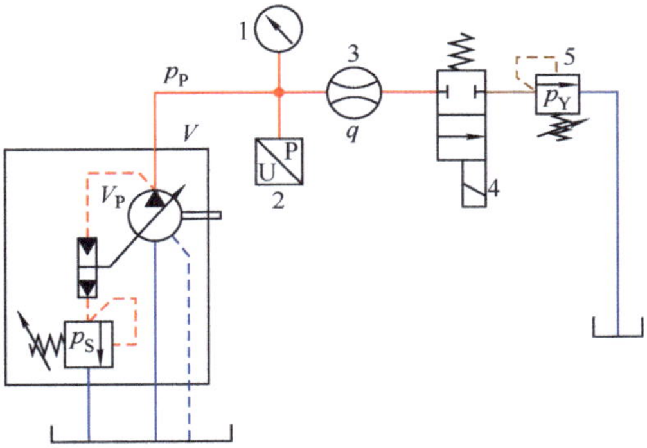

图 6-30　溢流阀模拟负载的测试回路

在阀 4 断路时，由于泵出口被封闭，因此，V_P 为 V_{min}，p_P 接近 p_S。

在阀 4 开通后，由于 p_Y 低于 p_S，泵排量 V_P 从 V_{min} 变到 V_{max}，进入最大排量工况，p_P 降到 p_Y。

图 6-31 为力士乐提供的 A4VSO 泵恒压特性的瞬态响应曲线。p_S 为 35MPa，p_Y 分别为 2MPa 和 32MPa。溢流阀在泵出口 1m 处。

如果排量机构在 V_1、V_2 位置没有机械限位，则还可能出现过冲，如图 6-31 中 A 所示。

力士乐用 V_P 从 V_{min} 变到 V_{max} 所需的时间 t_{SA}，以及从 V_{max} 变到 V_{min} 所需的时间 t_{SE} 来表征瞬态特性。t_{SA} 和 t_{SE} 的具体值与泵的规格有关，t_{SA} 还和溢流阀 5 的设定压力 p_Y 有关，见力士乐的 RD92060_2014-04（见表 6-1）。

在该资料中并未述及具体如何确定 t_{SA}、t_{SE} 的开始结束时间。一种途径是直接测试变量机构的几何位置，但这意味着要对泵壳动手术，安装位置传感器，对一般使用者不太实用。另一种比较简单的途径：取阀 4 的切换时间为开始时间，而把压力恢复到稳态的时刻作为结束时间。

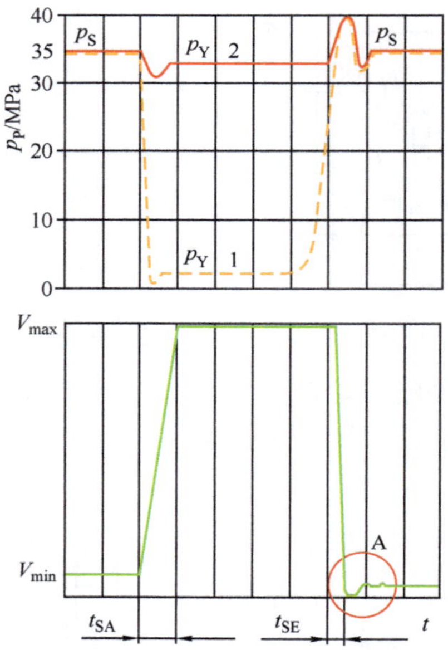

图 6-31 恒压变量泵的瞬态特性曲线（力士乐 RD92060_2014-04）

1—p_Y = 2MPa 2—p_Y = 32MPa A—排量过冲

表 6-1 恒压变量机构的响应时间

V_{max}/cm^3	t_{SA}/s		t_{SE}/s
	p_Y = 2MPa	p_Y = 32MPa	
40	0.12	0.08	0.02
1000	1.50	0.90	0.20

延伸阅读文献

[1] 张海平. 液压螺纹插装阀[M]. 北京：机械工业出版社，2011.

[2] Univ. -Prof. Dr. -Ing. Murrenhoff. Grundlagen der Ölhydraulik[M], 5.Auflage. IFAS, RWTH Aachen. Aachen: Shanker Verlag，2007.

[3] 吴根茂. 新编实用电液比例技术[M]. 杭州：浙江大学出版社，2006.

第 7 章　液压元件耐久性的测试分析

耐久性试验（endurance test，durability test），也称为持久性试验、疲劳试验、寿命试验（life test）、寿命评估试验，是测定产品工作耐久性的试验。

尽管对材料的疲劳寿命已进行过很多研究，有不少理论计算方法，但由于受到很多实际因素的影响，液压元件的耐久性最终还是要通过试验来检验。通过耐久性试验，可以在较短的时间内了解已达到的水平，找出影响耐久性的原因，确定失效的形式，从而改进产品质量。因此，做好耐久性试验是十分最重要的。

花钱请别人代自己做耐久性试验，就像花钱请别人代自己去游山玩水一样，是不明智的，因为做耐久性试验非常有助于提高企业自己的研发能力。

进行试验前应做好以下的准备工作。

1）明确试验目的。

2）深入分析被测件。

3）详细了解应用场合。

4）全面分析可能影响耐久性的因素。

5）预估可能出现的失效。

6）周密规划试验。

7）制订详细试验计划。

然后，认真试验，整理出完整的报告。

试验报告越完整，参考价值越大。因为材料相同，加工工艺相同，尺寸配合相似，受力相似，则耐久性应该也相似。即使是世界级大企业，也不可能对它的所有产品进行耐久性试验，很多是通过类比确定的。

做耐久试验，确实很花钱。但准备得越充分，试验成本就越低，试验进展也越顺利，收获也越大。

本章以多种不同类型的液压元件为例，介绍试验前的准备工作，说明对不同对象的不同处理。

7.1　试验目的的分析

进行耐久性试验有不同的目的，试验方案也相应不同。

1．达到标准要求

达标性试验是为了考核被测件在标准规定的工况下，在规定的工作循环或工作时间（见表 7-1）后，性能是否还能符合标准的要求。所以，在做耐久试验前，特别是做耐久试验后，还应对被测件进行性能试验，以检查耐久性试验对被测件性能的影响。

表 7-1 对耐久性试验的规定

元件名称	标准	现行版本	工作循环或时间
齿轮泵	JB/T 7041	2006	满载 3000h 或超载 100h 或冲击 40 万次
叶片泵	JB/T 7039	2006	连续满载 3000h，或连续超载 600h 后冲击 10 万次，或连续超载 360h 后冲击 30 万次
轴向柱塞泵	JB/T 7043	2006	满载 2400h；或满载 1000h+超载 10h+冲击 10 万次；或超载 25h+冲击 10 万次
马达	JB/T 10829	2008	满载 1000h，或超载 10h，或冲击 10 万次
摆线马达	JB/T 10206	2010	超载 10h 后换向 5 万次后满载 1000h
低速大转矩马达	JB/T 8728	2010	满载 1000h 后冲击 10 万次后超载 125% 10h，或超载 125% 100h 后冲击 40 万次。之后，容积效率下降不超过 4 个百分点
液压缸	JB/T 10205	2010	行程≥100km
溢流阀	JB/T 10374	2013	25～80 万次
卸荷溢流阀	JB/T 10371	2013	40～60 万次
减压阀	JB/T 10367	2014	20～70 万次
顺序阀	JB/T 10370	2013	25～120 万次
单向阀	JB/T 10364	2014	25 万次
电磁换向阀	JB/T 10365	2014	500～1000 万次
多路换向阀	JB/T 8729	2013	25～50 万次

这种试验通常应由独立于研发设计制造部门的质量检验部门组织实施，只要达到标准推荐的时间或循环次数就可以了。

这种试验只对批量产品进行抽试，可以说，是一种介于样品试验和出厂试验之间的试验。因为，一方面只对个别产品做，另一方面，被测件必须具有系列产品的特性，即用制作系列产品的材料、设备、工艺制造出来，才能保证试验结果真正反映系列产品的水平，具有代表性、普遍性。

产品耐久性取决于产品的几何尺寸、使用材料、加工工艺、制造过程中的质量管理等要素，因此，在设计、工艺、材料、相应管理等有重大变更时，都要再次进行产品的耐久性试验。

2. 履行合同

应用场合不同，对耐久性的要求也不同。最典型的例子，用于火箭上的液压阀只要耐久几十分钟，而用于远洋船上的，可能希望耐久几十年。所以，应该根据应用确定需要的耐久程度，在合同中规定。

主机厂为了保证大批量生产的主机性能，即使样品的性能在试用时符合要求，在大批量订购前，也要小批量试用，主要也就是担心元件在实际应用工况下的耐久性问题。

为此，元件制造厂应该主动到主机厂去，测试实际应用的工况，然后和主机厂商量，确定进行耐久性试验的工况，拟定试验方案，使试验工况尽可能符合主机厂实际需要，然后在试验台上进行认真的试验，从而获得主机厂的信任，就能加快主机厂采用该元件的步伐。

简单地直接把新试制的样品交给主机厂放到主机上去试验耐久性，有如下局限性。

1）在试验台上试，很容易做到每天 24 小时不停运转，而在主机上试，就不那么容易。

2）在试验台上试，比较容易采用强化试验，即把对元件寿命产生影响的主要条件集中实施，加载超过额定工况，从而在较短的时间内得到结果（见 7.4 节）。而装在主机上，强化试验就受到限制了。因为，这样会使整个主机各部分都受到非正常负载，甚至引起安全事故。

3）由于在主机上试验需要持续的时间比在试验台上要长得多，期间的环境、工况都可能发生变化，因此，试验结果实际上不容易做到有代表性。

4）给主机厂试，万一试得不好，坏了名声，再要恢复就难了。

3. 比较不同结构、不同材料

把两个采用不同结构、不同材料的元件，放在相同环境，相同试验回路中，以相同的条件工况，进行耐久性试验，可以选择优化结构与材料。

4. 与先进水平比较

把先进水平的和自己研发的元件，放在相同环境下，相同试验回路中，以相同的条件与工况，进行耐久性测试，可以比较客观地确定差距。

5. 研发与改进

在产品研发与改进过程中，就对样品进行耐久性试验，确定被测件的主要失效模式，找出薄弱环节和危险部位，可以及时改进设计或提高工艺水平。

如果在试验中同时检测主要摩擦副的磨损量变化，还可为估算产品的使用寿命提供依据。

这种试验一般由研发部门自行组织进行。

“没有最好、只有更好”这一耳熟能详的励志口号，落实在液压技术领域中，就是不断改进，永不停止。

德国很多企业奉行的宗旨是，“不断改进，做到力所能及的最好！”

例如，液压管接头的保护层做耐盐雾试验，国产的一般能达到 48h，好的 96h。德国某公司在 2011 年研发出锌镍保护层，经过测试，能耐 800h 以上。但并不止步，进一步改进，2013 年宣称已可达到 1000h 以上。

再如液压缸活塞杆的表面镀层。国内一般是镀铬，好的，可耐盐雾试验 80～120h。德国某企业采用等离子体热喷涂镍铬，然后再镀铬，可耐盐雾试验 600h 以上；之后又研发了陶瓷热喷涂，可用于海船甲板上工作 20 年，2011 年又进一步研发出采用等离子体堆焊 CoCrWC 64-29-5，可长期在海水中工作。2013 年另一德国企业又推出了一种 KZN1400 的电镀方法，耐盐雾试验可超过 1400h，且成本低于热喷涂。

“Made in Germany”的声誉就是这样炼成的。

7.2 失效的分析

液压元件在使用过程中丧失规定功能的事件，称为失效（failure, fault）,也称故障。影响元件耐久性的失效状况大致可以分为两种模式：退化失效与突发失效。

1. 退化失效

性能逐渐下降到允许的最低限度以下，称为退化失效（degradation failure, gradual failure），也称软故障、渐衰型故障，例如，磨损逐渐加剧，密封性能变差，泄漏逐渐增加，所控的压力、流量逐渐变化，效率逐渐下降。

如果分析监测性能退化的过程，例如，监测泵的效率下降过程，理论上，可以提前预估泵的退化失效。再如，循环油液中金属磨损颗粒增加，很可能是某个或某几个摩擦副磨损严重；非金属磨损颗粒增加，可能使某个密封圈磨损严重。监测循环油液，也可及时预报失效。

2. 突发失效

零部件损坏导致液压元件不能正常工作，事先没有明显迹象，称为突发失效，也称为硬故障。例如，电磁线圈突然烧毁、断路等。

有些表面上看是突发性的失效，其实也是有过程的。例如，电磁线圈的短路往往先在两根相邻的绕线间发生，线圈的电阻开始下降，电流增大，短路点处发热逐步严重，进一步导致更多的绝缘层失效，短路加剧，最后才导致突然烧毁。如果经常检查线圈的电阻，也可能提前发现问题。

物体在受到外力时，内部各部分产生相互作用的力，即应力。随时间做周期性变化的应力称为交变应力。在部件不动但载荷做周期性变化、或载荷不变但部件做周期性运动时，部件内部都会产生交变应力。

液压元件中的许多部件在工作时要承受静应力或交变应力。例如，阀芯振动时相应的弹簧，齿轮泵的齿轮根部，柱塞泵的柱塞，等等。金属部件受到过大的静应力发生塑性变形或断裂，受到长期的交变应力发生疲劳破坏（fatigue failure），也属于突发失效。

大多数液压元件在工作时，都是退化失效与突发失效并存，这种现象被称为竞争失效。

粗略而言，金属部件的失效可以归结成如图 7-1 所示。

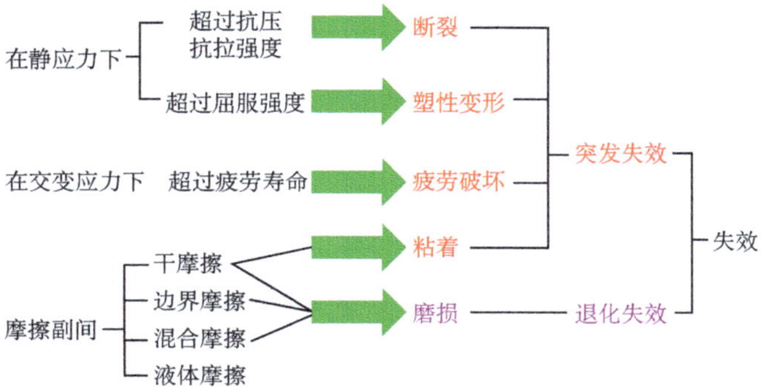

图 7-1　金属部件的失效

突发失效带来的后果往往比退化失效的严重得多，所以，特别需要关注！

在静应力下发生的破坏比较容易避免，只要在设计时根据可能的最严重受力状况再加上一个安全系数，然后在试验时再做 125%或 150%许用压力的耐压试验，即可。而要避免在交变应力下发生的疲劳破坏则复杂得多。

7.3　金属部件的疲劳破坏简介

实践与材料力学的实验研究表明，金属部件在应力交变的情况下，在应力还远低于屈服极限时，就可能发生疲劳破坏。

1. 交变应力的描述

描述规律性的交变应力可以使用 5 个参数（见图 7-2），但其中只有两个参数是独立的。

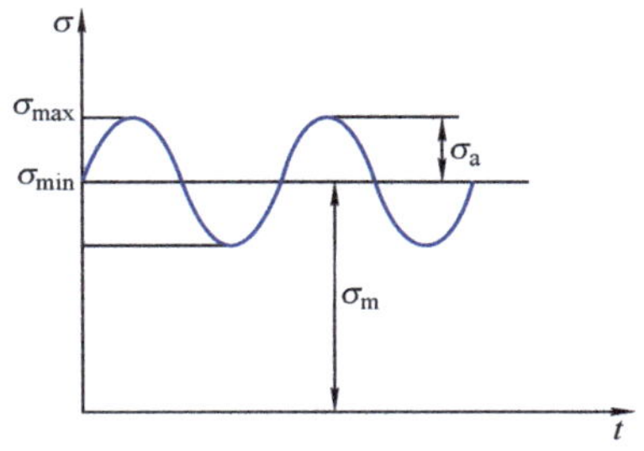

图 7-2　交变应力的参数示意图

σ_{max}——最大应力。

σ_{min}——最小应力。

平均应力（静载分量）$\sigma_m=(\sigma_{max}+\sigma_{min})/2$

应力幅值（动载分量）$\sigma_a=(\sigma_{max}-\sigma_{min})/2$

应力比（循环特性）$r=\sigma_{min}/\sigma_{max}$

静应力可以看作是一种特殊的交变应力，即 $r=1$，$\sigma_{min}=\sigma_{max}$。各种交变应力（见图 7-3）中，对称循环应力是最危险的。

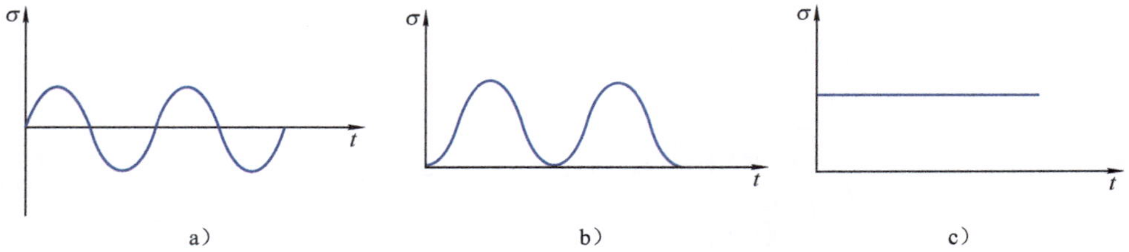

图 7-3 不同的交变应力

a）对称循环应力，$r=-1$ b）脉动循环应力，$r=0$ c）静应力，$r=1$

2. 疲劳破坏的过程

图 7-4 所示是一发生疲劳断裂的活塞杆。从图中可以看到，断面明显可分为两个区域：光滑区 **A**、颗粒状粗糙区 **B**。其形成过程大致如下。

图 7-4 活塞杆疲劳断裂

A—光滑区 B—颗粒状粗糙区

在持续的交变应力作用下

1）金属原子晶格发生错位运动。

2）错位运动聚集，形成分散的微裂纹。

3）微裂纹沿结晶方向扩展（大致沿最大切应力方向形成滑移带），贯通形成宏观裂纹。

4）宏观裂纹沿垂直于最大拉应力方向逐渐扩展。期间，宏观裂纹的两个侧面在交变载荷作用下，反复挤压、分开，形成断口的光滑区。

这个过程是持续一段时间的。只是这时粗看还看不出，必须仔细检查，或用超声波探伤仪才能发现。

5）随着光滑区的扩展，有效承载面积逐渐减小，应力逐渐增大。到一定程度，材料本身剩下的截面积无法承受所施加的载荷，一下子全部断裂，形成断口的颗粒状粗糙区。

3. 疲劳破坏与交变应力的关系

材料力学研究者通过对大量试件的测试，得到了很多材料承受对称循环应力，也即疲劳强度与发生疲劳破坏的循环数，即疲劳寿命之间的大致关系（见图 7-5）。

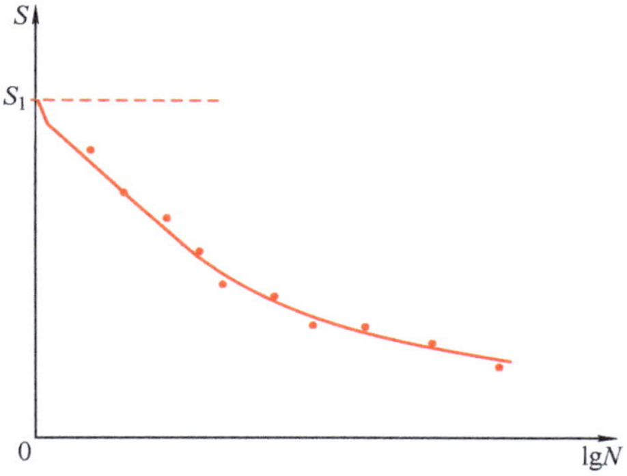

图 7-5 疲劳强度 S 与疲劳寿命 N 的关系

S_1—屈服极限

如果把纵坐标的疲劳强度也用对数形式表示，则可以得到图 7-6 所示形式的 S-N 应力-寿命曲线。

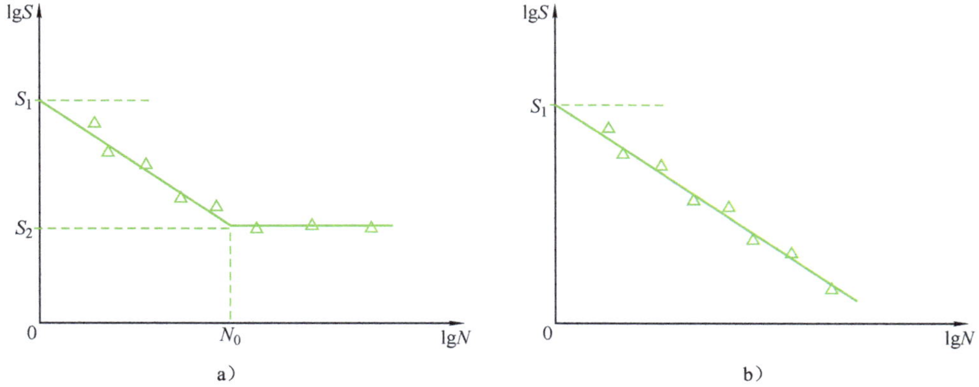

图 7-6 疲劳强度 S 与疲劳寿命 N 的关系（S-N 曲线）

a）有疲劳极限 b）无疲劳极限

S_1—屈服极限 S_2—疲劳极限

不同材料的 S-N 曲线有所不同！

通常，钢铁材料（铸铁除外）的 S-N 曲线随着应力降低到一定程度而呈现水平状态（见图 7-6a），即在疲劳强度小于一定程度时，试件可承受无限次应力循环而不发生疲劳破坏。这个疲劳强度称为疲劳极限。

而通常非铁金属材料（如 Al、Cu 合金）都无真正的疲劳极限（见图 7-6b）。

对于具有疲劳极限的材料而言，理论上，只要疲劳试验循环数达到一定程度（N_0），就可以认为，可以永久承受，不必再继续试验下去了。一般取 $N_0 = 10^7$。

4. 疲劳极限及影响因素

图 7-7 所示为某钢材的简化疲劳极限图（fatigue limit diagram），反映了应力幅值与静应力对疲劳极限的影响。理论上来说，如果交变应力在折线内部时，材料是安全的。

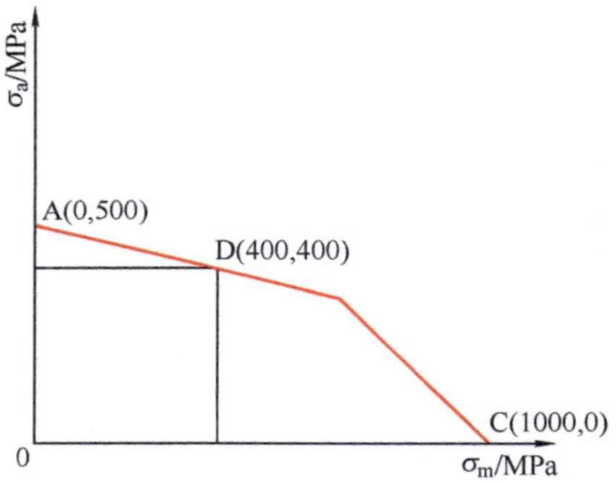

图 7-7 某钢材的简化疲劳极限图

σ_m—平均应力 σ_a—应力幅值 A—对称疲劳极限点 D—脉动疲劳极限点 C—屈服极限点

但实际上，影响金属部件疲劳极限的因素还有很多很多，非常非常简化地说，除了应力特性以外，大致还有以下一些因素。

（1）部件本身原因

1）部件形状。

材料力学用以试验得出 S-N 曲线的试件都是简单几何体，如圆柱体。然而，即使是简单几何体（见图 7-8），其应力分布也都是不均匀的。更何况实际液压元件中使用的部件的形状一般都要复杂得多，因此，应力的分布也复杂得多。

部件的实际几何形状常存在槽、孔、圆角、缺口和螺纹等不连续形式，易产生应力集中。曲率半径越小，应力集中越明显。最大应力集中常处于部件表面，故使疲劳裂纹首先在其表面成核扩展。所以，设计中应尽量避免或减少不连续的表面。

现在，部件形状也越来越多地通过有限元分析等现代设计工具进行优化，以提高效率，缩短研发周期。图 7-9 所示为一泵壳体。通过有限元分析，发觉在工作压力达到 50MPa 时，局部会出现很高的应力（见图 7-9a 中红色部分）。之后，通过增加壁厚、加大过渡圆弧半径等优化措施，消除了高应力区（见图 7-9b）。

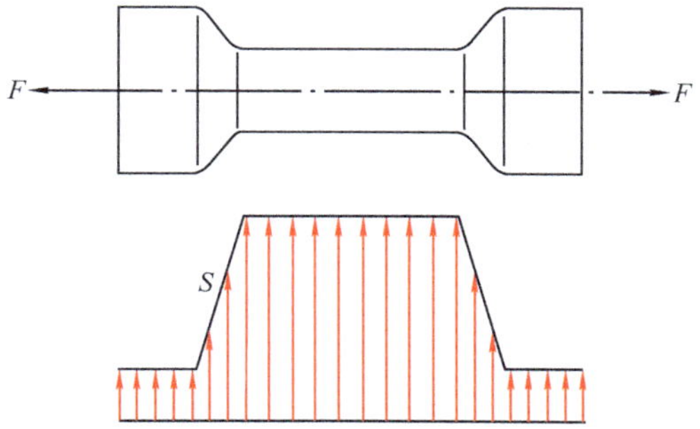

图 7-8　简单几何体的应力分布

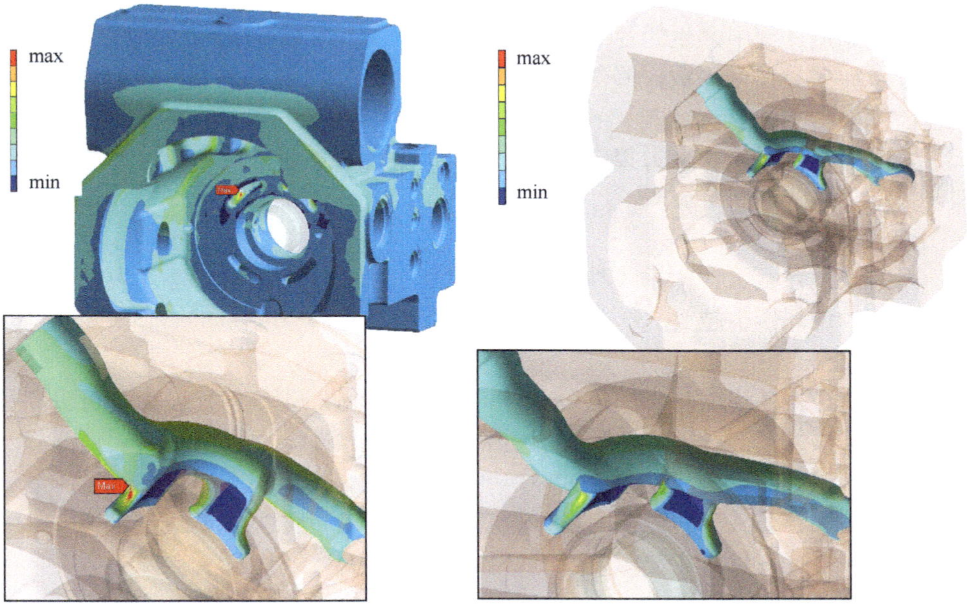

a）　b）

图 7-9　利用有限元方法分析优化一泵体（力士乐）

a）优化前　b）优化后

2）材料的化学成分。

不同的材料具有不同的屈服强度和 *S-N* 曲线，材料的屈服强度和疲劳寿命之间有一定的关系，一般来说，材料的屈服强度越高，其疲劳寿命也越高。为了提高部件的疲劳寿命就应选择高屈服强度的材料。

添加合金可以改善材料的屈服强度和 *S-N* 曲线。

3）材料的组织和热处理状况。

对同一种材料来说，细晶粒组织比粗晶粒组织具有更高的屈服强度。能否获得细晶粒组织，取决于热处理过程。

4）材料强化。

因为疲劳裂纹总是从表面开始，所以，通过表面渗碳氮化等措施，使表面形成一定深度的硬化层，抑制塑性变形，使疲劳裂纹不易在表面成核，也可以提高部件的疲劳寿命。

5）材料的冶金缺陷。

冶金缺陷是指材料中的夹杂物、晶界、气泡、元素的偏析，等等。存在于表面的冶金缺陷是应力集中源，会导致夹杂物与基体界面之间过早地产生疲劳裂纹。

（2）加工装配应用方面的原因

1）表面效应。

凡是制造过程中产生的各类裂纹（如淬火裂纹），尖锐缺口（如加工刀痕等）都易导致疲劳裂纹的形成，降低部件的疲劳寿命。材料强度越高，疲劳寿命受表面粗糙度的影响越显著。

表面粗糙度越低，应力集中愈小，材料的疲劳寿命越高。所以，施加抛光处理可提高部件的疲劳寿命。

2）尺寸效应。

材料的尺寸愈大，由于各种冷加工和热加工所造成的缺陷可能性愈高，产生表面缺陷的可能性也越大，这些原因都会导致疲劳寿命下降。

3）装配与连接效应。

装配与连接效应对部件的疲劳寿命也有很大影响。正确的拧紧力矩可提高其疲劳寿命 5 倍以上，过大的拧紧力不利于连接的可靠性。

4）环境效应。

常见加速疲劳破坏的环境因素有温度、温度波动和腐蚀介质。

温度升高时，材料疲劳行为趋于复杂（容易蠕变、氧化等现象）。

部件在温度波动环境中，会由于热胀冷缩产生热应力，加速疲劳破坏。

部件处于腐蚀环境中，出现小蚀孔后，会造成应力集中，使疲劳裂纹成核扩展，从而降低疲劳寿命。

7.4 强化试验浅析

强化试验，又称加速试验，把对元件寿命产生影响的主要条件集中实施。如

——高压。

——高压力波动，压力以近乎正弦波或矩形波周期变化。

——高频率，高转速。

——甚至有意添加污染颗粒，因为液压元件，尤其是液压泵，退化失效决定元件的寿命，还极其依赖于工作油液的清洁程度。

适度强化，可以较快地发现元件的薄弱环节，为改进产品质量，提高元件寿命提供依据。从这一点来说，强化试验是十分有价值的。

如已提及，材料疲劳寿命一般随疲劳强度的增大而缩短，其关系大致如图 7-10 所示。理论上，这种疲劳强度和疲劳寿命的关系为液压元件的强化试验提供了一个依据。具体来说，就是可以根据这个关系折算出，比方说，10 万次（N_2）峰值压力 115%（S_2）的试验相当于 50 万次（N_1）峰值压力 100%（S_1）的试验。要注意以下两点。

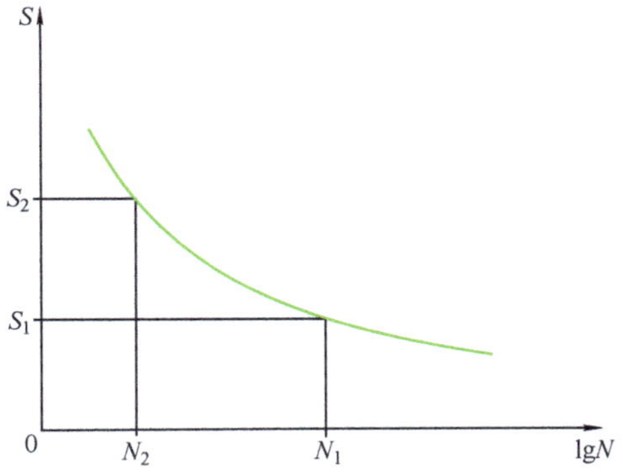

图 7-10　根据 S-N 曲线确定强化试验对应的常规试验

1）一种元件的这条应力-寿命曲线，只有通过对这种元件的大量试验才能获得。不同类型、不同结构的液压元件，这条曲线是不相同的。即使结构形状完全相同的元件，某些关键部位采用的材料不同，热处理不同，曲线也会不同。

2）把具有不同曲线的两种元件进行比较（见图 7-11）。

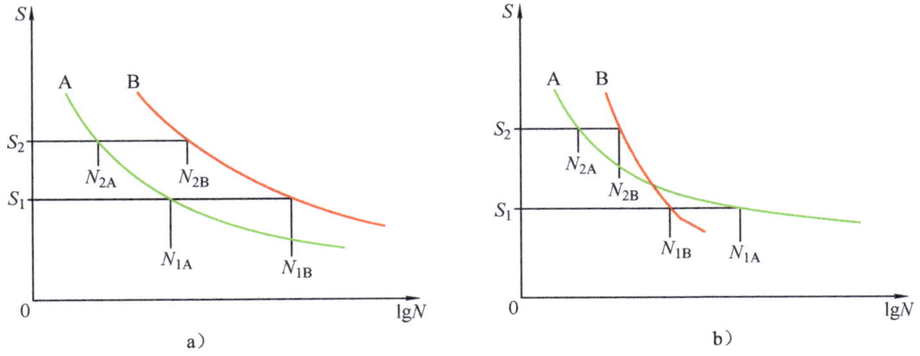

图 7-11　两种元件强化试验的比较

a）强化试验结果可引伸　b）强化试验结果不可引伸

如果元件 A 和 B 具有相似的曲线（见图 7-11a），强化试验对常规试验的折算系数大致相近，则强化试验比较的结果可以大致引伸到常规试验。

但如果元件 A 和 B 的曲线形态显著不同（见图 7-11b），则可能出现，在强化试验时，元件 B 的疲劳寿命（N_{2B}）高于元件 A（N_{2A}），但常规试验时，元件 B 的疲劳寿命（N_{1B}）却低于元件 A（N_{1A}）。

因此，引伸强化试验的结果要非常慎重。

7.5 试验前的准备工作

由于耐久性试验的试验时间长代价大，因此，更应该事先做好充分的准备。

1. 规划试验方案

对整个试验方案进行全面周密的规划，重点考虑以下一些方面。

（1）被测件分析

在进行耐久性试验前，应该对被测件的结构形式、材料、加工工艺、工作方式等进行尽可能深入的了解分析，因为这些都会影响被测件的耐久性。

对被测件应该已进行过常规的稳态、动态性能测试，从而对其性能已有比较充分的了解。

（2）对影响耐久性的因素进行分析

可能发生疲劳破坏的金属件可以参照 7.3 节进行分析。

（3）对可能发生的失效进行预估

应该通过分析实际应用工况对可能出现的失效进行预估。例如：

——配合运动副磨损超过限值、密封圈磨损，出现退化失效。

——弹簧疲劳折断、部件焊接处裂开、材料锈蚀老化，出现突发失效等。

如果该产品已投放市场一段时间，也应调查实际使用中出现的失效。如果是新产品，则可调查市场上的类似产品。

（4）拟采用的试验方法

1）强化试验。

进行耐久性试验总需要一定时间，而企业领导又都希望，新产品能尽快投入市场，取得收益。但万一其耐久性很差，在短时间内，特别是在保质期内，大量损坏，那对企业，无论是经济上，还是名声上，都将是一个灾难。所以，应考虑是否采取一定程度的强化试验。

2）部件单独试验。

结构复杂、影响耐久性因素多的液压元件应该考虑先对各部件分别进行试验。例如，斜盘柱塞泵，有四个摩擦副：配油盘与缸体、活塞与缸体、柱塞头与滑履、滑履与斜盘。它们的受力情况不同，相对速度不同，润滑状况不同，采用的材料不同，制造加工工艺也不同。在那些世界先进水平的公司里，并不一下子对整台泵做耐久试验。而是使用磨损试验机寻找适配的材料，使用单柱塞试验台研究柱塞在不同条件下的耐久性，单独对配油盘与模拟缸体加载试验，研究其耐久性[2]。获得大量经验后才试验整泵的耐久性。

（5）试验系统

耐久性试验系统应尽可能简单，放弃一切不必要的元件。因为试验中整个系统中几乎所有元件等于都在受耐久试验。一场试验下来系统中很多元件可能都要报废了。甚至可能出现，非被测件先于被测件损坏，影响试验的进展。所以，采用所谓通用试验台或综合试验台来做耐久性试验是极不划算的。

（6）试验回路

耐久性试验回路要着重考虑节能，回收能量。因为试验时间长，投入的能量最终几乎都转化为热量，常常还要为散热再耗费能量。

采用以上这些措施，就可以大大降低试验系统的建造与运行费用。

（7）试验暂停判据

应根据可能出现的失效确定试验暂停（终止）判据及相应检测方式：机械、液压、电传感器等。

有些失效，如磨损，在试验过程中不能或很难检测到，要通过拆检过程才能发现。因此，要确定，是否拆检、拆检项目、观察部位及拆检周期。拆检周期一开始应该短些，积累经验以后可以逐渐延长。

把规划测试的结果用试验大纲的形式书面固定下来。

2．制定试验计划

在试验大纲审查通过后，再据此设计试验台，制订详细的试验计划。要注意以下几点。

（1）测试设备

测试设备中不仅要有计时计数仪表，还要有对试验暂停判据进行监测的仪表，在检测到退化失效引起的指标低于设定值时，或发生突变失效时立即停止试验。

需要与可能时，设置被测量（压力、流量、温度等）的自动持续或定时记录仪。

（2）试验台

试验台要设置自动监测、控制、保护措施。

考虑到，为了尽快得到结果，耐久性试验往往是一天 24h 持续运行，大多数时间无人看管。期间，试验回路中其他所有元件也都可能出问题，各种故障都可能发生，如油液过热、管道爆裂、电动机烧毁，等等。所以，要设置相应的监测控制措施及设备，如电动机热继电器、油温监视器、冷却器、油箱油面监测器等，试验台下设置漏油储存盘。并设计相应的处理措施：如自动暂停试验，同时发信报警等。

要特别注意人身安全的保护措施（见图 7-12）。

图 7-12　一个耐久性试验台（哈威公司）

为避免特别是在强化试验中产生的大量磨损颗粒污染液压油，要设置多个高容垢能力的过滤器。最好在被测件出口设置油液污染度在线检测仪，因为异常污染常常是失效的前奏。

（3）技术文件

要有被测件的完整技术文件：名称、代号、图样（装配图、零件图）、材料、生产工艺（含热处理过程）等。

要在试验前，进行针对性的完整的状态记录：摩擦副、密封槽的实际加工尺寸、形状与位置偏差、硬度、配合面的粗糙度，等等。因为有些看上去的小细节，也会影响耐久性。例如，图 7-13 中所示的密封槽底，虽然直径在公差范围内，但与外圆不同轴，也会导致密封圈两侧压缩量不同，在试验中提前失效。

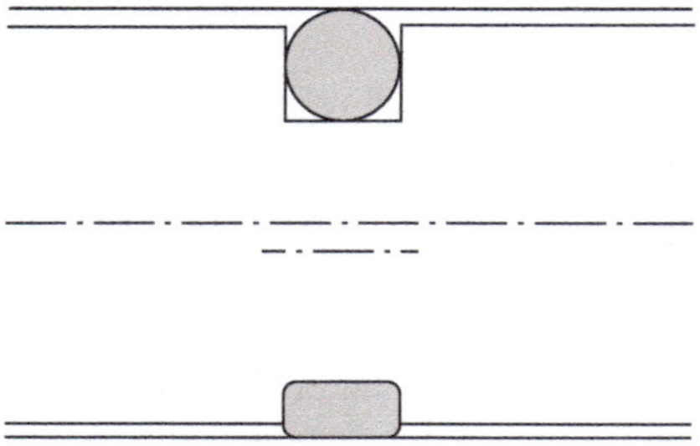

图 7-13　密封槽底与外圆不同轴

（4）试验记录表

要拟定试验记录表，至少应有以下几项：日期、时间、检测者、循环周期数、应观察项目、实际观察情况，等等。

（5）拆检记录表

如有拆检的话，要拟定拆检记录表，规定哪些部件哪些配合尺寸要进行感官评价或测量。

（6）试验报告

根据试验计划已经可以拟定试验报告的框架。

下面用几个常见液压元件为例进行分析。

7.6　压簧的测试分析

液压元件中，大量使用钢丝缠绕的圆柱形压缩弹簧（见图 7-14），以下简称压簧。一般而言，压簧是液压元件中相对价格较低的部件。但是，价格低不等于不重要。如果压簧的耐久性低，同样会影响整个液压元件的耐久性。

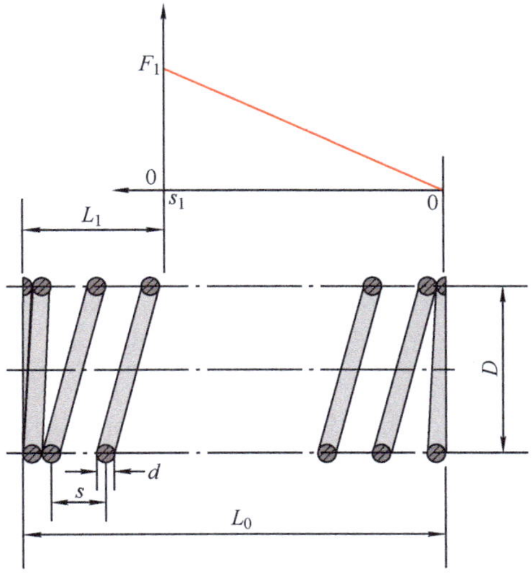

图 7-14　压簧的压缩量与弹簧力

d—弹簧钢丝直径　s—圈与圈之间的中心距　D—压簧中径　L_0—原始长度

s_1—压缩量　L_1—在压缩量 s_1 时的长度　F_1—在压缩量 S_1 时的弹簧力

关于压簧的技术条件有 GB/T 1239.2—2009，关于液压件用弹簧的质量分等也曾有 JB/T 53396—2000。液压元件生产厂是压簧的使用者，按理并不一定要做压簧的耐久性试验。然而，由于压簧对液压元件的耐久性也起着不可忽视的作用，市场上又存在着一些仅仅说得好听的供货商。因此，在一定情况下，液压元件生产厂也必须自己动手做压簧的耐久性试验。如是，则是考核性的。本节以此为例，仅想借此说明，即使看似如此简单的部件，要做好耐久性试验，也有很多准备工作应做。

1. 被测件分析

根据已有的理论和经验，可以对压簧大致做如下分析。

（1）功能

压缩时产生弹力。

（2）应用方式

压簧在液压技术中有多种应用方式。不同的应用方式对压簧性能的要求不同，例如：

1）用于电磁开关阀阀芯复位：在阀芯移动后，压簧被压缩，产生复位力。这种应用对压簧的重复性与线性度要求不是很高。

2）用在电比例节流阀中，把电比例线圈产生的电磁力转化为阀芯的位移量。这种应用希望重复性好，线性度好，要精确正比。

3）用在溢流阀中。受到压缩后产生一稳定的弹力，作用于阀芯。这种应用的要求介于前两者之间：重复性要好，但对线性度要求不高。

2. 影响耐久性的因素与失效形式

参考 7.3 节可以分析出以下一些影响压簧耐久性的因素。

（1）压缩量和压缩频率

工作中，压簧被反复压缩。压簧在被压缩时，钢丝内产生扭曲应力。压缩越大，扭曲应力幅值越大。因此，决定压簧耐久性的第一因素是相对压缩量。

事先应该进行计算，在需要的最大压缩量时压簧内产生的应力，据此检查其在计划使用工况下的理论寿命。液压技术中应用的压簧一般都是用钢丝绕制的，有疲劳极限。理论上，只要最大应力不超过疲劳极限，可以无限次循环加载。但实际情况要复杂得多。所以，还应该把使用工况告知压簧供货商，咨询耐久性。

（2）钢丝的材料

压簧结构简单，一般无相对运动的摩擦副，所以，没有磨损，也就没有退化失效。因此，钢丝材料的疲劳寿命是决定压簧耐久性的第二因素。所以，钢丝的材料牌号，也是很关键的因素。

（3）热处理

钢丝在卷成弹簧后要进行热处理。热处理后，如果屈服强度较低，则在大的压缩量时会发生屈服变形，导致压簧刚度降低。如果硬度过高的话，则容易折断。

（4）材料冶金缺陷

钢丝材料的冶金缺陷也会降低压簧的疲劳寿命。所以，应该了解弹簧供货商是从何处取得钢丝材料的，其质量稳定性如何。

（5）表面状态

压簧变形时，最大应力发生在钢丝的表层，所以钢丝的表面质量对疲劳寿命的影响很大。钢丝在轧制、拉拔和卷制过程中造成的裂纹、疵点和伤痕等缺陷往往是造成压簧疲劳断裂的直接原因。

对钢丝表面进行磨削、强压、滚压和喷丸等，都可以降低表面粗糙度，提高压簧的疲劳寿命。

（6）卷曲方法

在相同表面粗糙度的情况下，不同的卷制方法导致的疲劳寿命降低程度也不同，如冷卷弹簧降低程度就比热卷弹簧小。因为热卷弹簧在加热时，由于氧化使弹簧材料表面变粗糙和产生脱碳现象，会降低弹簧的疲劳寿命。

（7）尺寸效应

在测试压簧的疲劳寿命时还应考虑尺寸效应的影响。

（8）环境效应

一般测试压簧耐久性是在空气中进行的。但因为压簧钢丝绕制后表面会产生细小裂纹，工作在压力剧变的液压油中时会发生类似岩石风化的现象。时间一长，表面逐步剥落，影响耐久性。如果表面经过喷丸处理，消除了细纹，情况会好得多。为了考察这一因素的影响，测试压簧耐久性时还应压簧浸在压力交变的液压油中。

3. 失效形式与试验暂停判据

根据以上分析，可以归纳如下。

无论是屈服变形，还是疲劳折断，都会降低弹力，所以，可以反复进行相同程度的压缩，同时监测弹力，如果连续若干次的弹力最高值低于某个设定值时，即认为出现失效，自动中断试验。

在试验前，还应该通过访问压簧生产厂，考察其生产工艺与管理，了解该产品的质量稳定性，然后确定，从同一批次或不同批次中抽多少样品检查。因为试验成本较低，可以同时取多根进行试验。

也可以预先通过测量多根压簧的刚度初步判定其性能稳定性，必要时测定弹力与压缩量的线性度。

7.7 开关型盖板式插装阀的测试分析

假定需要测试图 7-15 所示的开关型盖板式插装阀。

1. 被测件分析

（1）功能

开启关闭通口 A、B 间的液流通道。

从总体上来说，关闭功能比开启功能更重要。因为，在很多场合涉及设备与人身安全问题。在某些场合，对关闭后的密封性有较高的要求。

图 7-15 所示的类型，理论上来说，A 腔可以做到完全密封。

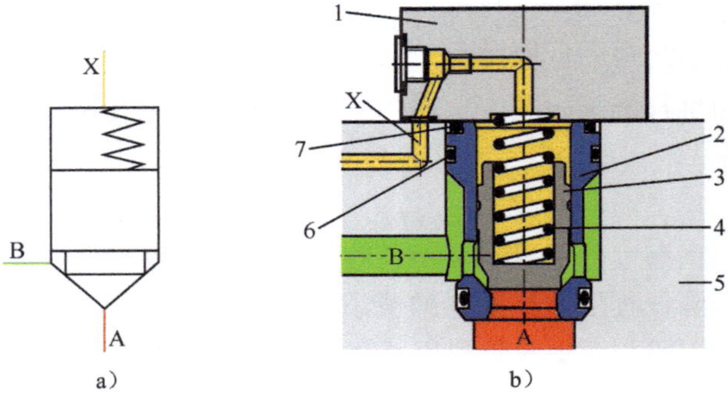

图 7-15　一种开关型盖板式插装阀

a）图形符号　b）剖面示意图

1—盖板　2—阀体　3—阀芯　4—弹簧　5—集成块　6—径向密封　7—轴向密封

因为阀芯 3 与阀体 2 间无密封圈，只靠间隙密封，因此，B 腔与 X 腔之间不可能完全隔绝。所以，B 腔不可能完全密封。

（2）工作方式

如果阀芯 3 受到向上的作用力（来自 A、B 腔）超过了向下的作用力（来自 X 腔和弹簧 4），就向上运动，开启 A、B 间通道。

反之，如果阀芯 3 受到向上的作用力小于向下的作用力，就向下运动，关闭 A、B 间通道。

一般要求许用工作压力为 32MPa，能够工作几千万次。

（3）材料与加工工艺

阀体、阀芯或是采用中碳钢，精加工后整体淬火，或是采用低碳合金钢，碳氮共渗，表面淬火。之后通过磨或硬车，达到较好的同轴度，以保证密封性。

2．影响耐久性的因素与可能出现的失效

（1）密封圈

组装后，理论上应该是阀体 2 被盖板 1 正好压紧在集成块的阀孔内，但由于加工偏差不可避免，所以，孔深一般取正偏差，比阀体的高度略大一些，因此，实际上盖板是通过阀体端面的密封圈 7 压住阀体的。这一高度差处理不好就可能会影响密封圈 7 的耐久性，最终导致 X 腔的液压油外泄漏。

类似，阀孔内径与阀体外径之差，也可能影响密封圈 6 的耐久性，导致 B 口的液压油外泄漏。

（2）阀芯与阀体

1）因为工作中阀芯 3 上下运动，所以阀芯与阀体的圆柱接触面会磨损，特别

是在阀芯阀体较软、油液中硬质污染颗粒较多时。磨损后 X-B 间内泄漏增加，严重的话，可能引起 X 腔失压，不能对抗 A 腔的压力，关闭液流通道。这属于退化失效。

2）阀芯与阀体锥面接触处，由于关闭时的撞击而损坏：如果表面过硬，会出现片状剥落；过软，则塌陷变形。最终都导致不密封。这也属于退化失效。与关闭速度有关。

3）阀芯阀体由于热处理不当，在反复撞击后脆性断裂，特别是在阀体径向孔处。这属于突发失效。

4）如果使用的压力介质带腐蚀性，此阀又长期未用。阀芯 3 可能由于锈蚀，与阀体 2 粘连在一起，导致不可开启。但，这在普通耐久性试验过程中应该不会发生。

（3）弹簧

弹簧变形或折断，导致刚度降低，从而关闭力不足：在 p_x 较低时，无法关闭；或是，在 p_A 较低时，已开启。

（4）盖板紧固螺钉

在高压工作时，作用于阀体阀芯的力，通过盖板 1，最终作用在盖板紧固螺钉上，可能导致螺钉疲劳断裂，出现外泄漏。

3．测试回路

可以采用类似图 7-16 所示的回路进行测试。

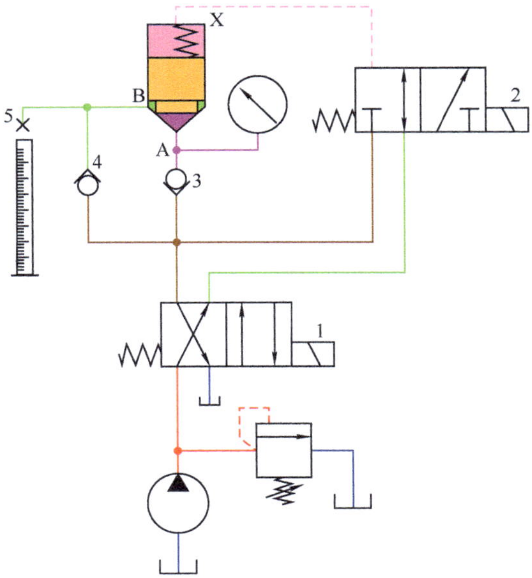

图 7-16　开关型盖板式插装阀疲劳寿命测试回路

1）在阀 2 失电时，反复切换阀 1，即是启闭插装阀。

2）定期让阀 1、阀 2 同时得电，则 A 腔与 X 腔都是高压，阀关闭，A 腔应是封闭的。这时，打开 B 口处的螺堵 5，流出的流量，就是 X→B 和 A→B 的泄漏。如果 A 口处的压力不下降，则说明 A→B 无泄漏。

3）盖板与集成块体间的外泄漏通过肉眼观察。

7.8 直动式溢流阀的测试分析

被测件为图 7-17 所示直动式溢流阀。

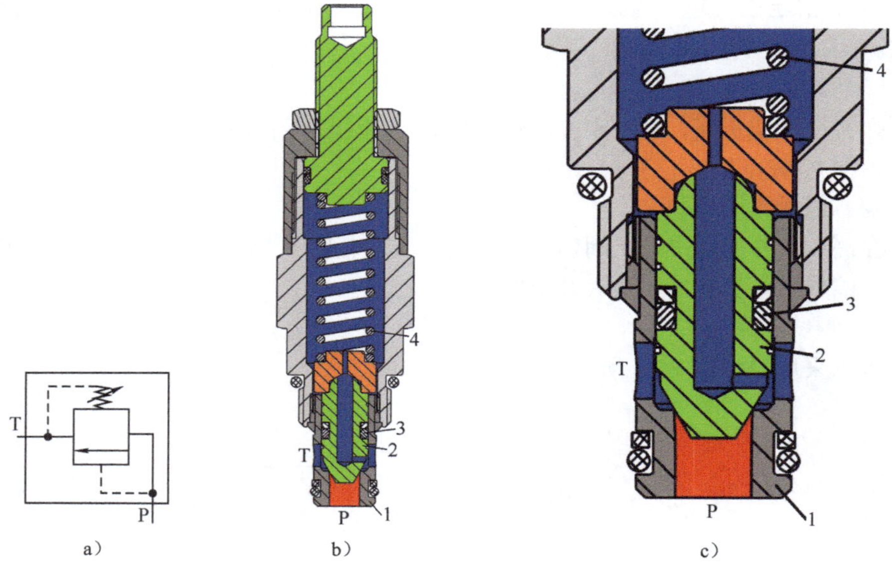

图 7-17 一种螺纹插装式直动式溢流阀

a）图形符号 b）剖视图 c）局部放大图

1—阀体 2—阀芯 3—阻尼圈 4—弹簧

如已在 4.5 节述及，溢流阀基本有两类应用方式：一是用作安全阀，一是用作恒压阀。

1. 用作安全阀

（1）被测件分析

用作安全阀时，常闭，开启频率相对较低。

在此类应用中，特别关注其开启压力和闭合压力的稳定性、闭合后的泄漏量。

（2）影响耐久性的因素与可能出现的失效

1）溢流阀开启压力与关闭压力之差，通常是由阀芯与阀体之间的摩擦力导致的，经过长期工作后，这个摩擦力可能会下降，滞回会减小，即闭合压力会一定程度上升。

2）在反复开启关闭过程中，弹簧反复受到压缩，可能会发生疲劳折断，导致开启压力下降。

3）开启后，如果压力下降很快，阀迅速关闭，阀芯可能会撞击在阀座上，引起损坏，尤其是阀芯阀座过硬时。结果，虽然阀芯已降到阀座上，但由于损坏带来的泄漏，还是认为没有关闭。

因此，在耐久性试验过程中，除了监控其开启、关闭压力外，还应定期测试其闭合后的泄漏。

2. 用作恒压阀

（1）被测件分析

用作恒压阀时，常开，只要系统工作，阀就是开着的。所以开着的时间很长，但开启次数不见得很多。

在此类应用中，更关注其可以持续工作的时间。

（2）影响耐久性的因素与可能出现的失效

在开启时，如果开口大的话，就建不起压力。所以，开口一般很小。因此，在阀的开口处，高压的流体以高速冲出（10MPa 压力降全部转化为动能，液流速度可达到约 60m/s）。这样的高速冲刷，尤其在油液中含有硬质污染颗粒时，很容易损伤开口处的阀芯阀座。而且，此时一般都伴有严重的气蚀：液压油气被压缩爆炸，产生与在柴油发动机活塞缸内类似的情况，即所谓“微柴油燃烧（mini-Diesel）”现象，局部温度会超过 1500℃。图 7-18 为一铝制溢流阀阀块在工作压力 10MPa，持续 2000h 后被击穿。

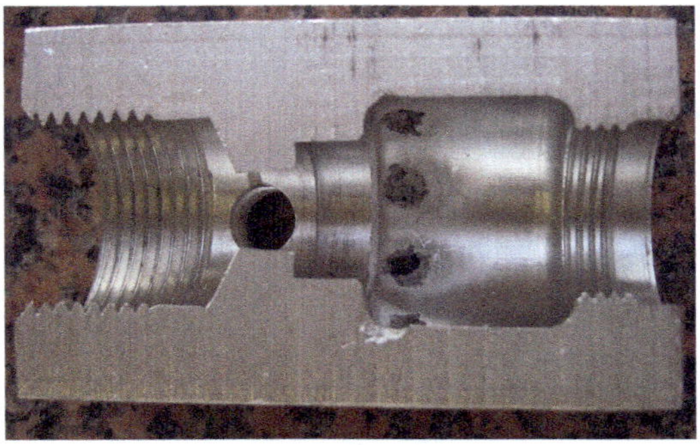

图 7-18　铝制溢流阀块被气蚀损坏（升旭）

所以，在这种应用中，最可能出现的是退化失效：阀芯阀座，由于冲刷，密封性能逐渐变差。

这种应用中，虽然阀口是常开的，但并不意味着阀芯处于恒定位置。随着通过开口的流量波动，阀芯也在不断波动，因此，弹簧内也还是有幅度不大但持续交变的应力，也可能导致疲劳折断。

3. 试验回路分析

JB/T 10374—2014《液压溢流阀》提供的试验回路不适于直动式溢流阀的耐久性试验：出厂试验回路（参见图4-18a）只能用于先导式阀，型式试验回路（参见图4-18b）则太复杂。可以考虑采用图7-19a所示回路。反复切换二通电磁阀就可以对溢流阀反复加载。7-19b为试验的压力波形。p_Y由被测阀2决定。p_0由节流阀决定。安全阀1的设定压力应至少高于被测阀2的2MPa，以避免干扰。液压源应是一个高压小流量的泵。

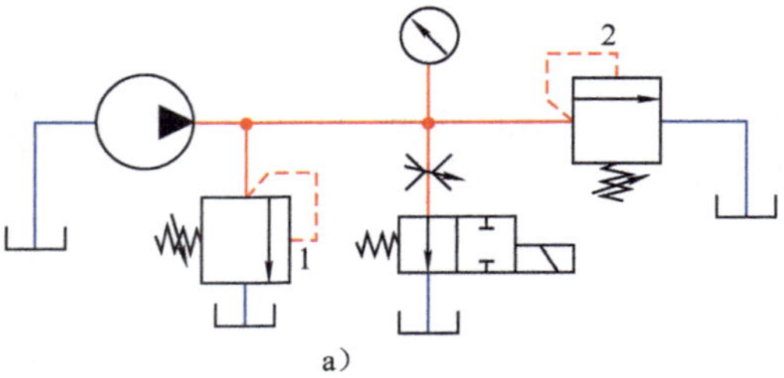

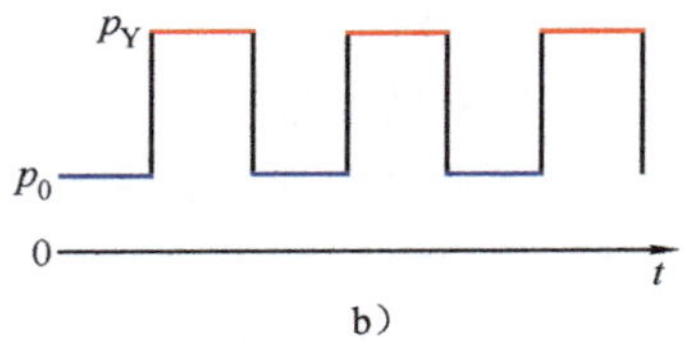

图7-19 溢流阀耐久性试验
a）回路 b）压力波形
1—安全阀 2—被测阀

试验中应该监控油液污染情况。

7.9 开关型电磁铁的测试分析

液压用电磁铁由线圈1与套筒衔铁组件2组成（见图7-20）。线圈在通电后产生磁场，衔铁在磁场作用下运动，推动阀芯。

图7-20 电磁铁
1—线圈 2—套筒衔铁组件

两者耐久性测试的失效机理完全不同，所以，一般都分别进行测试。

1. 线圈

（1）结构与功能

线圈大致结构如图 7-21 所示。现代的线圈都采用热固型或冷固型的塑料封装。有的生产商还在塑料中加入高达 30%的玻璃纤维，以增加线圈刚性。

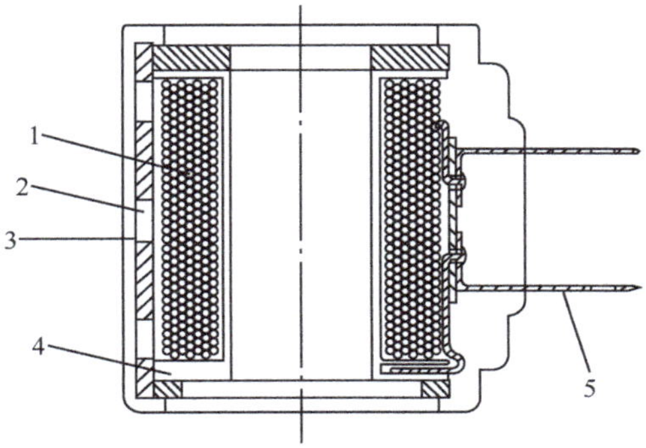

图 7-21　线圈剖面图

1—线匝　2—纯铁套　3—注塑外壳　4—线圈架　5—引入线接头

功能：通电后在线圈中产生足够强度的磁场。

（2）影响耐久性的因素与失效机理分析

液压用电磁铁一般都是允许持续工作的。电子运动不同于机械运动，没有磨损，通电本身并不会给线圈带来损耗，影响线圈寿命，所以，简单地在室内环境中持续通电来测试线圈的实际工作耐久性，是远远不够的。至少还应从以下方面进行考察。

1）反向电压冲击。

由于线圈的电感，如果在断电瞬间完全呈开路状态的话，线圈内会产生一个很高的反向电压（见图 7-22）。一个正常工作在 DC 24V 的线圈，如果没有消除反向电压措施的话，断电时的反向电压可能超过 600V。这么高的电压，多次重复很容易破坏线匝间的绝缘层。一般在线圈内加一个小电阻或稳压二极管（齐纳二极管）来消除反向电压。所以，在进行耐久性试验前首先应向线圈供货商询问，并用示波器检查，消除措施的效果如何。

2）绝缘层耐热性能。

线圈中漆包线的绝缘层的耐热性是有限的（见表 7-2）。温度超过漆包线绝缘等级规定的最高温度会导致永久性地失去绝缘性能。所以，在测试前应先了解漆包线的绝缘等级。

电磁线圈在工作时，所通过的电流，除了在得电的一瞬间，推动衔铁做了一些机械功以外，其余时间里全都转化为热量。因此，线圈发热升温是不可避免的

（见图 7-23）。随着线圈与环境的温度差越来越大，散热也越来越多。直到某一温度，发热和散热达到平衡，线圈温度才不再上升。所以，这个平衡温度，一方面取决于散热条件——线圈表面积大小，散热系数等；另一方面，也取决于周围环境的温度。

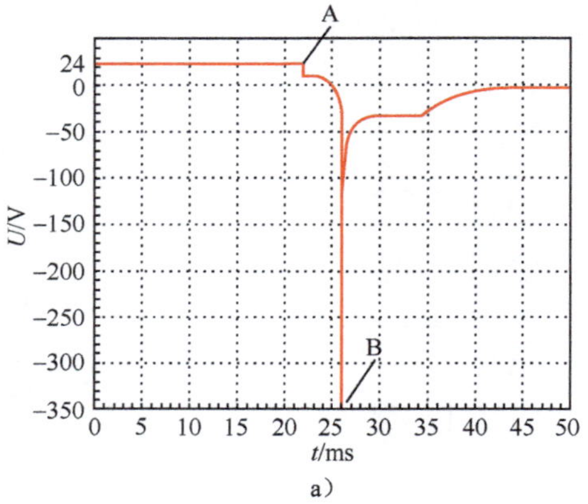

图 7-22 断电时的反向电压冲击（升旭）

a）不带反向二极管 b）带反向二极管

A—线圈失电 B—无消除措施时 C—有消除措施时

表 7-2 绝缘等级的耐热性能

绝缘等级	Y	A	E	B	F	H	C
最高温度/℃	90	105	120	130	155	180	>180

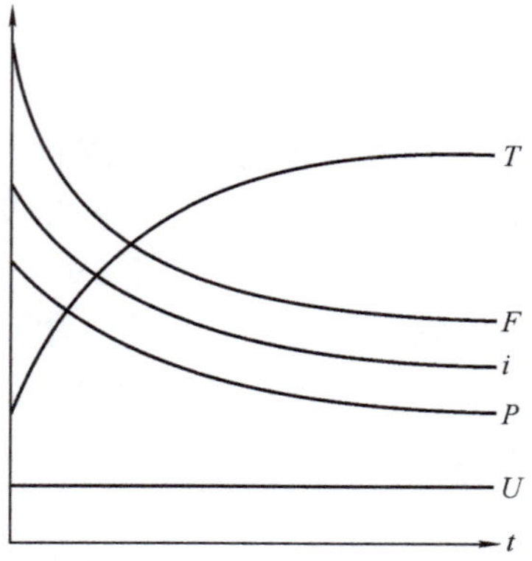

图 7-23 电磁线圈的温度随时间上升

t—时间 *T*—温度 *F*—电磁力 *i*—电流 *P*—功率 *U*—电压

对于具体一种线圈而言，平衡温度与测试时的环境温度之差，基本是个常数。所以，为了判断绝缘等级的耐热性是否足够，可以在室温下测定这个差值，再在实际应用的环境温度上加上这个差值。

由于通常只能测到线圈表面的温度，这肯定低于线圈内部的温度。所以，还应留有余量。

为使线匝产生的磁力形成环路的磁阻较小，线匝外必须要有相当厚度的导磁套（yoke）。导磁套要求导磁性好，剩磁低。一般都是电工纯铁。此套有内置式（见图 7-24a）和外置式（见图 7-24b）。

a）　　　　　　　　　　b）

图 7-24　导磁套

a）内置式　b）外置式

内置式导磁套埋入塑封内，与线匝的距离近，有利于导磁，但由于铁和塑料的热膨胀系数不一样，在热胀冷缩的过程中，容易产生裂纹。

外置式的导磁套与线匝的距离稍远，导磁性能略差，一般都用较厚的材料来弥补。由于其散热性能较好，也可以保护线圈，少受机械性损伤。所以，应用日见增多。

现在已经出现了一些新发明，在开关电磁铁推动衔铁到达工作位置后，降低工作电流，既可以节能，又可以减少线圈温升。

3）呼吸现象。

线圈通电工作后，线匝（见图 7-25）会发热，其间的空气就会膨胀，从引入线接头与注塑外壳之间及其他缝隙中呼出。待到线圈不工作，冷却后，内部压力降低，空气又会从缝隙中进入。此即所谓线圈的“呼吸”现象。线圈“呼吸”可能把带腐蚀性介质的水汽带入线圈，腐蚀破坏绝缘层及导线。

因此，线圈塑封外壳的密封性如何，工作时是否会产生裂纹、周围环境的湿度及腐蚀性介质的含量，都会对线圈寿命造成很大影响。

线圈通电需要相当一段时间，才会达到比较热，开始“呼”，也需要断电相当一段时间，才会降到室温，出现“吸”。而是否有呼吸现象，多严重，并不易直接检测。所以，有欧美公司采用“热剧冷”试验：线圈先加热到 105℃，保持 2h。

然后立即放入 0℃的水中浸 2h。重复 10 次。之后再用放大镜观察外包塑料是否出现裂纹，检查线圈是否还能正常工作。

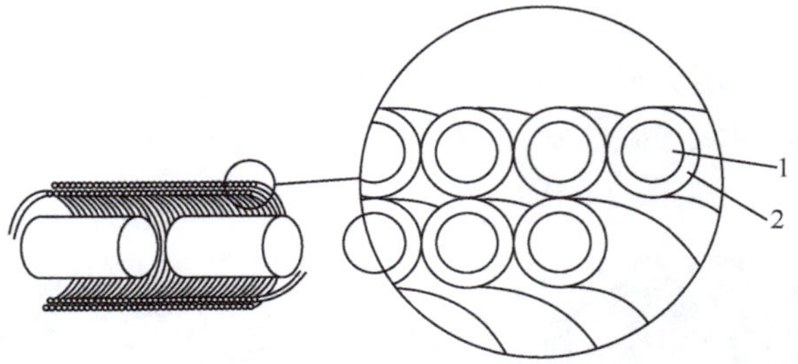

图 7-25　线匝间的间隙（海德福斯）

1—导线　2—绝缘层

有些公司还对线圈进行更多其他试验（见[1]9.2.2 节“线圈测试”）。

线圈缠绕得越紧，其中间隙越小，“呼吸”现象就越弱。所以，现在有的生产商开始采用扁平导线缠绕线圈，以减少线匝中的空气含量。另一方面，如果塑封外壳十分牢固，且有弹性，能承受其中空气热膨胀后产生的压力的话，也可以避免“呼吸”现象。

2．衔铁套筒组件

（1）结构

衔铁套筒组件大致结构如图 7-26 所示。套筒至少由两种不同材料焊接而成，其中一段是由隔磁材料制成的。隔磁环的磁阻很大，迫使磁力线绝大部分通过气隙，从而推动衔铁，力图消除气隙。

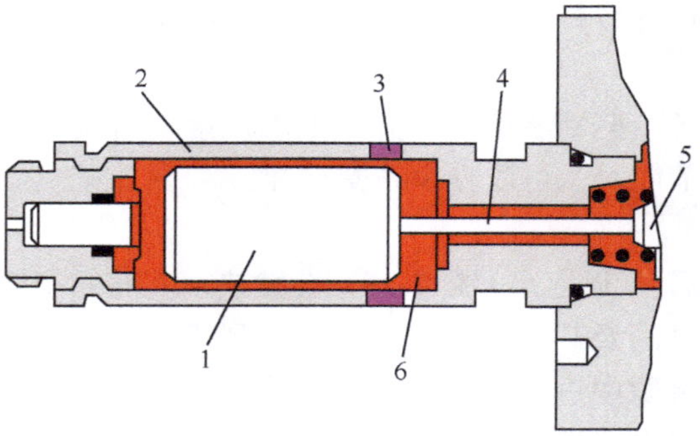

图 7-26　衔铁套筒组件剖视图（力士乐）

1—衔铁　2—套筒　3—隔磁环　4—推杆　5—阀芯　6—气隙

（2）影响耐久性的因素与可能出现的失效

衔铁套筒组件有两类：干式和湿式。

干式有密封圈，所以压力油不会进入套筒，但因为密封圈的摩擦阻力不利于线圈工作，现在已很少应用。

目前广泛应用的是湿式衔铁，压力油会进入套筒。

在很多电磁阀中，与套筒腔相连的是回油腔，理论上没有高压。但在有些应用中，此腔内可能会出现一定程度的压力。因此，有的厂商加试高频（例如 4Hz）的高压冲击，以考核套筒的耐压疲劳强度。

可能出现的失效：套筒屈服变形（见图 7-27a），焊接处断裂（见图 7-27b），套筒出现细小的轴向裂纹（见图 7-27c、d）。高压油可能会高速喷出。因此，试验时要特别注意防护。

a）　b）　c）　d）

图 7-27　套筒组件经过压力冲击损坏

a）套筒屈服变形　b）焊接处断裂　c）套筒纵向破裂　d）图 c 破裂处放大

图 7-27a 所示的套筒屈服变形，如果此套筒装在线圈内，会胀破线圈。

7.10　液压缸的测试分析

假定被测件如图 7-28 所示。

缸体由缸筒 1、后耳环 5 与法兰 7 焊接而成。

活塞杆是由活塞杆 2 与前耳环 10 焊接而成。

在装配时，活塞杆 2 与活塞 3 通过螺纹紧固连接，再由锁紧螺母 4 防松；端盖 8 通过螺纹与法兰 7 紧固。

1. 失效分析

根据图 7-28，可以做出以下分析。

1）缸筒现在一般采用由正规钢管厂大批量生产的无缝钢管或焊接钢管，工艺过程及检查大多比较严格，一般较少出问题。比较容易出问题的是截面变化、应力集中的焊接部位。

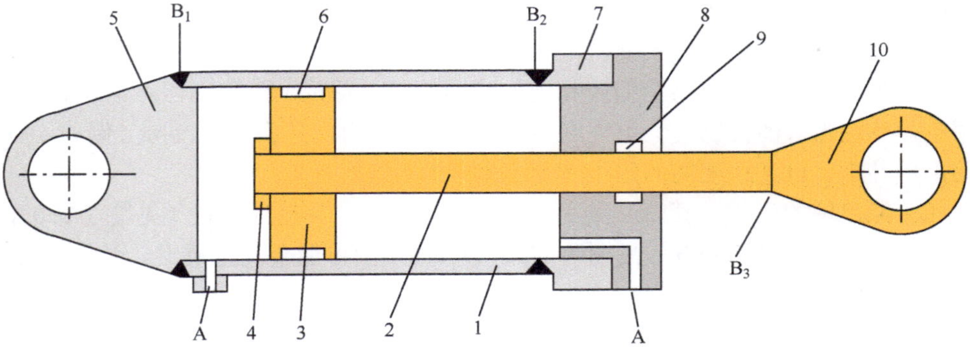

图 7-28　差动缸结构示意图

A—进出油口　B—焊接处

1—缸筒　2—活塞杆　3—活塞　4—锁紧螺母　5—后耳环　6—活塞密封

7—法兰　8—端盖　9—活塞杆密封　10—前耳环

2）在承受压负载时，负载力通过活塞杆 2 与活塞 3 间的螺纹连接传递给活塞，在无杆腔产生负载压力，此压力特别作用于缸筒 1 与后耳环 5 之间的焊接处 B_1，可能引起疲劳破坏。

3）在承受拉负载时，负载力首先作用于前耳环 10，通过焊接处 B_3 作用于活塞杆 2，再通过活塞杆 2 与活塞 3 间的螺纹连接处传递给活塞 3，在有杆腔产生负载压力，此压力通过端盖 8 与法兰 7 的连接螺纹，特别作用于法兰 7 与缸筒 1 之间的焊接处 B_1，可能引起疲劳破坏。图 7-29 为焊接处 B_3 断裂。

图 7-29　在耐久性试验中活塞杆件与前耳环连接处断裂

4）在活塞与活塞杆进出往返运动中，密封圈、导向环、油封与相应接触金属表面摩擦，发生退化失效。

2．标准关于耐久性试验的推荐

GB/T 15622—2005《液压缸试验方法》（修改采用 ISO 10100:2001）仅提出，

“一次连续运行 8h 以上……。记录累计行程”，至于之后情况如何，怎么算合格，都未提及。

相对而言，JB/T 10250—2010《液压缸》的推荐就比较具体：“耐久性试验的累积行程≥100km”，之后，“内泄漏量增加值不得大于固定值的 2 倍，零件不应有异常磨损和其他形式的损坏。”

3. 测试回路分析

（1）测试标准

GB/T 15622—2005 推荐了出厂试验回路和型式试验回路，对耐久性试验没有推荐特别的回路。JB/T 10205—2010 也没有推荐试验回路。

对耐久性试验，GB/T 15622—2005（7.4 节）和 JB/T 10205—2010（7.3.4 小节）都推荐：“在额定压力下，使被试缸以设计要求的最高速度连续运行”。

但是，GB/T 15622—2005 推荐的出厂试验回路（参见图 5-36），不能测试活塞、活塞杆承受负载的耐久性，而该标准推荐的型式试验回路（参见图 5-25），则加载完全靠加载缸 11 两侧的溢流阀 16、17，能量不回收，驱动泵 2 需要的功率（额定压力×最大流量）极大，而且还需要流量很大的补油泵 15 为加载缸 11 提供流量。整个系统的发热极其严重。

（2）能量回收型测试回路

采用图 7-30 所示回收能量回路，可以大大降低试验台的运行功率。为便于理解，画出了换向阀处于左位的工况。

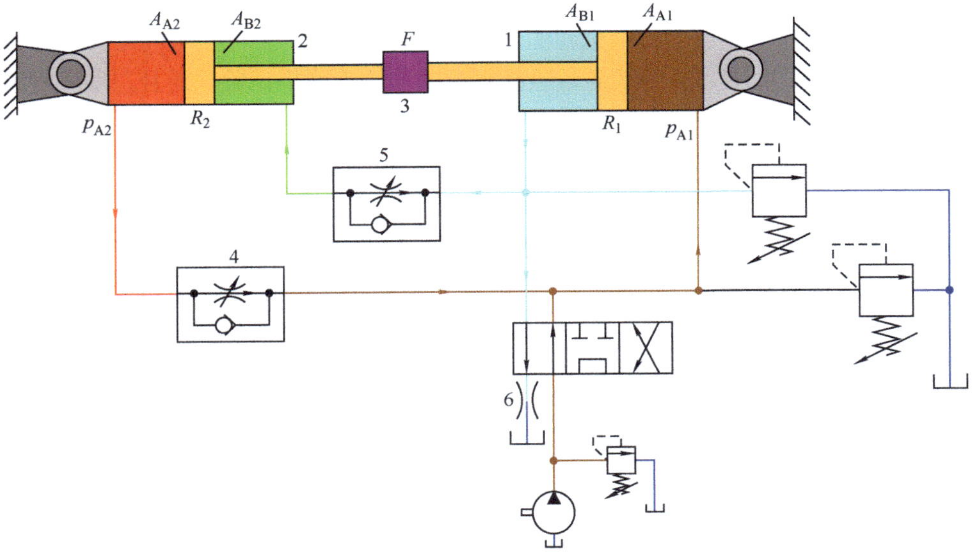

图 7-30　回收能量型液压缸耐久性试验原理图

1—被试缸　2—加载缸　3—测力计　4、5—加载阀　6—背压阀

回路中使用的加载缸 2 的有效作用面积必须相应地略小于被试缸 1，即

$$A_{A2} < A_{A1}$$
$$A_{B2} < A_{B1}$$

泵输出的压力油进入被试缸 1 的无杆腔，推动活塞向左运动。从加载缸 2 流出的液体经过阀 4，返回缸 1 的无杆腔。从缸 1 有杆腔排出的液体，通过阀 5 进入缸 2 有杆腔，多余的油流则通过阀 6 回油箱，造成背压 p_B。

根据测力计 3 的力平衡可得

$$F = A_{A1}p_{A1} - R_1 - A_{B1}p_B$$
$$= A_{A2}p_{A2} + R_2 - A_{B2}p_B$$

式中 F_{R1}、F_{R2}——被试缸 1 和加载缸 2 运动时的摩擦力。

如果令阀 4 及连接管道带来的压差 p_{A2}–p_{A1} 为Δp，则可得

$$p_{A1} = \frac{A_{A2}\Delta p + R_1 + R_2 + (A_{B1} - A_{B2})p_B}{A_{A1} - A_{A2}}$$

所以，压力 p_{A1} 可以通过阀 4 和阀 6 来调节。

缸 1、2 的速度由泵的流量与两缸作用面积之差决定。

各个溢流阀均为安全阀，在正常工况时不溢流。补油泵虽然必须在被试缸的额定压力下运行，但流量可以小得多。

以上测试方法同时测试疲劳破坏与磨损，把两者放在同等重要的地位。但是，实际上，由于液压缸直接与负载相连，几乎任何一个部位由于疲劳破坏导致的突发失效的后果都远较由于磨损引起的退化失效为严重，很多情况可能是灾难性的。所以，对液压缸而言，疲劳破坏试验的重要性远超于磨损试验，而且，每次材料、焊接工艺改变后都需要进行测试，频度要高得多。因此，在一些欧美公司多采用了分别测试。

（3）专用于检测疲劳破坏的回路

缸筒、端盖、活塞杆、耳环及焊接处的疲劳破坏是由负载带来的交变应力引起的，与活塞移动速度基本无关。因此，可以采用如图 7-31 所示的回路，以检测金属件、特别是焊缝承受交变应力的能力。

1）把液压缸的前后耳环都固定住，使之无法运动。

2）让活塞腔与活塞杆腔充满液压油。

3）采用一个三位四通电磁换向阀以较高的频率（例如 1Hz）轮流对两腔反复加载。

这样，只要一个流量很小的高压泵就可以了，耗能很小。10 天就能完成 40 万个周期的压力冲击试验。如果进一步，再加入一个双向增压缸的话，甚至用低压泵就可以完成高压试验。

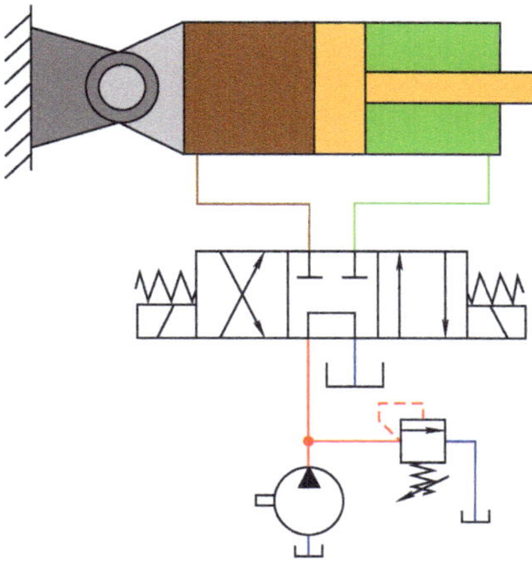

图 7-31　测试液压缸承受交变应力的回路原理图

（4）检测磨损失效

在实验室中长期往返运行，由于磨损，出现退化失效的主要位置（见图 7-28）是：

——活塞杆密封 9 和活塞密封 6。

——活塞杆表面和缸筒内壁。

密封圈等的磨损程度主要取决于相对运动的金属表面（活塞杆 2 表面、缸体 1 内壁）的表面粗糙度与承载面积比、密封的耐磨性能和通过密封的行程长度，当然，也受环境及油液污染度的影响。

测试回路如图 7-32 所示，可以一定程度地检测长期运动对密封和金属表面的影响。

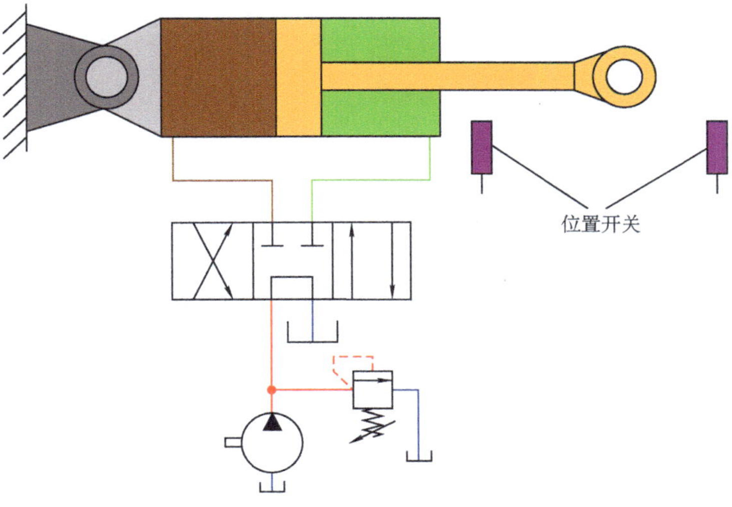

图 7-32　测试密封耐久性的回路

1）把液压缸的后耳环固定住，让活塞杆可以自由运动，不承受负载。

2）采用一个三位四通换向阀轮流向两腔供油。

3）使用两个位置开关控制换向。

这样，只要一个低压大流量的泵就可以了，耗能也会小得多。

当然，某些类型的密封，其磨损程度也与两侧压力差有关。为此，可以咨询密封圈制造厂，或单独设计一个试验台，做对比性试验，以获取对照参考数据。

（5）活塞杆表面耐磨强化试验

一个世界知名的液压公司使用特制试验台，单独对活塞杆表层的耐磨性进行强化试验（见图 7-33）。

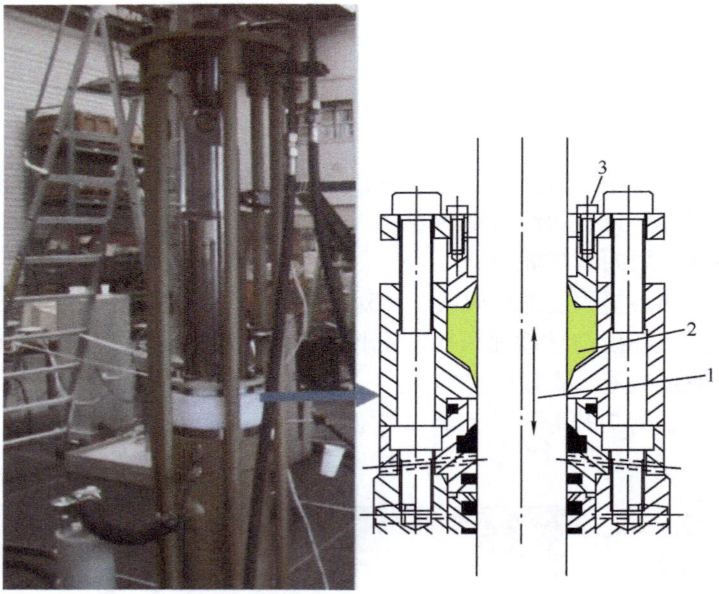

图 7-33　测试活塞杆表层耐久性的试验装置

1—活塞杆　2—磨料　3—加压螺钉

试验过程如下。

1）采用白砂作为磨料，活塞杆反复行走 50km。

2）扭紧转矩从 30N·m 到 100N·m，分 7 次逐步收紧加压螺钉 3 加压，每次加压后走 100 个往返行程。

3）把磨料换为“碳化硅”，再行走 50km。

4）再扭紧加压螺钉 3 加压，如步骤 2）。

5）把磨料换为清理铸件用的“矿物性喷砂”，再行走 50km。

6）再扭紧加压螺钉 3 加压，如步骤 2）。

7）更换磨料，再行走 50km。

普通镀铬的活塞杆，只能进行到第三步，而新研发的 CEC 表层可以进行到第 7 步。

7.11　液压泵的测试

相对其他各类液压元件，液压泵，特别是变量柱塞泵，结构复杂，摩擦副工作在高压高速状况下，工况恶劣，是国产品与世界先进水平差距最大的液压元件之一。

液压元件的耐久性，是由组成该元件的所有部件中耐久性最差的部件决定的。所以，如果冒然对整泵进行耐久性试验，其结果很可能是，一会儿弹簧断了，一会儿柱塞破了，一会儿轴承烧了，一会儿滑履碎了。只要有一个部件，严重磨损，磨损颗粒就跟着液压油走到整个系统中，会对关键摩擦副的工作状况带来很大危害，很难清除。严重时，整个系统都不能再用了。

所以，应该尽可能地，先对各组成部件分别进行耐久性分析和试验，在此基础上，再进行综合的试验。

当然，最终，也还需要对泵整体，在额定工作压力额定转速下，进行耐久性试验。

对泵进行耐久性试验，如果使用液阻加载，把所有能量转化为热，则耗能很大。因此，尤其对排量较大的泵，更要注意能量回收。

1. 并联型液压能量回收回路

图 7-34 中，采用马达 2 加载，同时回收能量，驱动被测泵 1。补油泵 4 与马达 2 并联，补充在被测泵 1、马达 2 与回路中损耗的能量。

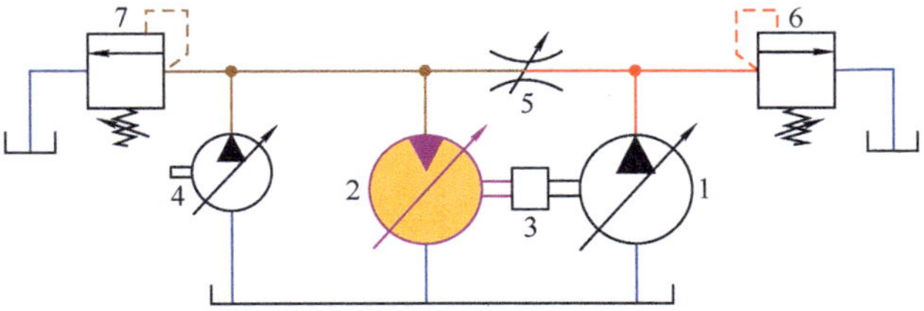

图 7-34　一种并联型能量回收测试回路

1—被测泵　2—加载驱动马达　3—转速转矩传感器　4—补油泵

5—加载节流阀　6—被测泵安全阀　7—补油泵安全阀

马达的排量应大于泵。

泵 1 和马达 2 的转速由泵 4 输出的流量决定。

加载压力由加载节流阀 5 调节。

利用本书所附的"液压估算 2015.xls"表格 16，可以大体估算工况（见表 7-4）。相应计算式的导出可见附录 A.16。

从表 7-4 中可以看出，加载节流阀 5 引起的压降对马达进口压力，也即驱动压力，影响很大。当此压降从 0.1MPa 升到 1MPa 时，就会导致被测泵出口压力从 2MPa 上升到 32MPa。

表 7-4　并联型能量回收测试回路工况估算

（黑色——设置参数；红色——调节参数；蓝色——自动计算结果）

设备	补油泵					加载节流阀		加载驱动马达						转速转矩仪		被测泵					
参数	转速	总效率	调节排量	输出流量	实际输入功率	调节压差	损耗功率	空载排量	最小排量	液压机械效率	容积效率	损耗功率	进口压力	转速	转矩	实际输入功率	空载排量	液压机械效率	容积效率	输出流量	实际输出功率
单位	r/min	%	cm^3	L/min	kW	MPa	kW	cm^3	cm^3	%	%	kW	MPa	r/min	N·m	kW	cm^3	%	%	L/min	kW
1	1450	90%	70	102	5	0.1	0.5	202	194	95%	90%	2	2	1744	73	13	175	95%	90%	275	11
2	1450	90%	70	102	60	1.0	4.8	200	194	95%	90%	28	32	1813	963	183	175	95%	90%	286	156

2. 串联型能量回收回路

图 7-35 中，补油泵 4 与被测泵 1 串联。

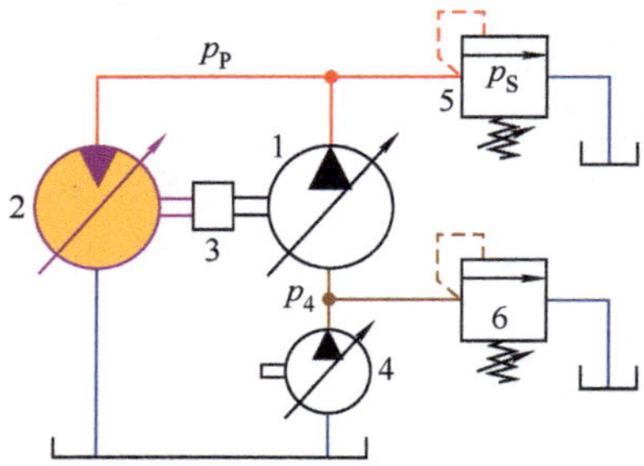

图 7-35　一种串联型能量回收测试回路

1—被测泵　2—加载驱动马达　3—转速转矩传感器　4—补油泵　5—加载溢流阀（恒压阀）　6—补油泵安全阀

被测泵 1 的转速由补油泵 4 排出的流量决定。

马达 2 的排量应略小于被测泵 1 的排量，多余流量从溢流阀 5 溢出。这样，溢流阀的设定压力 p_S 就是泵的出口压力 p_P。

使用此回路要注意：因为需要补充泵-马达组合所损失的功率，所以，补油泵 4 的出口，即被测泵 1 的进口可能有相当压力 p_4，与一般使用工况有些差别。

利用"液压估算 2015.xls"中的表格 17 可以估算相应工况。相应计算式的导出可见附录 A.17。

3. 双头电动机能量回收回路

利用双头电动机可以搭建一个非常简单，成本也较低的回路（见图 7-36）。

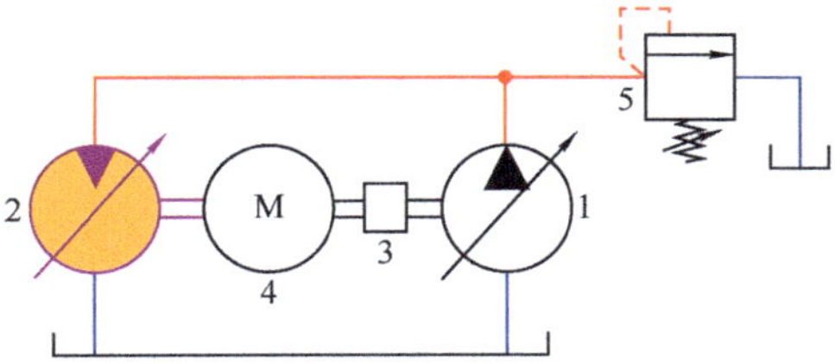

图 7-36　利用双头电动机的能量回收测试回路

1—被测泵　2—加载驱动马达　3—转速转矩传感器　4—双头电动机　5—恒压阀

转速由电动机决定。

马达 2 的排量应略小于被测泵 1 的排量，多余流量从阀 5 溢出。这时，阀 5 的设定压力就是泵的工作压力。

因为电动机只须补充所有损耗功率，因此，电动机功率可以小得多。只是要注意：双头电动机的轴是否足以承受现在加倍的相互反向的转矩。如果没有适当的双头电动机，也可以采用一根足够坚固的轴连接，用普通单头电动机通过齿轮（见图 7-37）或带传动助力。

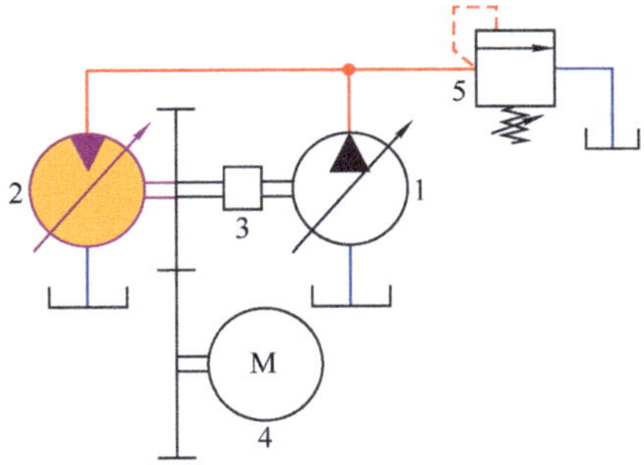

图 7-37　利用单头电动机和传动轴的能量回收测试回路

1—被测泵　2—加载驱动马达　3—转速转矩传感器　4—双头电动机　5—恒压阀

如果需要测试不同的转速，可以采用交流变频电动机或直流调速电动机。

4. 冲击试验

以上回路可以很方便地根据要求进行超速超载试验，如果要进行冲击试验的话，还要增加相应的可切换的卸荷阀（见图 7-38）。

只是要注意卸荷阀 8 的切换时间。因为，压力剧变对泵各部件的影响极大。例如，力士乐就要求，A15VSO10 系列泵出口压力的变化率不应超过 1600MPa/s，这意味着，出口压力上升下降 32MPa 的时间不应短于 20ms，也即卸荷阀的切换时间应超过 20ms。

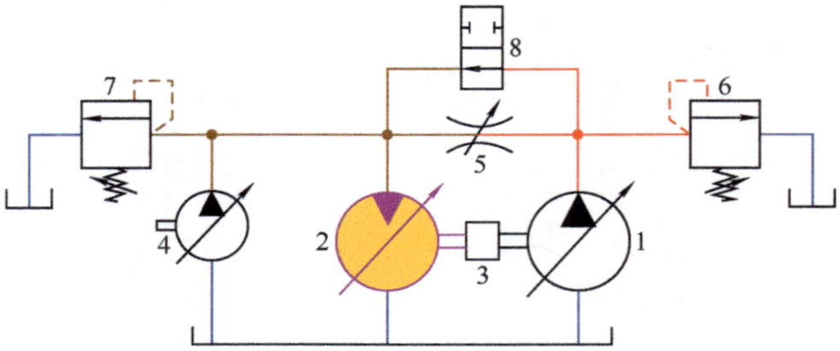

图 7-38　使用卸荷阀进行冲击试验的并联回路

1—被测泵　2—加载驱动马达　3—转速转矩传感器　4—补油泵　5—加载节流阀
6—被测泵安全阀　7—补油泵安全阀　8—卸荷阀

以上介绍的能量回收回路也可供试验马达时参考。

因为耐久性试验并不需要持续精确地监测转矩，所以，安装在泵马达轴上的转矩转速仪也可以省略，仅使用一个非接触式的转速传感器，以减少损耗。

延伸阅读文献

[1]　张海平. 液压螺纹插装阀[M]. 北京：机械工业出版社，2011.

[2]　张海平. 国外近 40 年来对轴向柱塞泵马达的研究综述[J]，液压气动与密封，2015(10): 1-5.

第8章　液压系统的测试

本章所说的液压系统测试，测试对象是已经装在主机上的液压系统，在实际或近乎实际使用的工况下进行测试。

液压系统的测试对于液压元件供应商的应用工程师和主机厂的液压系统工程师都极其重要。只是因为各种应用差别太大，普遍性不强，一一详细叙述意义不大，所以本章篇幅不大。

液压系统的测试与前几章叙述的液压元件测试有以下一些不同点。

1）主机通常都有自己特定的完整的液压系统，不需要另行构建，一般也不需要改动，甚至不允许改动。

2）系统和工况都较元件测试复杂，且影响因素也多得多。

3）测试常常有时间限制，尤其在现场，有时还很紧。

4）有时，测试环境很恶劣：露天、可能有泥浆、粉尘。需要采取更为谨慎的安全措施。

5）有时，测试地点远离自己的工作单位。陷入通信不畅，孤立无助或少助的境地，也是常会遇到的问题。因此，必须做非常充分的准备工作：物品、资料、项目发展历史。

8.1　测试目的

对一个已经装在主机上的液压系统进行测试的目的有以下几种。

1. 了解（理解）主机（液压系统）的工况

设计液压系统时，根据主机设计任务书给出的理论值计算出了液压系统的工作压力和流量。系统实际组装到主机上之后，还需要通过测试来确定，设计的理论值是否符合实际情况，是否需要修改。通常测试以下项目。

（1）实际工作中压力流量的状况

有些实际工况，如大惯量负载、高冲击等等，很难在实验台上模拟，但又可能对系统的工作带来极大的影响。因此，必须在液压系统装到主机上之后，在承受一定载荷，具有相当速度时，进行测试。

有些操作，特别是复合动作，如挖掘机的一些动作，甚至随操作手的习惯而变，很难预先准确确定各个执行器需要的速度，也就很难计算出需要的流量。必须在实际工作时测试。

(2) 实际工作时的效率

主机实际工作时牵涉到的因素很多。例如，挖掘机在工作时，需要回转，斗杆、铲斗，甚至动臂也都要动，实际能耗和系统温升等，即使理论上能预先估算，也需要通过实测验证。

(3) 记录正常工况

在新机现场调试后，或旧机维修后，需要进行测试，以便留档备查。

(4) 系统在特殊环境下的工况

液压系统装在主机上，与发动机的配合，尤其在高原、深海等特殊环境下的工况，也需要通过测试来检验调整。

2. 确定液压元件的适用性

通过测试实际系统的实际工况，确定系统中的各液压元件是否适用。

3. 现场设定或改动

液压系统中有些元件，如压力阀、流量阀、变量泵的设定值，在不了解实际工况时，很难预先准确设定，也需要在整个液压系统装到主机上之后，在测试仪器的辅助下再设定或改动。

4. 寻找故障、分析原因

还可参考本章延伸阅读文献[1]第 2 篇 11.4 节“系统特征提取与故障诊断”

8.2 测试技巧

分析读懂测试曲线，是深入洞察研究液压系统工作的最好方法，也是对液压工程师最高水平的要求。能否读懂测试曲线，不仅取决于对主机工作的理解，在液压理论、技术方面的修行造诣，而且需要掌握例如以下一些测试技巧。

1. 周密准备

1）了解主机特性、特别是工作时的运动特性及动力学特性。

2）即使设备在正常运行，也应该去现场观察设备的实际运行状况，做测试记录，从而掌握设备运行的第一手资料，免得在设备发生故障时一无所知。例如，用秒表测定整个工作循环与各个动作的工作时间。在多数情况下，液压系统的失效是退化性的，逐渐形成的。例如，泵的磨损导致泄漏逐渐增加，工作循环时间逐渐增加，因此，操作人员感觉不到。所以，有必要定期进行客观的测试检查。

通常主机厂也会提供检查指南。

3）做好周密的测试计划。

4）准备好相应的液压回路图，选择恰当的测点位置，并在回路图上标明。

系统测试一般应尽可能以测压力为主，因为测流量必须将流量传感器串联到回路中，往往意味着需要改动主机的管路；另外，流量传感器的响应速度也远不及压力传感器。

5）如果是为了寻找排除故障，首先就应向使用方了解故障的发展历史：是偶发性的还是持续性的；故障与工况、环境及其他因素的相关性；新机？维修后？干某项重载（持续）工作后？这些都有助于寻找故障及原因。

2. 预估测试结果

根据已掌握的理论和经验，对测试结果作尽可能详细的预估。

3. 初步检查

正式测试前，应先对主机外观作初步检查，例如

1）泄漏。

大量泄漏很容易察觉，但少量泄漏常被忽视，而正是那种密封圈处的少量泄漏，常常是突发损坏的先兆，特别是在有压力处。因为，泄漏油的压力能作用于密封圈，会导致密封圈损坏加快。所以，应该清理接头密封圈处的油污，仔细观察。

2）机械部件。

如操纵杆弯曲、杆件支承点轴衬套松动，引起阀芯行程不足，导致速度变慢，这时在液压系统中找原因是徒劳的。

4. 简化测试

测试应尽量从简单开始。

1）主机动作。尤其是一开始，经验不足时，应先分段测试，逐步综合，最后再进行实际工作复杂工况的测试。

2）负载。先空载，再加载，最后才满载。

3）工况。先慢速，再逐渐增速。

5. 详细记录

应仔细观察对象、工作过程、环境和测试条件，并作详细记录，以供分析测试结果、深入研究时需要。“书到用时方恨少”，记录也常是到分析时才发觉不够详细。

8.3　液压缸起动测试实例

简化的系统液压回路如图 8-1 所示。

测压点设置在泵出口。优点：可以使用一个压力传感器测到液压缸各个动作时的压力变化。局限性：测得的压力中含了换向阀和管路的压力损失，未完全真实反映液压缸内的驱动压力。

图 8-2 为换向阀从中位切换到工作位 P→A，液压缸起动，随后换向阀回到中位的过程中，实际测得的压力变化曲线。

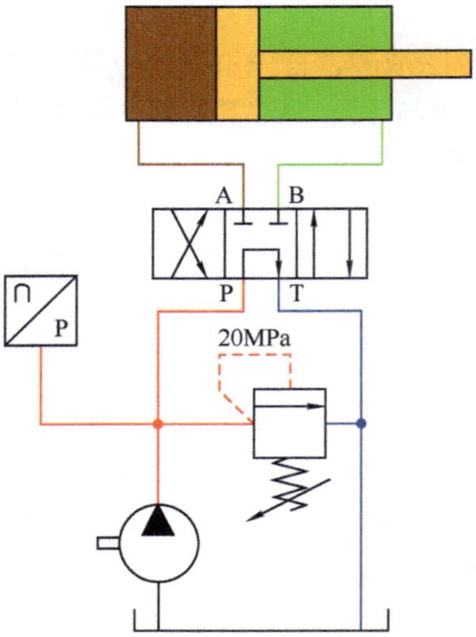

图 8-1 简化的系统液压回路

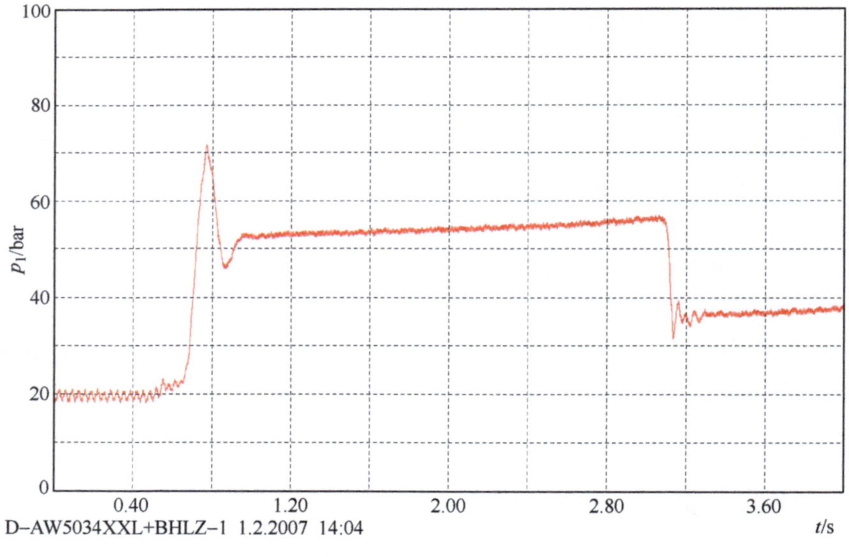

图 8-2 液压缸工作时的压力状况实测

1）在时间 0.7s 前的压力约 2.0MPa 是泵流量通过换向阀中位及管道旁路的压力损失。

2）在时间段 0.7～1.0s 的压力振荡是在换向阀切换后，由于负载的惯量引起的。

3）在时间段 1.0～3.1s 中，压力逐渐上升。这仅根据液压回路图是无法解释的。观察主机，可确定该设备是一类似图 8-3 的连杆机构：随着活塞杆的伸出，负载力臂逐渐变长，导致作用在液压缸上的负载逐渐加大，所以，驱动腔压力会逐渐增高。

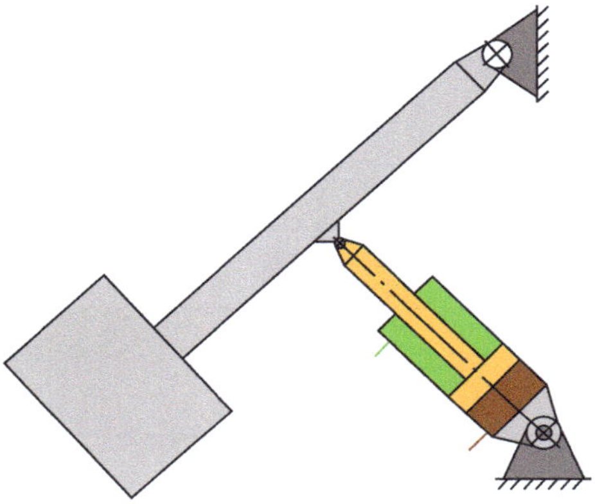

图 8-3　被测系统的液压缸连杆机构

8.4　挖掘机测试实例

在现代工程机械中，一台机器中往往有多个液压执行器。例如，装载机至少有两个执行器：动臂和铲斗。而履带式挖掘机至少有六个执行器：动臂、斗杆、铲斗、回转、左行走和右行走（见图 8-4），一般是 8 个执行器（加推土铲及备用）。

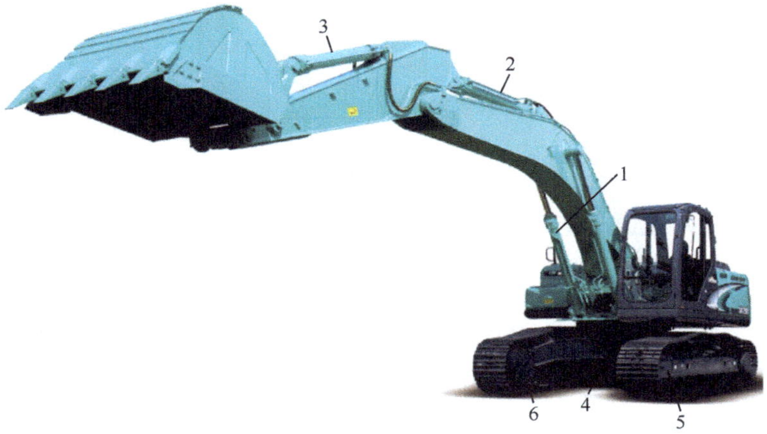

图 8-4　履带式挖掘机有至少 6 个执行器

1—动臂缸　2—斗杆缸　3—铲斗缸　4—回转马达　5—左行走马达　6—右行走马达

挖掘机在正常工作时，各执行器有时交替动作，有时同时动作（见图 8-5）。

如果一上来就测试整个工作循环中各个液压缸的压力变化情况，包括操作手柄的先导压力，就可能得到类似图 8-6 所示曲线，即使有多年经验的系统工程师都不容易读懂。

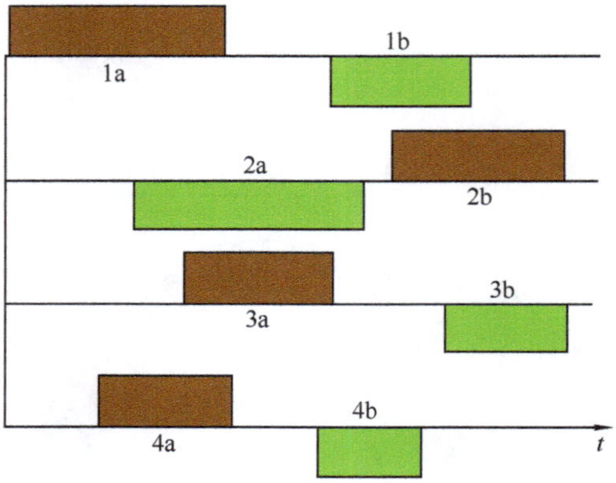

图 8-5 挖掘机在正常工作循环中各执行器轮流动作的过程

1a—动臂上升 1b—动臂下降 2a—斗杆放出 2b—斗杆收回

3a—铲斗卸载 3b—铲斗挖装 4a—回转 4b—反转

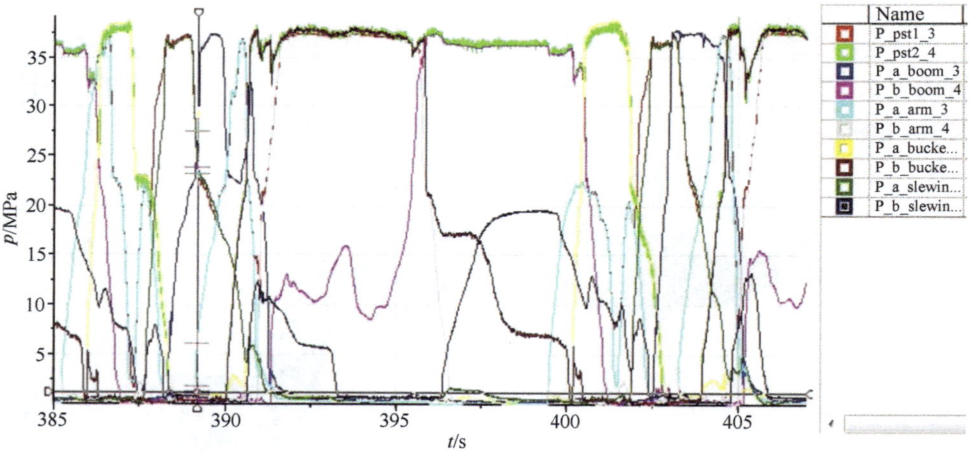

图 8-6 某挖掘机工作循环中的压力变化实测

即使仅仅观察泵出口测得的整个工作循环中压力变化情况（见图 8-7，此系统由双泵驱动），经验不多的工程师也很难分清各阶段的压力状况。

因此，最好先测单一动作。例如保持其他执行器不动，分别让操作动臂上升、动臂下降、斗杆放出等，进行单项测试。

图 8-8 为使用液压万用表实测的一台挖掘机斗杆伸出过程中，阀组进口、缸

进口的压力曲线。相对就容易懂得多了。

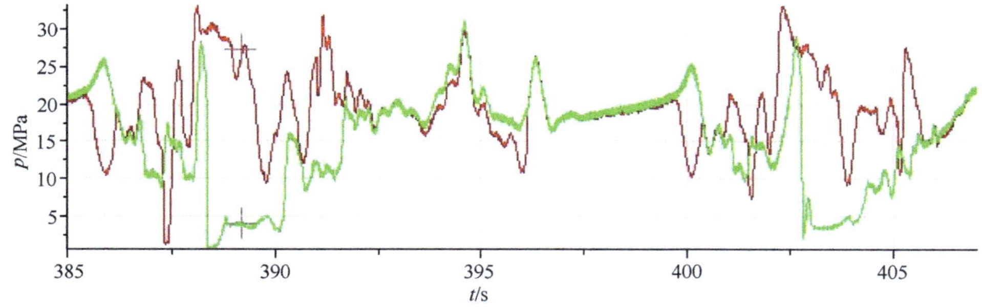

图 8-7　在泵出口的压力变化实测

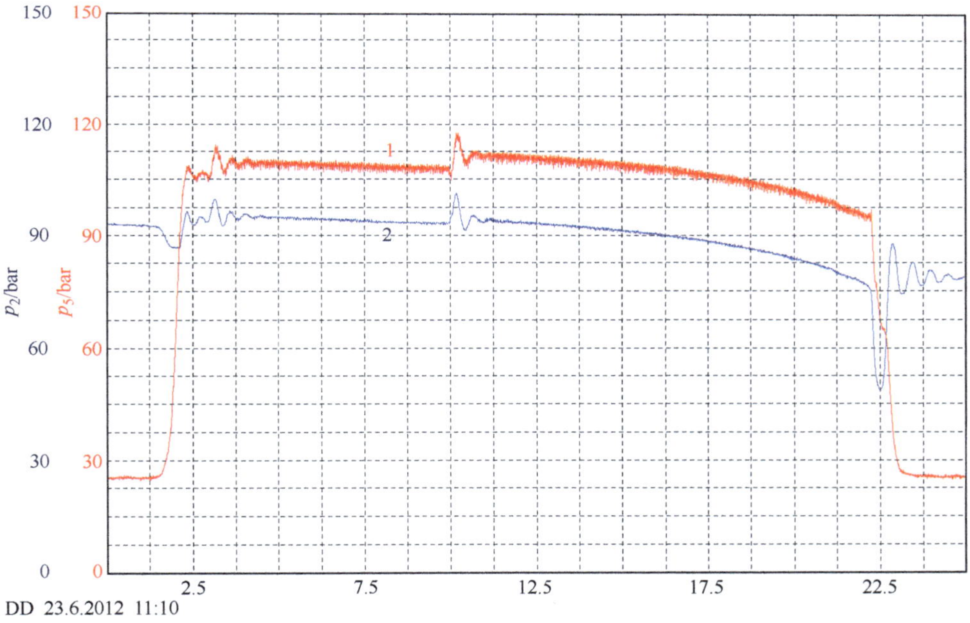

图 8-8　一台挖掘机斗杆伸出时的压力状况

1—阀组进口　2—斗杆缸进口

由于铲斗内的载荷，动臂所处的位置都可能影响斗杆放出时两腔的压力状况。因此，也应该分别进行测试，并做好记录。

单一执行器的动作也可分段测试，分别关注起动、中段，终端缓冲。

事后分析时发现该压力曲线在运动过程中，约 10s 时，出现了一个较大幅度的抖动。根据理论知识是不应该有的。可能引起压力抖动的原因很多，如

1）操作手柄中途抖动。

2）液压缸斗杆装配不当，中途有不正常的机械阻力。

3）相应的液控换向阀发生非正常抖动。

4）多路阀中的压力补偿元件抖动，等等。

当时仅测了一大批曲线，没有及时分析，等发现不正常时，该挖掘机已被运走，无法再次测试，寻找原因所在。所以，如果能预估测试结果，在现场测试时又能注意及时观察分析测试曲线（参见图3-62），发现不正常或粗大误差，及时重复测量，就可排除那些偶发性的原因。

如果这个抖动并非由偶发性原因造成，可以采用分段测试的方式来寻找抖动发生的位置，从而进一步确定原因。

8.5 消除液压缸终端缓冲时的压力尖峰测试实例

图 8-9 为一废物集运车预压机的简化液压回路。该设备有两组液压缸，分别由两个串联的换向阀控制，交替动作。尽管两组液压缸都带有终端缓冲及终点切换开关，但即使在空载，在缸1走到终端时仍有明显撞击声。

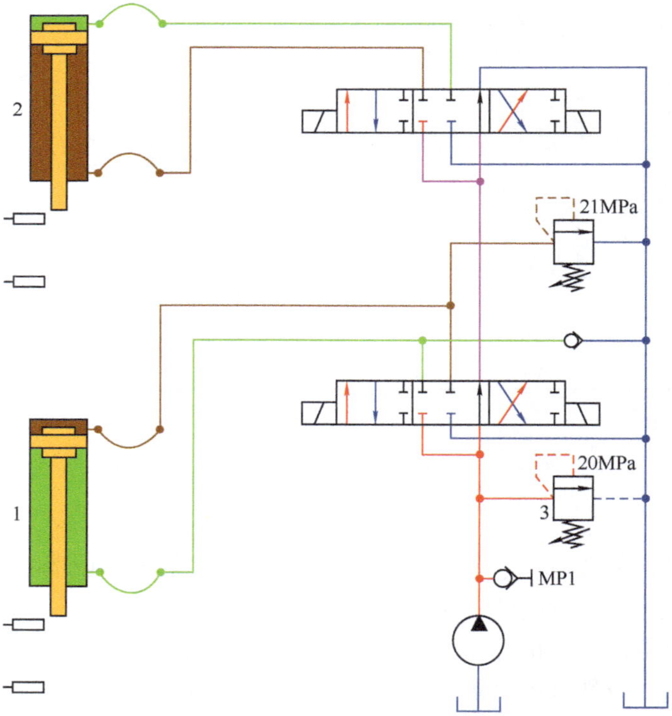

图 8-9 废物集运车预压机的简化液压回路（串联回路）

在 MP1 点测试一个工作周期（见图 8-10），可以看到，在动作 A 和动作 C 结束时，有两个高达 23MPa 的压力尖峰。

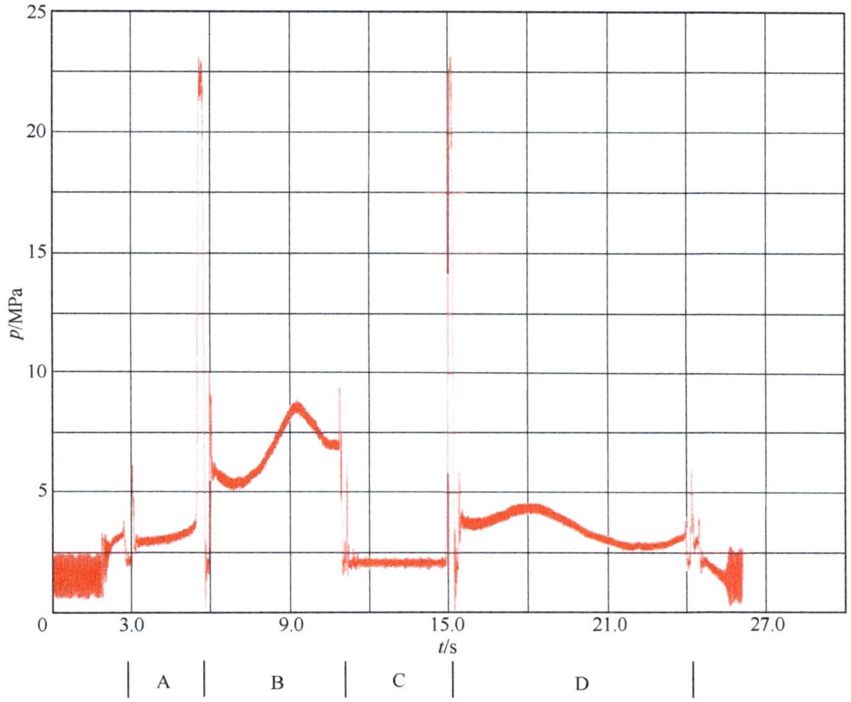

图 8-10　串联回路一个工作周期的压力状况

A—缸 1 收回　B—缸 2 收回　C—缸 1 伸出　D—缸 2 伸出

进一步分析该回路，可以确定

1）终端缓冲并不能直接减少进入液压缸的流量，降低活塞速度，而只是增加了活塞的背压，相应增加了进口腔的压力而已（几乎所有终端缓冲都是如此）。

2）因为主溢流阀 3 的开启压力是按最大负载设定的，远高于轻载时的驱动压力。所以，在此回路中，只有当液压缸进口腔压力超过溢流阀的设定压力，溢流阀开启溢流时，进入液压缸的流量才会减少，才会使活塞运动速度降低。由于缓冲距离不够，就发生了撞击液压缸端盖的现象。

由于结构限制，缸 1 的缓冲距离不可能更长。根据分析，把控制回路改为并联回路（见图 8-11）。通过 PLC 控制，提前开启缸 2 的换向阀。这样，当缸 1 运动接近终点，背压增高，导致阻力增大时，从泵来的压力油就可以分流，进入缸 2，缸 1 的运动速度就会立刻下降，柔和地停止运动。压力实测（见图 8-12）显示，压力尖峰完全消失。

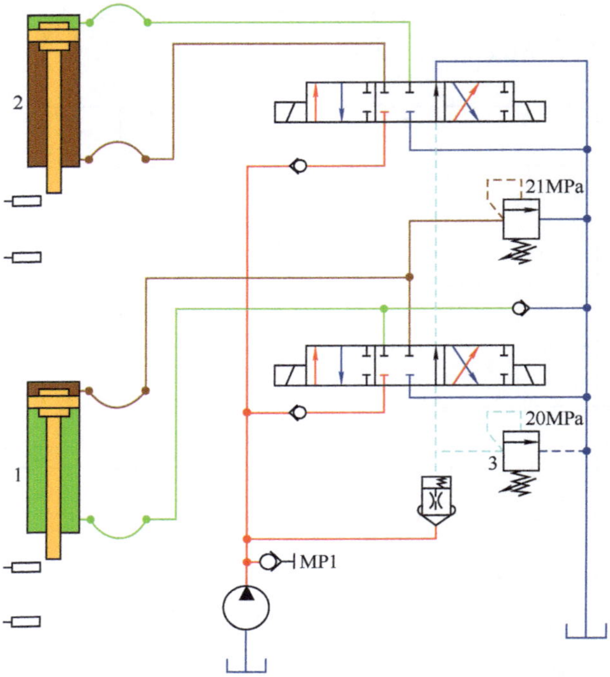

图 8-11　废物集运车预压机的简化液压回路（并联回路）

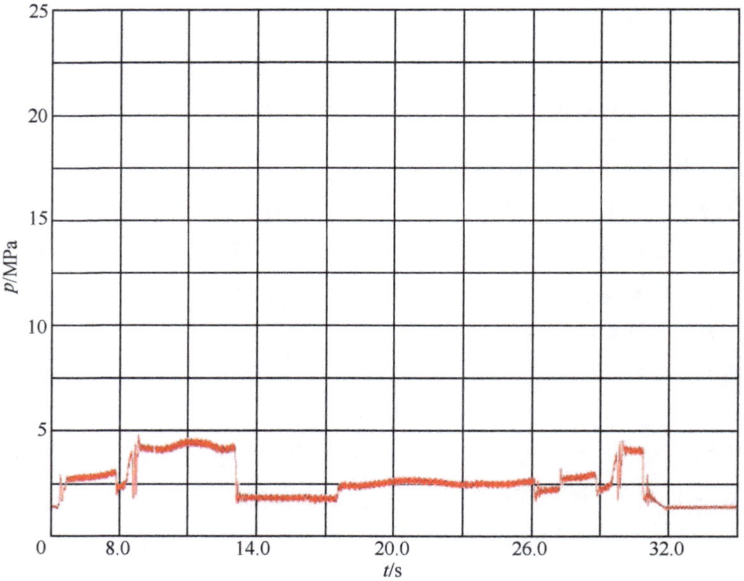

图 8-12　并联回路一个工作周期的压力状况

8.6　加载测试

1．概述

使用液压驱动的设备遇到的主要退化失效是：虽然还能动作，但速度变慢了。这是由于磨损引起泄漏量增大导致的。

外泄漏量往往肉眼就可以观察到。判断是否有内泄漏最简单的方法是，用秒表测量液压执行器（液压缸、马达）完成一个动作需要的时间，再与新品比较。但这样不能确定内泄漏发生的位置，因此也很难确定究竟要更换什么元件。

单是测量系统工作时的压力，也很难确定泄漏的位置和泄漏量。

只有通过测量流量，才可以比较客观准确地确定泄漏位置与泄漏量。

磨损引起的泄漏量，即使磨损很严重，在空载时往往也是微乎其微，只有在加载时才比较真实地表现出来。但直接给主机加满载，弄不好就容易出安全事故，特别是在那些已使用多年比较陈旧的主机。利用节流阀加载，是一个比较安全的方法，因此被经常采用。

最好是在新设备调试检修后就进行测试，以后在使用过程中再定期测试比较，就可以较好地掌握泄漏量增加的情况。

2．加载测试器

图 8-13 所示的加载测试器由一涡轮流量计与一个节流阀串联而成。由于压力、流量、温度的测定都是采用传感器，因此，配用了液压万用表，就可以测得流量随压力变化的状况，但要特别注意传感器量程的标定。

a）　　b）

图 8-13　简单加载测试器（和德尼科 QL100 型）

a）外形　b）图形符号

英国 WEBTEC 公司也提供具有类似功能的加载压力流量测试仪（见图 8-14），结合了避免超过最高压力的安全装置。压力、流量等直接显示，无需标定，但准确度稍低。

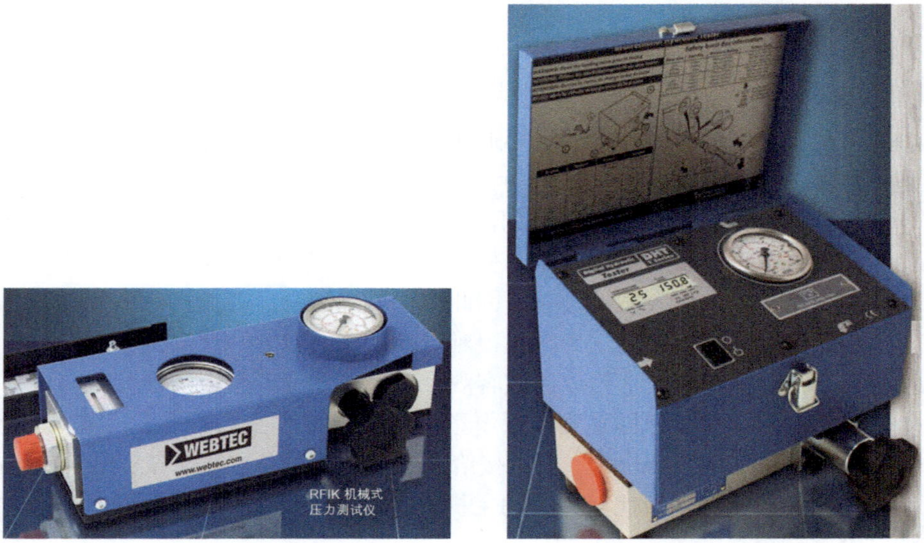

a）　　　　　　　　　　b）

图 8-14　加载压力流量测试仪（英国 WEBTEC 公司）

a）RF1K 型机械式　b）DHT1 型数字式

这些仪器买来后通常还应配上与自己的液压系统相适配的耐压软管和接头。

3．测试过程

以下以图 8-15 所示的简单液压系统为例说明测试过程。

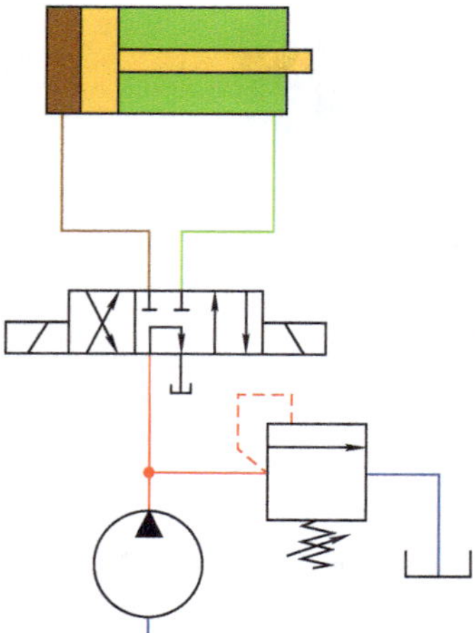

图 8-15　被测液压系统

（1）记录表

针对图 8-15 所示液压系统，可以设计一个大致如表 8-1 所示的记录表。表中，p、q、T 皆应为实测数据。油温应尽量保持相同。满载压力应低于安全阀设定压力。

表 8-1　液压系统泄漏量测试记录表

日期：	测试员：		设备代号：	
测试对象	加载压力	油温	实测流量	满载时的泄漏量
泵	p_0	T_0	q_0	—
	p_m	T_1	q_1	q_1-q_0
安全阀	p_m	T_2	q_2	q_2-q_1
换向阀	p_m	T_3	q_3	q_3-q_2
液压缸	p_m	T_4	q_4	q_4-q_3
p_0 为空载压力，p_m 为满载压力				

根据实测记录及计算结果，就可了解系统中各元件的泄漏状况。

为减少干扰，各环节应逐一断开测试。

（2）单测试泵

第一步，断开安全阀，单独针对液压泵测试（见图 8-16a），因为安全阀也可能有泄漏。只是加载时要非常小心，千万不能超过泵的许用压力。如果较有把握，安全阀不会有泄漏，也可以不断开，而是仅拆开其通油箱的管道（见图 8-16b），以监测。

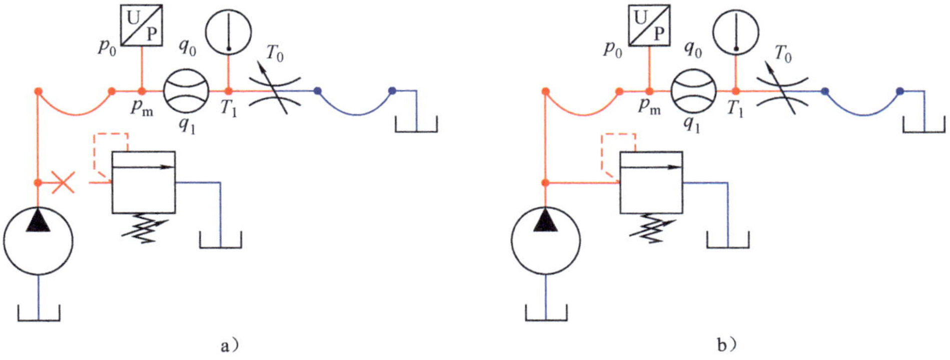

图 8-16　泵泄漏量测试

a）泵单独测　b）安全阀不断开

先不加载，测得空载流量 q_0。因为即使磨损很严重的泵，空载时的流量也与无磨损时非常接近。

然后逐渐加载至满载压力，测得流量 q_1，可算得满载时泵的泄漏量 $q_1 - q_0$。

（3）连安全阀一起测试

如图 8-17 连接后，起动泵，通过节流阀逐渐加载至满载压力，测得满载流量 q_2，可算得满载时安全阀的泄漏量 $q_2 - q_1$。

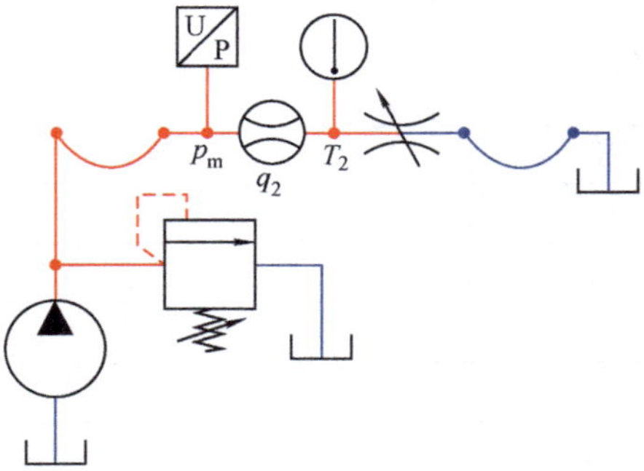

图 8-17　连安全阀一起测试

（4）连换向阀一起测试

如图 8-18 连接后，切换换向阀到工作位。起动泵，通过节流阀逐渐加载至满载压力，测得流量 q_3，可算得满载时换向阀的泄漏量 $q_3 - q_2$。

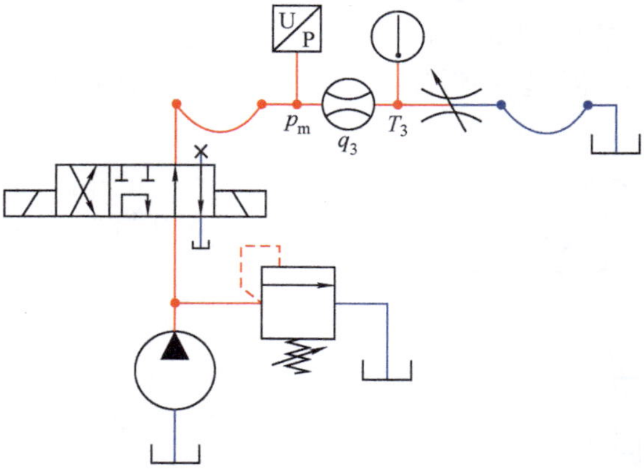

图 8-18　连换向阀一起测试

（5）连液压缸一起测试

如图 8-19 连接后，切换换向阀到某一个工作位。起动泵，通过节流阀逐渐加载，使活塞杆伸出至终端，继续加载至满载压力后，测得流量 q_4，可算得满载时缸的泄漏量 $q_4 - q_3$。

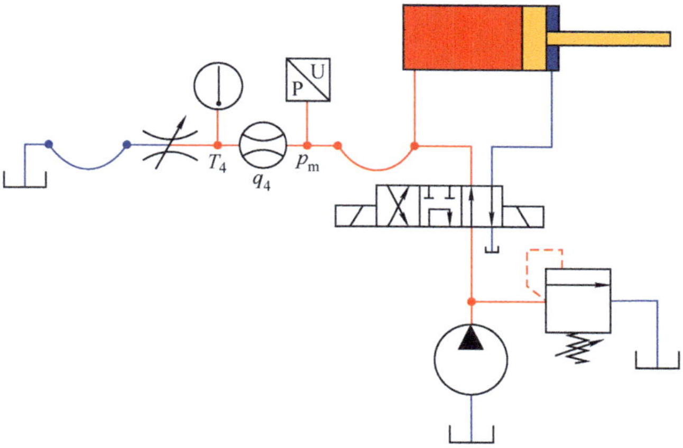

图 8-19　连液压缸一起测试

当然，以上整个过程都是以小于流量计的误差泄漏量为前提的。

延伸阅读文献

[1]　路甬祥. 液压气动技术手册[M]. 北京：机械工业出版社，2007.

第9章 实 验

——是结束也是开始——

朋友，我的介绍到此就将结束了。该你的了，该你开始动手，把你从书里学到的知识、他人的经验，转化成你的行动和你的经验了！

尽可能利用现有的条件、或设法创造条件，动手测试吧，这会给你带来乐趣，终生享用！

第5、6章中有很多容易搭建的回路，可供练习。本章再补充一些简单系统作为练习，为测试实际系统做准备。

本章的实验都需要使用传感器和记录仪（静态、动态）。希望你能通过本章的实验，熟练地使用这些仪器。成功了，就会信心大增！

本章的实验，目的是为了学会规划测试、使用仪器、解释测试结果，因此，测试仪器的准确度不是十分重要的。

本章的回路仅供参考，有些回路中有意设置了一些不完善的或多余的元器件，希望你能在拟定测试计划时自己完善。

实验1 简单回路压力变化的测试

根据回路图9-1进行测试。

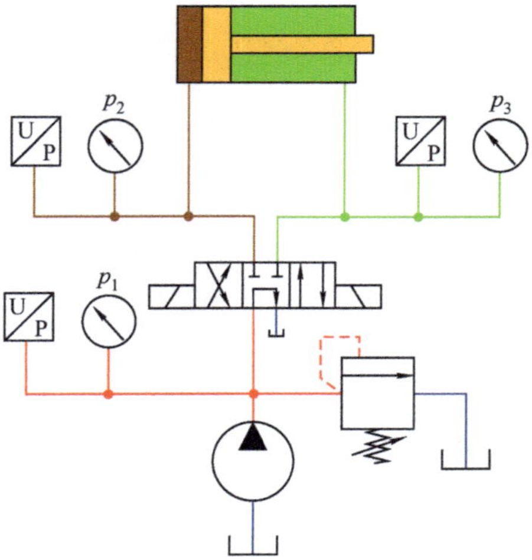

图9-1 换向阀切换过程测试回路

目的：了解换向阀切换与液压缸起动过程中压力变化状况。

过程：

1）根据已有的知识，预估测试结果。

2）根据现有条件拟定测试计划。

3）搭建测试回路。

4）进行测试，记录各测点的压力变化。

5）把实测结果与预估比较。

6）编写测试报告。解释各测点压力变化的原因。

7）读别人的测试报告，改进自己报告中的不足。

实验 2 节流阀开度影响的测试

在回路图 9-1 的基础上增加一个节流阀 1（见图 9-2）。

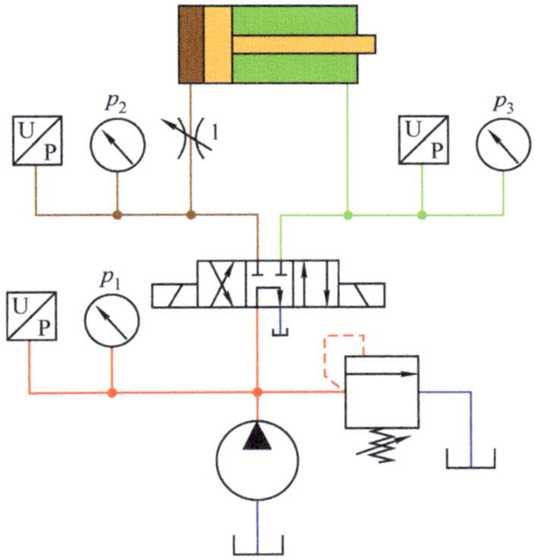

图 9-2 测试节流阀开度影响的回路

目的：了解节流阀开度对换向阀切换与液压缸起动过程中压力的影响。

1）预估测试结果。

2）进行测试。记录各点压力的变化。

3）改变节流阀的开度，进行测试。

4）比较节流阀不同开度时各点压力的变化，做出解释。

实验 3 进口节流回路负载流量特性的测试

根据回路图 9-3 验证进口节流回路的负载流量特性。图中，节流阀 2 模拟负载。

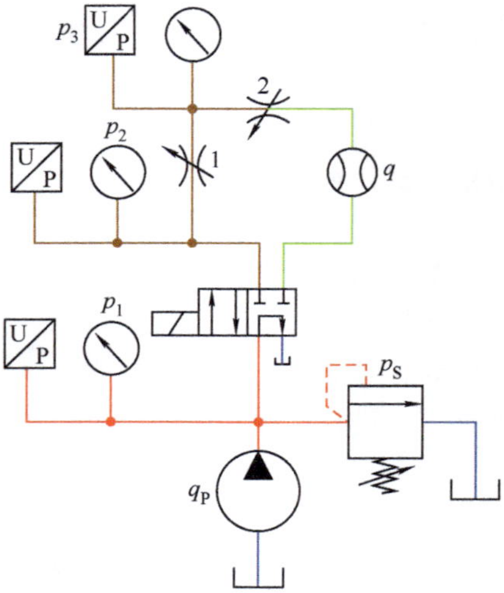

图 9-3　进口节流回路的负载流量特性测试回路

缓慢调节阀 2，应该能得到大致如图 9-4a 的曲线。如果不能，寻找原因。

改变阀 1 的开口，再缓慢调节阀 2。类似重复，应该可以得到类似图 9-4b 的特性曲线族。

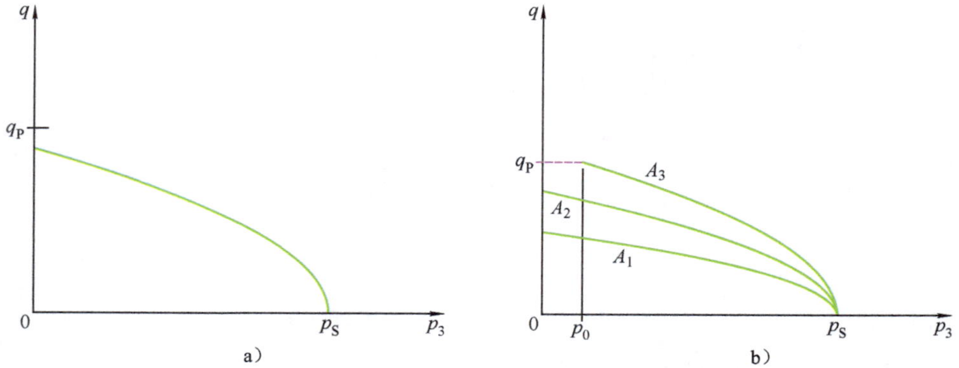

图 9-4　预估的测试结果

写出完整测试报告。

实验 4　液压缸终端缓冲特性的测试

如果能搞到带终端缓冲的液压缸的话，建议根据回路图 9-5 进行测试。

1）分析测试曲线，解释各部分的形成原因。

2）改变溢流阀的设定值，观察溢流阀设定值对终端缓冲过程的影响。

3）再并联一个节流阀 1，如图 9-6 所示，重复上述测试，比较压力变化。

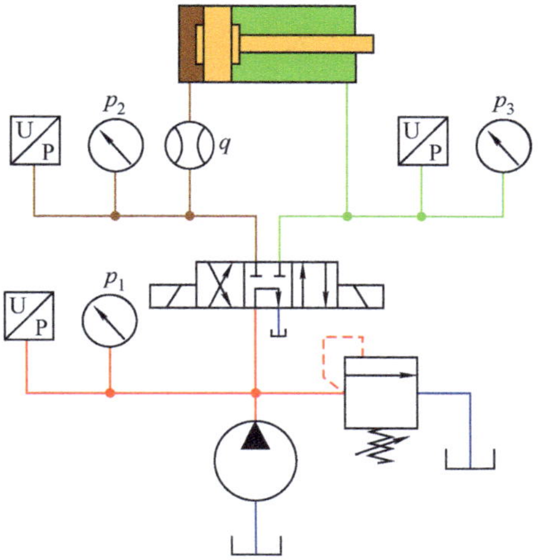

图 9-5 液压缸终端缓冲过程测试回路（一）

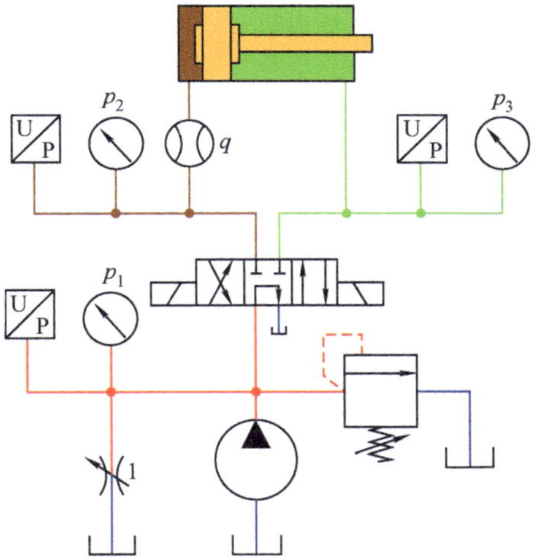

图 9-6 液压缸终端缓冲过程测试回路（二）

4）改变阀 1，比较缓冲效果。

实验 5 电液伺服位置系统瞬态响应特性的测试

目的：掌握电液伺服位置系统工作原理和测试方法。

1）动手搭建简单的位置伺服系统（见图 9-7）。

2）完成电控和测试部分的接线。注意多查看产品说明书。

3）起动系统，加入给定信号，记录响应过程。

4）分析系统的动态品质，例如相对稳定性和响应的快速性。

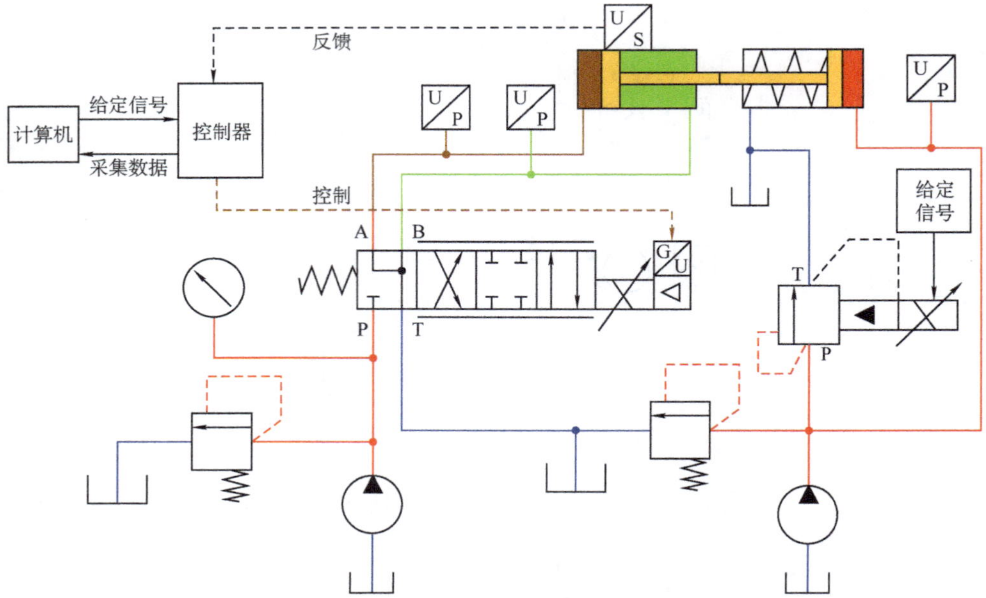

图 9-7　电液伺服位置系统

5）在不同压力扰动下，观察系统稳定性。

6）改变控制器的参数，例如 PID，考察对系统响应特性、稳态精度的影响。

你还可以根据前面几章以及其他书籍的介绍和实验室的条件，自己拟定一些测试计划，搭建一些回路，进行试验。

努力去测试吧！只有在实验室里能够熟练运用测试仪，分析简单回路的测试结果，才有可能到复杂的主机系统中去测试，找出问题，加以改进。

是的，搞测试，常常满手甚至满身油污，远不如坐在办公室里搞仿真来得干净和潇洒。搞测试，看上去只是对已有的液压元件或系统进行试验，也不如搞设计画图纸那样明显地出成果。然而正是测试，创造了第一手的知识。当你通过液压测试，洞察了液压元件与系统工作时的奥秘，发现了问题，解决了问题，有了改进创新，从而为企业带来了实效时，那种自豪感、成就感是多么惬意啊！

你应记住："测试是液压的灵魂，是创新的源泉"。

1976 年诺贝尔物理学奖得主丁肇中教授在获奖演说中说：

"'劳心者治人，劳力者治于人'这种落后的思想，对在发展中国家的青年们有很大的害处，由于这种思想，很多在发展中国家的学生们都倾向于理论的研究，而避免实验工作。事实上，自然科学理论不能离开实验的基础，特别是物理学，是从实验产生的。我希望由于我这次得奖，能够唤起在发展中国家的学生们的兴趣，而注意实验工作的重要性。

“实验是自然科学的基础，理论如果没有实验的证明，是没有意义的。当实验推翻了理论后，才可能创建新的理论，但理论不可能推翻实验。”

实验对科学尚且如此重要，对于需要面向实际，创造市场效益的实用性技术的发展，其作用更是不能忽视了。

祝你不断进步！

附　录

附录 A　液压估算表格说明

本书附赠资源中有一液压估算软件——液压估算 2015.xls，其中有些表格是从一般液压教科书中常见的一些公式转化而来的，有些是作者在自己工作中建立的，可以便利读者预估测试结果。

这些公式的应用前提、适用场合、条件及推导，请见液压教科书。因为这些条件不一定能完全满足，所以只是估算，仅供参考而已，最后还是要以测试为准。

表格中黑色、红色数值为原始参数，可改动。蓝色数值为计算结果。

该软件曾在作者的“液压螺纹插装阀”与“液压速度控制技术”的附录中出现过，这里做了改进和补充：软件中增添了插图，更便利使用；纠正了原软件中的一些错误；补充了第表 16、17——泵测试能量回收回路工况的估算。

A.1　液压缸的压力、速度

双作用液压缸（见图 A-1）的驱动压力

$$p_A = \frac{F + p_B A_B}{A_A \eta_m}$$

式中参数的意义见图及表格软件，下同。

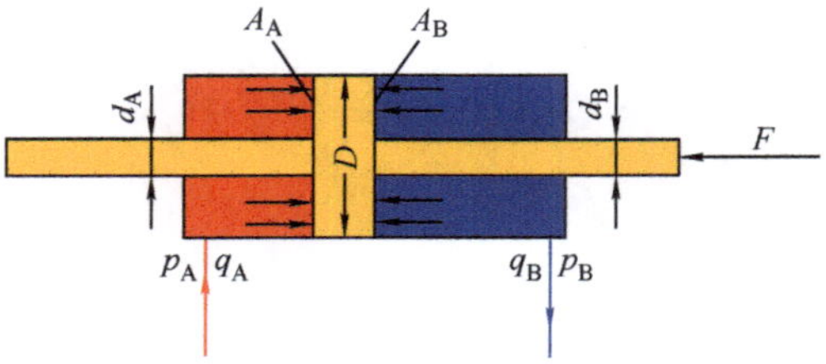

图 A-1　液压缸负载压力与速度

活塞的移动速度

$$v = \frac{q_A \eta_V}{A_A}$$

如果是单作用缸，只需在表格中把相应的活塞杆直径设置为零。

A.2　液压缸容腔惯量系统

一个液压缸的容腔与负载惯量组成的系统在负载或流量突然改变后，进入新的稳态前，常会出现振荡。其频率与外界输入量无关，只与系统固有的参数有关，所以被称为固有频率，也被称作自振频率。

1. 基本关系

液压缸容腔-负载惯量系统简化如图 A-2 所示。

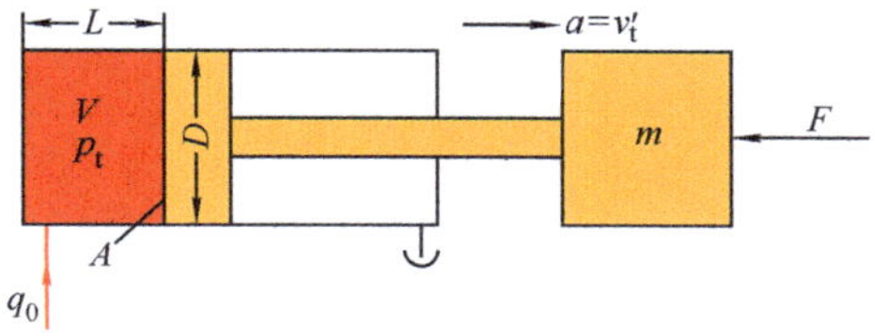

图 A-2　简化的液压缸容腔负载惯量系统

如果假定外力 F 为一恒值，忽略摩擦力和泄漏，输入一个阶跃的流量 q_0，则根据牛顿第二定律可以写出力平衡方程式

$$p_t A - F = m v_t' \tag{A-1}$$

根据液压油连续性方程可以写出

$$v_t A = q_0 - V p_t' / E \tag{A-2}$$

式中　V——从泵的高压腔、连接管道一直到液压缸驱动腔容纳液压油的容积，下同。

则从式（A-2）可以导出

$$v_t' = -\frac{V p_t''}{EA} \tag{A-3}$$

将式（A-3）代入式（A-1）可得

$$p_t A = -\frac{V m p_t''}{EA} + F$$

整理可得一个反映压力变化的无一阶项的二阶微分方程

$$p_t'' + \frac{EA^2}{Vm} p_t = \frac{EA}{Vm} F \tag{A-4}$$

2. 通解

式（A-4）的通解为

$$p_t = F/A + C_1 \sin\omega_z t + C_2 \cos\omega_z t \tag{A-5}$$

式中　C_1、C_2——待定系数。

对式（A-5）求导可得

$$p_t' = \omega_z (C_1\cos\omega_z t - C_2\sin\omega_z t) \quad (A\text{-}6)$$

将式（A-6）代入式（A-2），整理可得

$$v_t = (V/EA)\omega_z(C_2\sin\omega_z t - C_1\cos\omega_z t) + q_0/A \quad (A\text{-}7)$$

3. 固有频率

将式（A-5）和式（A-6）代入式（A-4）中，可得

$$\omega_z = \sqrt{\frac{EA^2}{Vm}}$$

即系统的固有角频率。

从系统的固有角频率可得到系统的固有频率

$$f_z = \omega_z/2\pi = \sqrt{\frac{EA^2}{Vm}}\bigg/2\pi \quad (A\text{-}8)$$

从式（A-8）可以看出，活塞面积 A 越大、液压油弹性模量 E 越高、负载惯量 m 越小、驱动腔容积 V 越小，则系统的固有频率 f_z 越高。

估算式

如果把驱动腔容积 V 简化为

$$V = AL$$

而活塞作用面积

$$A = \pi D^2/4$$

则

$$f_z = \sqrt{\frac{D^2E}{16\pi mL}} = D\sqrt{\frac{E}{16\pi mL}}$$

如取 f_z 的单位为 Hz，m 的单位为 kg，E 的单位为 MPa，D、L 的单位为 cm，则有估算式

$$f_z = 25D\sqrt{\frac{E}{\pi mL}}$$

4. 特解

假定初始状态

$$v_t(0) = 0 \quad (A\text{-}9)$$

$$p_t(0) = F/A \quad (A\text{-}10)$$

相当于液压缸进口封闭，驱动腔压力与外力平衡，活塞停在液压缸中的某个

位置。然后换向阀切换，输入一个阶跃的流量。

根据式（A-7）和式（A-9）可以写出

$$v_t(0) = -\sqrt{\frac{V}{Em}}C_1 + q_0/A = 0$$

所以

$$C_1 = (q_0/A)\sqrt{\frac{Em}{V}}$$

根据式（A-5）和式（A-10）可以写出

$$p_t(0) = C_2 + F/A = F/A$$

所以

$$C_2 = 0$$

把 C_1、C_2 代入式（A-5）和式（A-7），可以得到压力和速度的变化过程为

$$p_t = F/A + (q_0/A)\sqrt{\frac{Em}{V}}\sin\omega_z t \tag{A-11}$$

$$v_t = (q_0/A)(1-\cos\omega_z t) \tag{A-12}$$

将式（A-11）、式（A-12）画成曲线，大致如图 A-3 所示，压力速度等幅振荡。

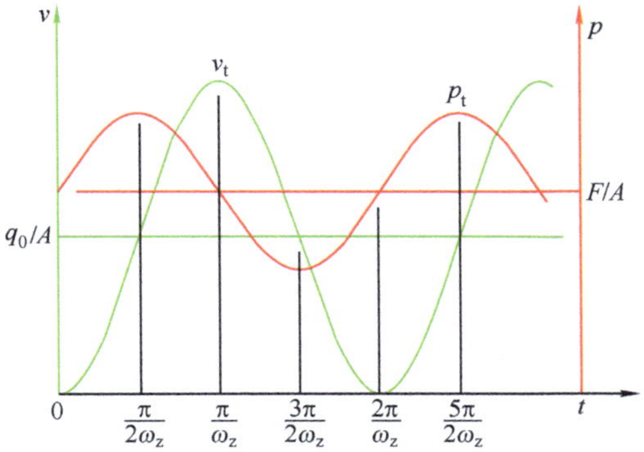

图 A-3　输入阶跃流量后速度、压力的动态响应

从式（A-11）可以看出，负载惯量 m 越大、液压油弹性模量 E 越高，活塞面积 A、驱动腔容积 V 越小，则压力的振幅越大。

实际上，由于摩擦力和液体阻尼，振幅会越来越小，但频率不变。

A.3　流量脉动对压力、速度的影响

液压泵输出的流量多少都有脉动，详见本附录延伸阅读文献[1]3.3 节“液压泵的流量脉动”。流量脉动会引起系统中压力的脉动及执行器运动速度的脉动。

1. 基本关系

如果把系统简化为如图 A-4a 所示，忽略摩擦力、泄漏，只考虑惯量，假定外力为一恒值。把脉动的流量 q_t 简化为一个平均值 q_0 叠加了一个频率为 f、相对振幅为δ的正弦波（见图 A-4b）

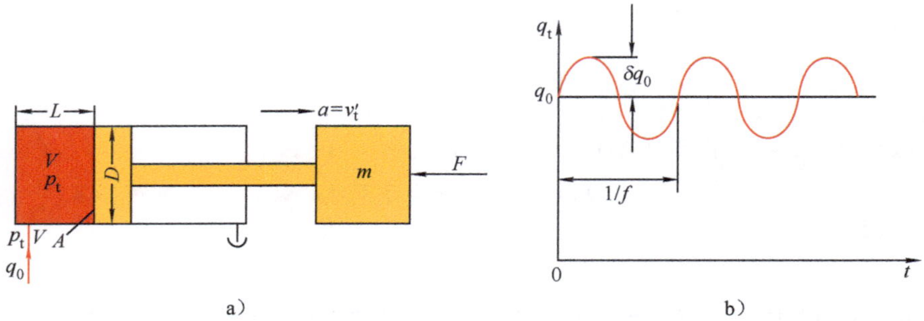

图 A-4 流量脉动对压力速度的影响

a）简化的液压系统 b）脉动的流量

则根据牛顿第二定律和连续性方程可以列出

$$p_tA = mv_t' + F \tag{A-13}$$

$$v_tA = q_t - Vp_t'/E \tag{A-14}$$

式中 p_t——驱动腔压力，随时间变化；

v_t——负载移动速度，随时间变化；

q_t——进入驱动腔的脉动的流量，简化为在一个恒定的平均值 q_0 上叠加了一个幅度为流量相对脉动幅度δ、频率为 f 的正弦波

$$q_t = q_0(1 + \delta\sin2\pi ft) \tag{A-15}$$

对式（A-13）求导可得

$$p_t' = mv_t''/A \tag{A-16}$$

将式（A-15）代入式（A-14），整理可得一个反映流量与速度间关系的二阶微分方程

$$v_t'' + (A^2E/mV)v_t = (AE/mV)q_t \tag{A-17}$$

2. 流量脉动对速度的影响

设

$$v_t = v_0(1 + \delta_v\sin2\pi ft) \tag{A-18}$$

式中 v_0——平均速度；

δ_v——速度相对脉动幅度。

将式（A-15）、式（A-18）代入式（A-17）则可解得

$$v_0 = q_0/A$$

$$\delta_v = \frac{\delta}{1-(2\pi f)^2 mV/(A^2 E)}$$

引入系统固有频率 f_z，则因为

$$A^2E/mV = (2\pi f_z)^2$$

可得

$$\delta_v = \delta/(1 - f^2/f_z^2)$$

若仅考虑幅值影响，则上式可改写为

$$\delta_v = \delta/\left|1-\frac{f^2}{f_z^2}\right|$$

上式绘成曲线，大致如图 A-5 所示。

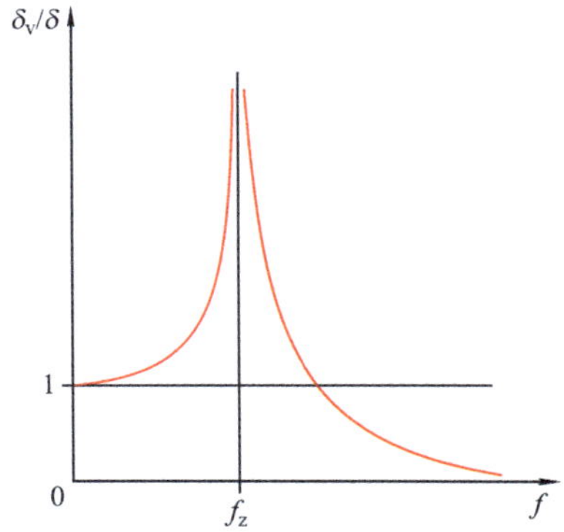

图 A-5　不同频率 f 的流量脉动对速度脉动的影响

δ—流量脉动相对振幅　δ_v—速度脉动相对振幅　f_z—系统固有频率

由图 A-5 可以看出：

1）当 f 高于 f_z 时（这是大多数情况），f 越高，δ 对 δ_v 的影响就越小。

2）在 f 接近 f_z 时，振幅很大，应该避免。

3）理论上，在

$$f = f_z$$

会发生共振，δ_v 可能达到无穷大。这实际上不会发生，因为

① 随着活塞移动，驱动腔的容积 V 会变化，因此，f_z 不是一个固定不变的量。

② 流量脉动不是一个简单的正弦波。

③ 被忽略了的摩擦力和背压起着很重要的阻尼作用。

3. 流量脉动对压力的影响

对式（A-18）求导，可得

$$v_t' = 2\pi f v_0 \delta_v \cos 2\pi f t \tag{A-19}$$

设

$$p_t = p_0(1 + \delta_p \cos 2\pi f t) \tag{A-20}$$

式中 p_0——平均压力；

δ_p——压力相对脉动幅度。

将式（A-19）和式（A-20）代入式（A-13）可得

$$p_0 A + p_0 \delta_p A \cos 2\pi f t = 2\pi f m v_0 \delta_v \cos 2\pi f t + F$$

则可解得

$$p_0 = F/A$$

$$\delta_p = 2\pi f m v_0 \delta_v / F = 2\pi f m q_0 \delta_v / AF \tag{A-21}$$

4. 估算式

如取 m 的单位为 kg；q_0 的单位为 L/min；A 的单位为 cm^2；F 的单位为 kN；则从式（A-21）可以导出估算式

$$\delta_p = \frac{2\pi f m q_0 \delta_v}{6000 AF}$$

A.4 液压泵马达负载压力、流量、转速、功率

1. 液压泵（见图 A-6）

（1）驱动转矩

$$T = \frac{\Delta p V_0}{2\pi \eta_m}$$

式中 Δp——泵的出口进口压差，$p_1 - p_0$，下同；

V_0——泵的空载排量；

η_m——泵的机械效率。

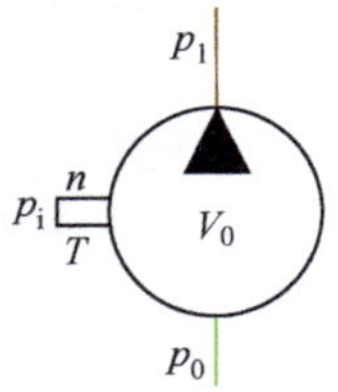

图 A-6 液压泵负载压力与转速

（2）实际输出流量

$$q = nV_0\eta_V$$

式中　η_V——泵的容积效率。

（3）总效率

$$\eta_t = \eta_m\eta_V$$

（4）泵的输入功率

$$P_i = \Delta pq/\eta_t$$

2．马达（见图 A-7）

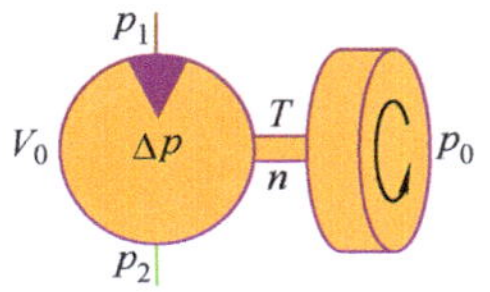

图 A-7　马达负载压力与转速

（1）进口出口压差

$$\Delta p = \frac{2\pi T}{V_0\eta_m}$$

式中　T——负载转矩，下同；

V_0——马达的空载排量；

η_m——马达的机械效率。

（2）实际转速

$$n = q\eta_V/V_0$$

式中　η_V——马达的容积效率。

（3）总效率

$$\eta_t = \eta_m\eta_V$$

（4）输出功率

$$P_o = 2\pi nT$$

A.5　转动惯量、马达-负载转动惯量系统

1．转动惯量的估算

（1）单个质点

如果某部件的尺寸相对转动半径小得多，可以近似看成一个质点（见图 A-8a）的话，则其转动惯量

$$J = mR^2$$

（2）圆盘

如果某部件可以近似看成一个质量均匀分布的圆盘或圆柱体（见图 A-8b），

则其绕轴心旋转时的转动惯量

$$J = mr^2/2$$

这两种简单形状的惯量可利用所附的估算表格估算。其他简单形状的惯量可从有关手册中查取估算。复杂形状的部件可以分解成若干简单形状，分别估算它们的惯量，然后叠加。

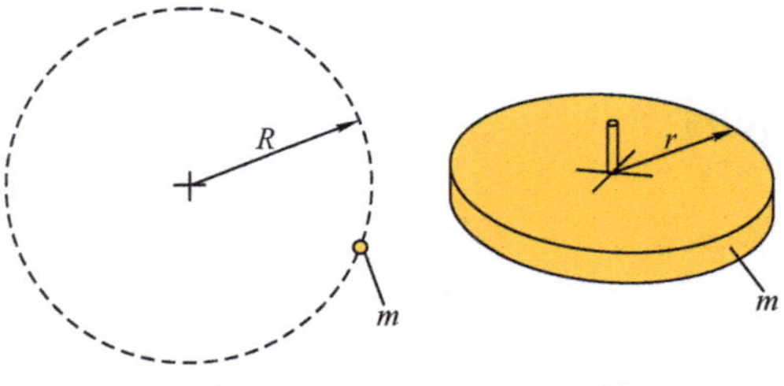

图 A-8 转动惯量

a）单个质点 b）均匀圆盘

2. 马达-负载转动惯量系统的固有频率

马达-负载转动惯量系统简化如图 A-9 所示。

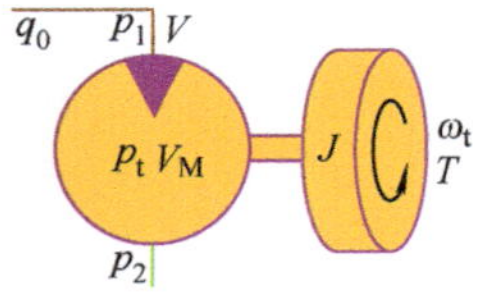

图 A-9 简化的马达-负载转动惯量系统

（1）基本关系

如果假定负载转矩 T 为一恒值，忽略摩擦力和泄漏。输入一个阶跃的流量 q_0，则根据牛顿第二定律可以写出转矩平衡方程式

$$p_t(V_M/2\pi) = J\omega_t' + T \quad \text{（A-22）}$$

根据质量守恒定理可以写出

$$\omega_t(V_M/2\pi) = q_0 - Vp_t'/E \quad \text{（A-23）}$$

式中 V_M——马达每转排量；

V——从泵的高压腔、连接管道一直到马达驱动腔容纳液压油的容积；

E——液压油的弹性模量；

p_t——进出口压差，$p_1 - p_2$。

则从式（A-23）可以导出

$$\omega_t' = -2\pi V p_t'' / (EV_M) \tag{A-24}$$

将式（A-24）代入式（A-22）可得

$$p_t V_M = -4\pi^2 VJ p_t'' / (EV_M) + 2\pi T$$

整理可得一个反映压力变化的无一阶项的二阶微分方程

$$p_t'' + [EV_M^2/(4\pi^2 VJ)]\, p_t = TEV_M/(2\pi VJ) \tag{A-25}$$

（2）固有频率

在初始条件 $\omega_t(0) = 0$，$p_t(0) = T/V_M$ 下解式（A-25）可得

$$p_t = 2\pi T/V_M + (q_0 E/V\omega_z)\sin\omega_z t$$
$$\omega_t = 2\pi q_0[1 - \cos\omega_z t]/V_M$$

式中

$$\omega_z = \sqrt{EV_M^2/(VJ)}/2\pi$$

即系统的固有角频率。系统的固有频率

$$f_z = \omega_z/2\pi = \sqrt{EV_M^2/(VJ)}/4\pi^2 \tag{A-26}$$

从式（A-26）可以看出，马达排量 V_M 越大、液压油弹性模量 E 越高、负载转动惯量 J 越小、驱动腔容积 V 越小，则系统的固有频率 f_z 越高。

（3）估算式

如取 f_z 的单位为 Hz，J 的单位为 kgm^2，E 的单位为 MPa，V_M 的单位为 cm^3，V 的单位为 L，则有估算式

$$f_z = \sqrt{10^3 EV_M^2/(VJ)}/4\pi^2$$

A.6　弹簧-惯量系统的固有频率

弹簧-惯量系统简化如图 A-10 所示。

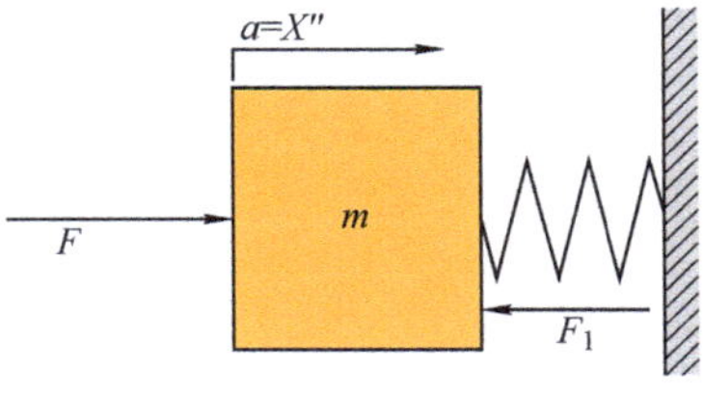

图 A-10　简化的弹簧-惯量系统

F—外力　F_1—弹簧力　X—位移

如果忽略摩擦力和阻尼等，根据力平衡原则可以写出

$$F - F_1 = ma = mX'' \tag{A-27}$$

因为弹簧作用力

$$F_1 = GX$$

式中　G——弹簧刚度。

所以从式（A-27）可得

$$X'' + \frac{G}{m}X = F/m$$

所以，弹簧-惯量的固有频率

$$f_z = \sqrt{\frac{G}{m}}/2\pi \tag{A-28}$$

从式（A-28）可以看到，弹簧刚度 G 越高、惯量 m 越小，则固有频率 f_z 越高。

如果取弹簧刚度 G 的单位为 N/mm，惯量 m 的单位为 g；则从式（A-29）可得估算式

$$f_z = 1000\sqrt{\frac{G}{m}}/2\pi$$

可以据此估计液压阀芯与弹簧组成的液压阀的固有频率。

A.7　间隙泄漏、滑阀泄漏

1．平板间隙泄漏

如果两个平行表面之间的缝隙远小于表面的宽度（见图 A-11），则按层流估算，通过这个缝隙的流量

$$q = \frac{bh^3\Delta p}{12\upsilon\rho l} + \frac{bhu_0}{2} \tag{A-29}$$

式中　υ——液体运动粘度；

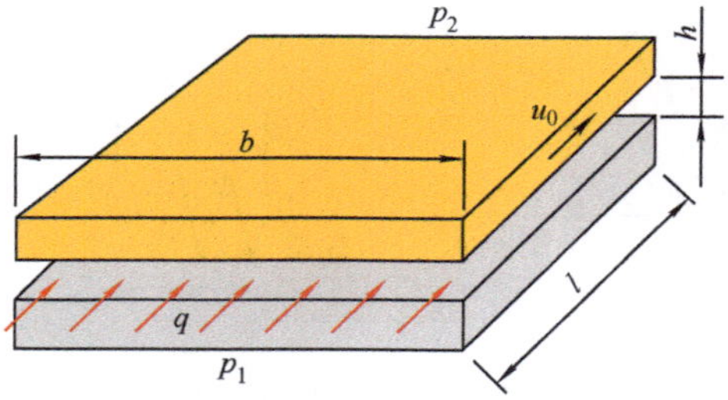

图 A-11　平板间隙泄漏

ρ——液体密度；

u_0——两表面的相对移动速度，也可以是负值。图示方向为正值。

取 q 的单位为 mL/min，b、h 和 l 的单位为 mm，Δp 的单位为 MPa，υ的单位为 mm^2/s，ρ的单位为 kg/m^3，u_0 的单位为 mm/s，则有估算式

$$q = 5\times10^9 bh^3\Delta p/(\upsilon\rho l) + 0.03bhu_0$$

雷诺数校验

此公式的前提是层流，所以，一定要校验雷诺数 Re。

因为平板间隙的水力直径 d 为 $2h$，流速 u 为 $q/(bh)$，所以

$$Re = ud/\upsilon = 2q/(b\upsilon)$$

取 q 的单位为 mL/min，b 的单位为 mm，υ的单位为 mm^2/s，则有估算式

$$Re = 100q/(3b\upsilon)$$

如果 Re 低于 1000 时，此公式还一定程度有效。否则，可能会得到荒谬的结果。

2．滑阀泄漏

如果滑阀与阀体间的间隙（见图 A-12）可以看作圆环形间隙，可从式（A-29）导出按层流估算的泄漏量

$$q = \pi ds^3\Delta p/(12\upsilon\rho l)$$

式中　υ——液体运动粘度；

ρ——液体密度，下同。

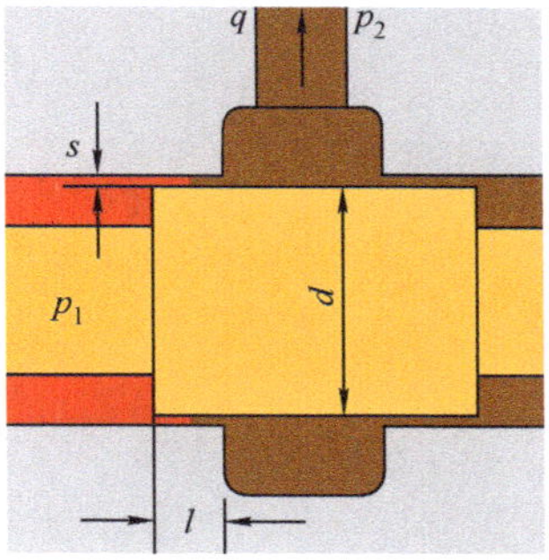

图 A-12　滑阀泄漏估算

取 q 的单位为 mL/min，d、s 和 l 的单位为 mm，Δp 的单位为 MPa，υ的单位为 mm^2/s，ρ的单位为 kg/m^3，则有估算式

$$q = 5\times10^9\pi ds^3\Delta p/(\upsilon\rho l)$$

雷诺数校验

因为圆环间隙的水力直径为 $2s$，流速 u 为 $q/(\pi ds)$，所以雷诺数

$$Re = 2q/(\pi d\upsilon)$$

取 q 的单位为 mL/min，s 的单位为 mm，υ的单位为 mm^2/s，则有

$$Re = 100q/(3\pi d\upsilon)$$

如果 Re 低于 1000 时，此公式还一定程度有效。

A.8 管道压降

光滑圆管的压降一般按以下步骤估算。

（1）平均流速

$$u = 4q/(\pi d^2)$$

式中 q——流量；

d——管道内径。

取 u 的单位为 m/s，q 的单位为 L/min，d 的单位为 mm；则有估算式

$$u = 4(q/6\times10^4)/(\pi d^2/10^6)$$

（2）雷诺数估算

雷诺数

$$Re = du/\upsilon$$

式中 υ——液体运动粘度。

取υ的单位为 mm^2/s，则有

$$Re = 1000du/\upsilon$$

（3）阻力系数

如果 $Re<2000$，属层流，则阻力系数

$$\lambda = 75/Re$$

如果 $Re>3000$，属紊流，则阻力系数

$$\lambda = 0.32/Re^{0.25}$$

（4）压降

管道压降

$$\Delta p = \lambda l\rho u^2/2d$$

式中 l——管长。

如取Δp 的单位为 MPa，l 的单位为 m，u 的单位为 m/s，d 的单位为 mm，ρ 的单位为 kg/m^3；则有估算式

$$\Delta p = \lambda l\rho u^2/2000d$$

如果是紊流的话，压降会明显的大。

A.9 通过固定液阻的流量

1. 通过细长孔的流量

假定细长孔的条件满足，即小孔长度 l 大于孔半径 r 的 8 倍，按层流估算，通

过的流量

$$q = \pi r^4 \Delta p/(8\upsilon\rho l)$$

如取 q 的单位为 L/min，r 的单位为 mm，Δp 的单位为 MPa，υ的单位为 mm²/s，ρ的单位为 kg/m³，l 的单位为 mm：则有估算式

$$q = 6\times10^7 \frac{\pi r^4 \Delta p}{8\upsilon\rho l}$$

此公式仅在层流时有效，所以要校验 Re

$$Re = du/\upsilon = 2q/(\pi r\upsilon)$$

如取 q 的单位为 L/min，r 的单位为 mm，υ的单位为 mm²/s，则有估算式

$$Re = 10^5 q/(3\pi r\upsilon)$$

通常应小于 2000。

2．通过薄壁孔的流量

假定薄壁孔条件满足：孔长小于孔半径，孔前直径大于孔直径的 7 倍，紊流等等（见图 A-13），则通过的流量

$$q = \alpha(\pi d^2/4)\sqrt{2\Delta p/\rho}$$

式中　α——流量系数，取决于液流是否完全收缩，以及雷诺数等。详见本附录延伸阅读文献[1]4.2.3 节“薄壁孔的液阻”。

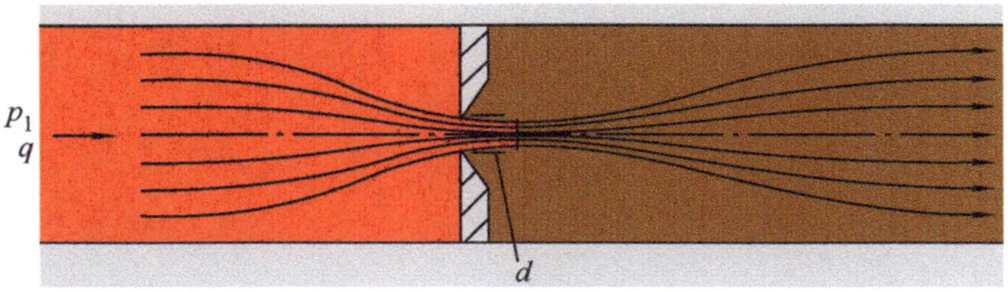

图 A-13　通过薄壁孔的流量

如取 q 的单位为 L/min，d 的单位为 mm，Δp 的单位为 MPa，ρ的单位为 kg/m³，则有估算式

$$q = 6\times10^4 \alpha(\pi d^2/10^6)\sqrt{10^6 \Delta p/(8\rho)}$$

3．通过薄刃口的流量

如果节流口不是圆孔，但接近薄刃口，则估算通过流量

$$q = \alpha A\sqrt{2\Delta p/\rho}$$

式中　A——薄刃口面积。

如取 q 的单位为 L/min，A 的单位为 mm²，Δp 的单位为 MPa，ρ的单位为 kg/m³，则有估算式

$$q = 6\times10^4 \alpha(A/10^6)\sqrt{2\times10^6 \Delta p/\rho}$$

4. 弓形扇形面积估算

节流口有时是弓形或扇形的（见图 A-14），所以附此估算。

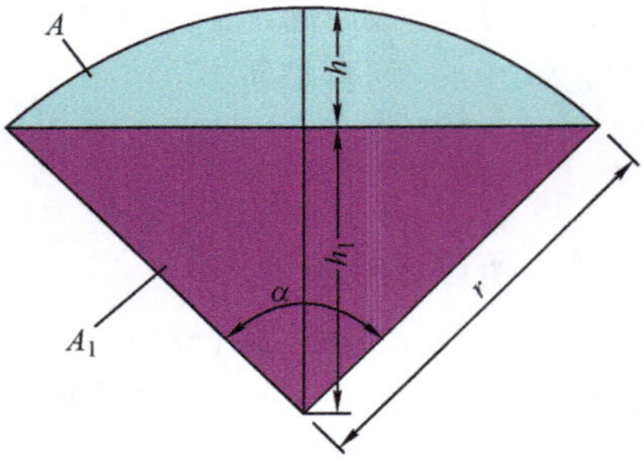

图 A-14　扇形弓形面积估算

（1）扇形面积

$$A_1 = \alpha r^2/2$$

（2）弓形面积

$$A = A_1 - h_1\sqrt{r^2 - h_1^2}$$

A.10　滑阀开口流量

假定滑阀开口（见图 A-15）在压差较大，紊流时，按薄刃口估算，通过的流量

$$q = \alpha\pi dX\sqrt{2\Delta p/\rho}$$

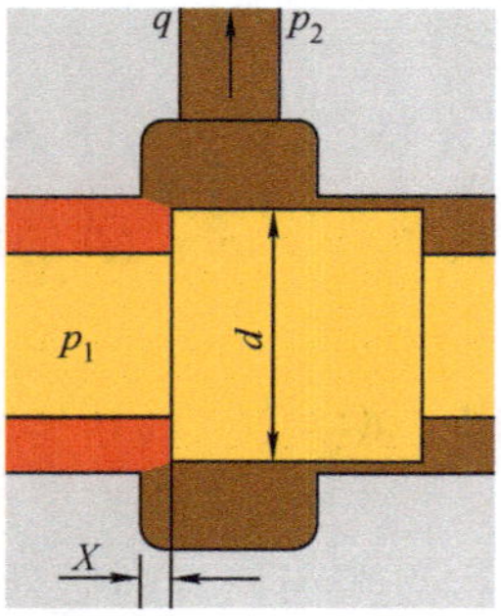

图 A-15　滑阀开口流量估算

如取 q 的单位为 L/min，d 的单位为 mm，X 的单位为 mm，Δp 的单位为 MPa，ρ的单位为 kg/m³；则有估算式

$$q = 6\times10^4 C\pi(dx/10^6)\sqrt{2\times10^6\Delta p/\rho}$$

A.11　滑阀稳态液动力

1）按动量变化估算的滑阀稳态液动力（见图 A-16）

$$F_y = \rho qu\cos\beta = \rho q^2\cos\beta/A = \rho q^2\cos\beta/(\pi dX)$$

式中　q——通过开口的流量；

u——液体通过开口时的速度；

A——开口面积。

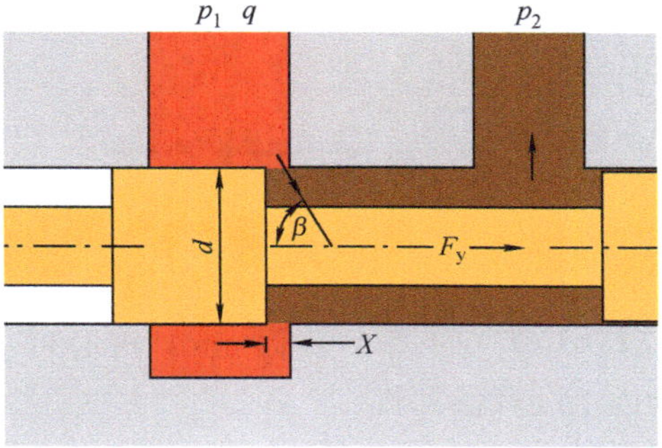

图 A-16　滑阀稳态液动力估算

如取 F_y 的单位为 N，q 的单位为 L/min，α的单位为（°），X 和 d 的单位均为 mm，ρ的单位为 kg/m^3；则有估算式

$$F_y = \rho(q/6\times10^4)^2\cos(\alpha\pi/180°)/(\pi dX/10^6)$$

由此可以粗定，当静压力由于流动而不平衡时，推动滑阀阀芯所需的电磁力、或手动力。

2）假如该阀芯是通过液压先导推动的，则需要推算出该液动力折算到整个滑阀端面的压力（液动压力）

$$p_y = 4F_y/(\pi d^2)$$

如取 p_y 的单位为 MPa，d 的单位为 mm；则有估算式

$$p_y = 4F_y/(\pi d^2)$$

3）作为检验，需要了解该流量通过此开口的压降。假定可用薄刃口流量公式，则压降

$$\Delta p = q^2\rho/(2\alpha^2A^2)$$

如取Δp 的单位为 MPa，q 的单位为 L/min，A 的单位为 mm^2；则有估算式

$$\Delta p = (q/60000)^2\rho/[2\times10^6\alpha^2(A/10^6)^2]$$

A.12　滑阀阀芯移动摩擦力

滑阀阀芯在充满液体的阀体内移动（见图 A-17），按理想状况估算的液体摩

擦力

$$F_n = \pi dl\upsilon\rho u/s$$

式中　υ——液体运动粘度；

u——阀芯移动速度；

s——间隙。

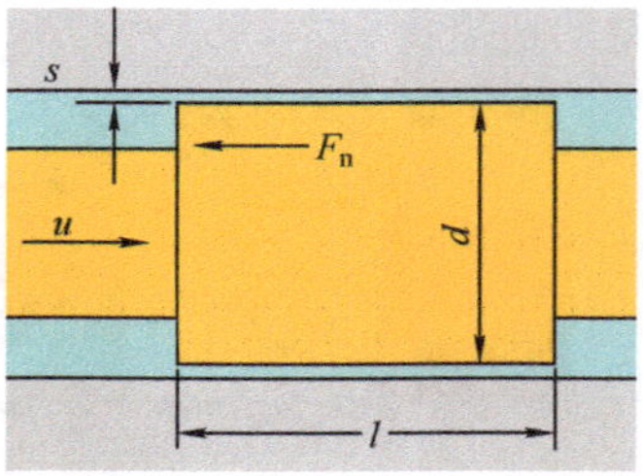

图 A-17　滑阀阀芯移动摩擦力估算

如取 F_n 的单位为 N，d、l、s 的单位均为 mm，υ的单位为 mm^2/s，ρ的单位为 kg/m^3，u 的单位为 mm/s，则有估算式

$$F_n = 10^{-12}\pi dl\upsilon\rho u/s$$

A.13　锥阀通流

锥阀开口（见图 A-18)按薄刃口估算的通过流量

$$q = \alpha\pi dh\sin\beta\sqrt{2\Delta p/\rho}$$

式中　α——流量系数。

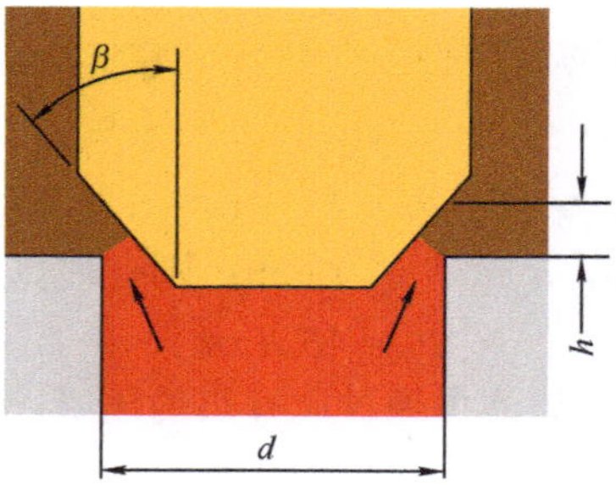

图 A-18　锥阀通流

如取 q 的单位为 L/min，d、h 的单位均为 mm，α的单位为（°），Δp 的单位为 MPa，ρ的单位为 kg/m^3，则有估算式

$$q = 6\times10^4\alpha(\pi dh\sin(\beta\pi/180°)/10^6)\sqrt{2\times10^6\Delta p/\rho}$$

流量系数α，根据本附录延伸阅读文献[2]、[3]，不仅与流通方向有关（见图

A-19），而且与流态有关：在小流量，即层流时，随雷诺数的平方根而变；流量增大，进入紊流后，则不再随雷诺数而变；什么情况下进入紊流，则与阀口形状有关（见图 A-20）。

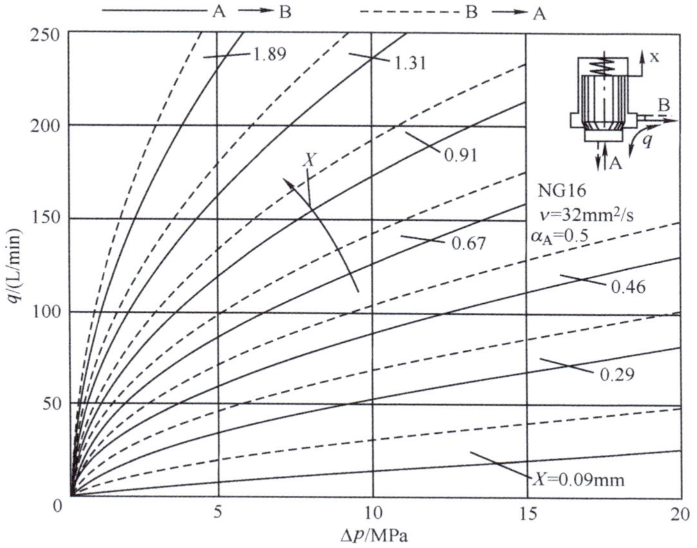

图 A-19　一个二通锥阀的压差流量状况[3]

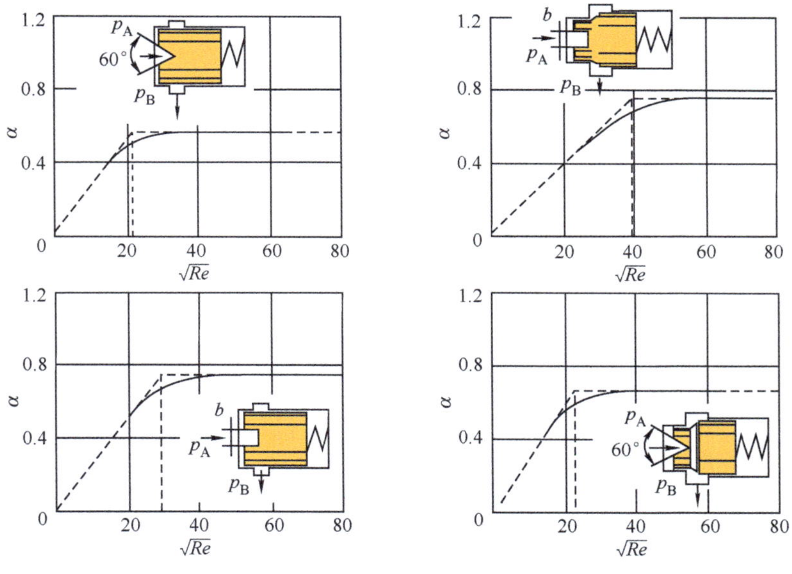

图 A-20　锥阀通流的流量系数[2]

测试条件：油温 50℃，油液粘度 $32mm^2/s$，阀芯直径 26mm

A.14 弹簧刚度与弹簧力

按下式可粗略地估算弹簧力（见图 A-21）

$$F_1 = s_1 C$$

式中 s_1——压缩量（mm）；

F_1——在压缩量 s_1 时的弹簧力（N）；

C——弹簧刚度（N/mm）。

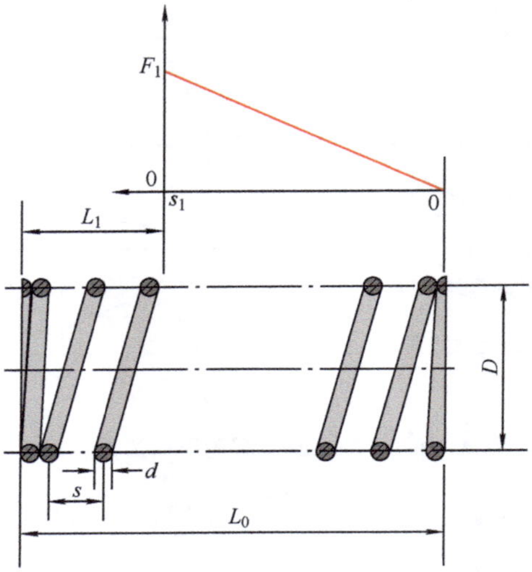

图 A-21 弹簧压缩量与弹簧力

s_1—压缩量 F_1—在压缩量 s_1 时的弹簧力 d—弹簧钢丝直径

s—圈与圈之间的中心距 D—弹簧中径 L_0—原始长度

按下式可粗略地估算弹簧刚度

$$C = \frac{Gd^4 s}{8D^3(L_0 - n_0 d)}$$

式中 G——材料切变模量，一般弹簧钢可粗略地取为 8×10^4MPa；

n_0——非工作圈数。

取 C 的单位为 N/mm，G 的单位为 N/mm^2，d 的单位为 mm，s 的单位为 mm，D 的单位为 mm，L_0 的单位为 mm，则有估算式

$$C = \frac{Gd^4 s}{8D^3(L_0 - n_0 d)}$$

A.15 进出节流口面积估算

如在本附录延伸阅读文献[1]第 5.4 节“进出口节流回路”中述及，出口和进口的节流口面积比例有一定限制。导出过程如下。

按节流口为薄刃口估算，通过的流量（见图 A-22）

$$q_A = KA_{JA}\sqrt{(p_P - p_A)} \tag{A-30}$$

$$q_B = KA_{JB}\sqrt{p_B} \tag{A-31}$$

式中 K——含流量系数、液压油密度等的一个常数，假定对两个节流口可以近似看作相同。

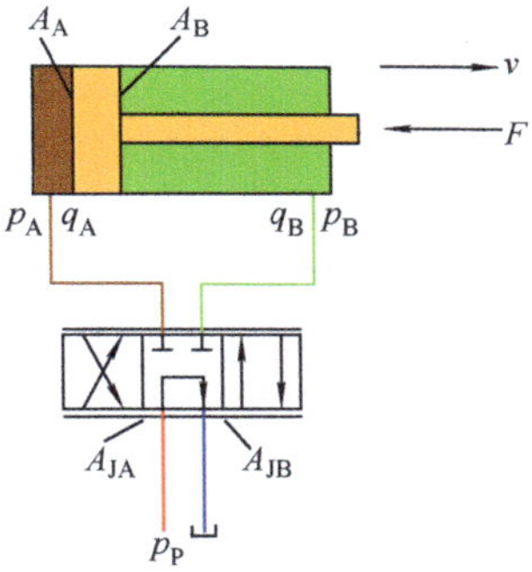

图 A-22 进出口节流回路

另外，根据进出液压缸的液压油的连续性方程，有

$$q_A/A_A = q_B/A_B \tag{A-32}$$

将式（A-30）和式（A-31）代入式（A-32）得

$$KA_{JA}A_B\sqrt{(p_P - p_A)} = KA_{JB}A_A\sqrt{p_B}$$

整理可得

$$p_A = p_P - (A_{JB}A_A/(A_{JA}A_B))^2 p_B \tag{A-33}$$

将式（A-33）代入力平衡方程式

$$A_A p_A = A_B p_B + F$$

整理可得

$$p_B = \frac{A_A p_P - F}{A_A\left(A_{JB}A_A/\left(A_{JA}A_B\right)\right)^2 + A_B} \tag{A-34}$$

$$p_A = \frac{p_P - F/A_A}{1+ \left(A_A/A_B\right)^3\left(A_{JB}/A_{JA}\right)^2} + F/A_A \qquad \text{(A-35)}$$

若令驱动腔背压腔工作面积之比 A_A/A_B 为 K_A，出口与进口节流口面积之比 A_{JB}/A_{JA} 为 K_J，则式（A-34）可以写成

$$p_B = \frac{p_P - F/A_A}{K_A^2 K_J^2 + 1/K_A}$$

所以，在负载力正向时，为了使背压腔压力 p_B 高于最低值 p_{min}，必须

$$\frac{p_P - F/A_A}{K_A^2 K_J^2 + 1/K_A} > p_{min}$$

从而可知，必须

$$A_{JB}/A_{JA} = K_J < \sqrt{(p_P - F/A_A)/p_{min} - 1/K_A}\,/K_A$$

式(A-35）可写作

$$p_A = (p_P - F/A_A)/(K_A^3 K_J^2 + 1) + F/A_A$$

所以，当负载力反向，值为负时，为了使驱动腔压力 p_A 高于最低值 p_{min}，必须

$$(p_P - F/A_A)/(K_A^3 K_J^2 + 1) + F/A_A > p_{min}$$

即必须

$$K_J < \sqrt{(p_P - p_{min})/((p_{min} - F/A_A)K_A^3)}$$

估算表格使用过程如下。

1）输入节流口的流量系数 C、液压油密度 ρ 后，表格计算出一个综合系数 $K=C\sqrt{2/\rho}$ 。

2）输入液压源压力 p_S、工作腔最低压力 p_{min}。

3）对给定的液压缸，输入活塞直径 D、活塞杆直径 d、表格自动计算出无杆腔面积、有杆腔面积。据此，选择驱动腔面积 A_A、背压腔面积 A_B 后，表格计算出作用面积比 K_A。

4）输入不同的反向负载力 F 后，表格计算出为保证 $p_B>p_{min}$ 所允许的最高进出节流口面积比 K_J。

5）输入不同的正向负载力 F 后，表格计算出为保证 $p_A>p_{min}$ 所允许的最高进出节流口面积比 K_J。

6）根据这些推荐的面积比，选择实际进出节流口面积 A_{JB}、A_{JA} 后，表格计算出实际面积比，以及在相应的不同正反向负载时各腔压力、流量，供校验。

A.16 并联型能量回收回路

在并联型能量回收测试回路（见图 A-23）中，补油泵与被测泵并联，以补充

在被测泵、加载马达与回路中损耗的能量。

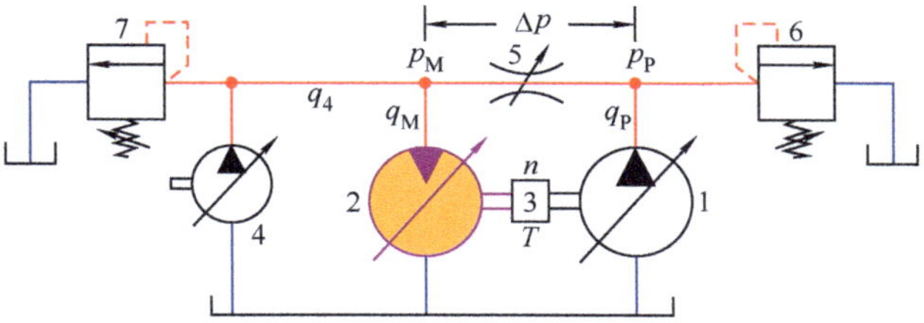

图 A-23　一种并联型能量回收测试回路

1—被测泵　2—加载驱动马达　3—转速转矩仪　4—补油泵

5—加载阀　6—被测泵安全阀　7—补油泵安全阀

泵 1 和马达 2 的转速 n 由泵 4 输出的流量 q_4 决定：

$$n = \frac{q_4}{V_M \eta_{Mv} - V_P \eta_{Pv}}$$

因为，加载阀 5 造成的压差

$$\Delta p = p_P - p_M = \frac{2\pi T_{Pm}}{V_P} - \frac{2\pi T}{\eta_{Mm} V_M}$$

所以，作用在转矩转速仪上的转矩

$$T = \frac{\Delta p \eta_{Mm} V_M V_P}{2\pi(\eta_{Pm}\eta_{Mm} V_M - V_P)}$$

从而可得

$$p_P = 2\pi T \eta_{Pm} / V_P$$

A. 17　串联型能量回收回路

在串联型能量回收测试回路（见图 A-24）中，补油泵与被测泵串联，以补充在被测泵、加载马达与回路中损耗的能量。

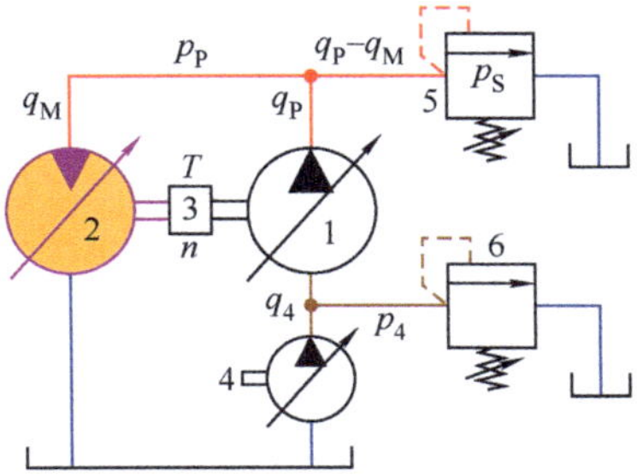

图 A-24　一种串联型能量回收测试回路

1—被测泵　2—加载驱动马达　3—转速转矩仪　4—补油泵　5—加载溢流阀　6—补油安全阀

1．流量与转速

泵 4 输出的流量

$$q_4 = n_4 V_4 \eta_{4V}$$

因为，在阀 6 的设定值足够高，保持关闭的工况下，泵 1 的输出流量

$$q_P = q_4 \eta_{PV}$$

所以，泵 1 与马达 2 的转速

$$n = q_P/(\eta_{PV} V_P)$$

因此，实际进入马达 2 的流量

$$q_M = n V_M/\eta_{MV}$$

因为，只有 q_M 小于 q_P，部分液压油从阀 5 溢出，才能保证 p_P 达到阀 5 的设定压力 p_S，所以，马达 2 允许设定的最高排量

$$V_{Mmax} = q_P \eta_{MV}/n$$

2．转矩

根据转矩转速仪的转矩平衡式，可以写出

$$T = (p_P - p_4)V_P/(2\pi \eta_{Pm}) = p_P V_M \eta_{Mm}/2\pi$$

从而得到泵 4 出口，也即泵 1 进口的压力

$$p_4 = p_P(1 - V_M \eta_{Pm} \eta_{Mm}/V_P)$$

附录 B　附赠资源内容

本书提供的附赠资源中有下述内容。

1．液压估算 2015.xls

2．各章插图

在文件夹“各章插图”中收集了各章的插图。目的是为了帮助读者更清楚地阅读，也可供企业技术培训、大学教师教学选用。

3．作者已发表过的部分文章

在文件夹“作者已发表过的部分文章”中收录了作者已在国内杂志上公开发表过的部分文章，供读者参考。

1）《阀研发的趋势》，<流体传动与控制>，2004（06）。这是作者编译的，原作者为德 H. Murrenhoff 穆伦霍夫教授。

2）《德国亚琛工大流体传动与控制教材简介》，<液压气动与密封>，2003（06）。

3）《德国亚琛工大流技所的科研现状简介》，<机电设备>，2003。

4）《中国大学液压教材必须作重大改进》，<液压气动与密封>，2009（06）。

5）《流体技术的过去和将来》（介绍巴克教授的新书《从流体技术 1955 年到 2009 年的研发历史说起》，<液压气动与密封>，2010（5）。

6）《测试是液压的灵魂》，<液压气动与密封>，2010（6）。

7）《关于中国液压工业的差距与优势》，<液压气动与密封>，2010（9）。

8）《国外液压研发动态介绍》，<液压气动与密封>，2012（01）。

9）《液压阀的安装连接方式》，<流体传动与控制>，2012（02）。

10）《纠正一些关于稳态液动力的错误认识》，<液压气动与密封>，2010（9）。

11）《2013 汉诺威工业博览会见闻》，<液压气动与密封>，2013（7）。

12）《什么是液压阀》，<液压气动与密封>，2012-11。

13）《德国亚琛工大流技所科研现状简介 2013》，<流体传动与控制>，2013-06。

14）《关于“第四次工业革命”的探讨》，<流体传动与控制>，2014（02）。

15）《不拒绝小改进-2014 拉斯维加斯国际流体动力展见闻，<液压气动与密封>，2014（6）：1-4。

16）《德国大学工程学科的教与学》，<流体传动与控制>，2014（04）：1-6。

17）《国外近 40 年来轴向柱塞泵马达的研究综述》，<液压气动与密封>，2015（10）：1-5。

延伸阅读文献

[1] 张海平.液压速度控制技术[M]. 北京：机械工业出版社，2014.

[2] Univ.-Prof. Dr.-Ing. Murrenhoff. Grundlagen der Ölhydraulik[M]. 5.Auflage. IFAS, RWTH Aachen. Aachen: Shanker Verlag, 2007.

[3] Univ.-Prof. Dr.-Ing. Backé, W., Univ.-Prof. Dr.-Ing. Murrenhoff. Steuerungs- und SchaltungstechnikII [M]. 4.Auflage, IFAS, RWTH Aachen. Aachen: Fotodruck J. Mainz GmbH, 1993.

附赠资源

尊敬的读者：

扫描上方二维码关注机械工业出版社微信公众号“制造业那些事儿”，回复“实用液压测试技术”即可获得百度网盘链接和密码，网盘中包含各章插图、各章末“延伸阅读文献”中所列的作者已公开发表的文章以及相应液压估算表格程序。
